普通高等教育电机与电器创新型规划教材

成套电器技术
第 2 版

黄绍平　编著

机械工业出版社

成套电器是指以开关设备为主体的成套配电装置，又称为成套开关设备，主要有低压成套开关设备、高压开关柜、预装式变电站、SF$_6$气体封闭式组合电器（GIS）等类别，广泛应用于电力系统各个环节。

本书在第1版基础上，结合近年来的新技术、新材料、新工艺、新产品、新应用和新的国家标准规范，进行了较大幅度的修订。

本书系统地介绍了高低压开关柜、预装式变电站、GIS等成套开关设备的原理、结构、性能、设计、制造、试验、运行等方面的问题。

本书具有较强的工程应用性，既可作为本科院校、高职高专院校电气类及相关专业的教材，也可作为成套电器设计、制造、安装和电力运行工作者的技术培训和参考用书。

图书在版编目（CIP）数据

成套电器技术/黄绍平编著. —2版. —北京：机械工业出版社，2017.2（2024.7重印）

普通高等教育电机与电器创新型规划教材

ISBN 978-7-111-56001-2

Ⅰ.①成… Ⅱ.①黄… Ⅲ.①成套电器-高等学校-教材 Ⅳ.①TM59

中国版本图书馆 CIP 数据核字（2017）第 023873 号

机械工业出版社（北京市百万庄大街22号　邮政编码100037）
策划编辑：王雅新　责任编辑：王雅新　路乙达　刘丽敏
责任校对：张　征　封面设计：张　静
责任印制：邓　博
北京盛通数码印刷有限公司印刷
2024 年 7 月第 2 版第 10 次印刷
184mm×260mm · 15 印张 · 365 千字
标准书号：ISBN 978-7-111-56001-2
定价：36.00 元

前　言

成套电器是指以开关设备为主体的成套配电装置，又称为成套开关设备，它是电力系统各个电压等级中广泛使用的重要配电设备。成套开关设备主要类别包括低压成套开关设备、高压开关柜、SF$_6$ 气体封闭式组合电器（GIS）和预装式变电站等。成套开关设备的使用量大面广，从低压、高压到超高压系统，从发电厂、变电站、新能源发电系统到各类终端电力用户，无一不使用成套开关设备。

然而，长期以来，国内极少有公开出版系统介绍成套电器技术的书籍，这给成套电器的设计、制造、运行、试验以及高等院校的专业教学和企业的技术培训带来不便。广大成套电器生产企业和用户只有依靠一些技术标准规范和一些零散的技术与产品资料来指导成套电器的设计、制造、运行维护、试验和进行技术培训。

有鉴于此，机械工业出版社于 2005 年出版发行了编者在校内用讲义基础上编写的《成套电器技术》。该书出版 10 年以来，为高等院校尤其是高职高专院校电气及相关专业的教学、行业企业人员培训带来了很大帮助，也受到成套电器制造行业工程技术人员的好评。

近 10 年来，成套电器制造技术发展迅速，譬如微机综合保护测控装置、多功能电力仪表代替了传统的二次设备，固体绝缘技术应用越来越广泛等。同时，成套电器应用领域不断拓展，譬如配电系统中预装式变电站代替了原先的土建式变电站，预装式变电站等成套电器的应用拓展到风力发电、太阳能光伏发电等领域。

本书在第 1 版基础上，结合近年来的新技术、新材料、新工艺、新产品、新应用和新规范，进行了较大幅度的修订。

本书共六章，系统地介绍了低压成套开关设备、高压开关柜、SF$_6$ 气体封闭式组合电器（GIS）和预装式变电站 4 大类成套电器的设计、制造、运行维护和试验的各种技术问题。重点介绍了高低压开关柜与预装式变电站的原理、结构、性能、设计、制造、试验和运行等方面的问题，同时对 SF$_6$ 气体封闭式组合电器（GIS）的原理、结构、性能等进行了介绍。

本书有两个明显特点：

（1）突出基本原理。本书从电力系统的要求和成套电器的应用出发，阐述各类成套电器的原理、结构和设计、制造以及试验检测方法。

（2）突出工程应用。本书将专业理论知识与行业企业技术、具体产品、实际工程有机结合，很多内容的编写素材也来源于行业企业的技术与产品资料。

本书既可作为本科院校、高职高专院校电气类及相关专业的教材，也可作为成套电器设计、制造、安装和电力运行工作者的技术培训和参考用书。

本书在编写和修订过程中，参考了公开出版或发表的书籍和文章，同时引用了行业企业的内部技术资料和产品资料，在此深表谢意。由于编者水平有限，错误及不当之处在所难免，恳切希望读者批评指正，并不吝赐教。欢迎读者直接与编者联系：hsp@hnie.edu.cn。

编　者

目　录

第一章 概 论

第一节 电力系统与配电装置简述

一、电力系统的组成

电力系统是由发电厂、电力网和电力用户组成的一个发电、输电、变电、配电和用电的整体，其组成如图 1-1 所示。

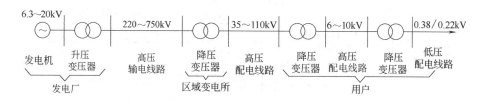

图 1-1 电力系统的组成

发电厂：传统的发电厂有火电厂、水电厂（站）和核电厂（站）。目前，规模化的新能源发电主要有风力发电和太阳能光伏发电，它们通过升压并入电力系统。

电力用户：中小型电力用户供电电源电压一般为 10kV；大型电力用户供电电源电压为 35~110kV，需经过两级降压。

电力网：发电厂与电力用户之间的部分是电力网（简称电网），它是由变电所（站）及其所连接的各电压等级电力线路组成的。电网分为输电网和配电网，输电网是区域电网，负责电力远距离输送，电压等级有 220kV、330kV、500kV、750kV；配电网负责电力的分配，也称之为地方电网，电压等级有 10kV、35kV、66kV、110kV。

变电所（站）：变电所（站）负责电能接收、电压变换和电能分配。在配电网中还有一种只负责电能接收和分配、不变换电压的场所，称为配电所，也叫开闭所。

为了电力供应的安全、可靠和经济，往往将大量的发电厂、电力用户和各电压等级的电网连接成为大型电力系统，如图 1-2 所示。

电力系统的电气部分按功能可分为一次系统和二次系统。一次系统负责电能的输送与分配，是高电压、大电流的电路，又叫一次电路、一次接线、主接线、主电路等，它是由各种一次设备连接而成的电路。对一次系统进行控制、保护、测量和指示的电路叫二次电路。如图 1-3 所示是一个 10kV 配电所的主接线图。

二、配电装置的类别

配电装置是能够控制、接收和分配电能的电气装置的总称。电力系统中除发电机、电力变压器、输配电线路、用电设备之外的所有电气设备及其辅件统称为配电装置。

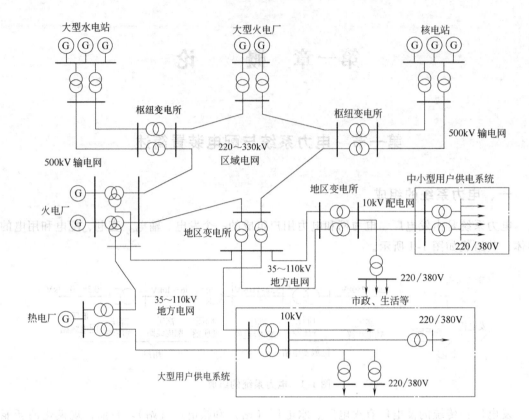

图 1-2　大型电力系统

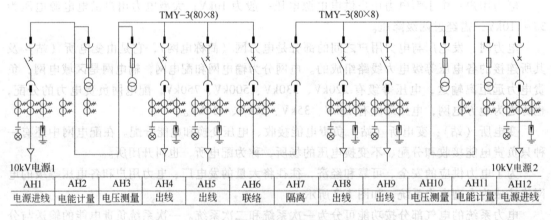

AH1	AH2	AH3	AH4	AH5	AH6	AH7	AH8	AH9	AH10	AH11	AH12
电源进线	电能计量	电压测量	出线	出线	联络	隔离	出线	出线	电压测量	电能计量	电源进线

图 1-3　10kV 配电所的主接线图

1. 按功能分类

1）开关设备：又叫开关电器，是承担电路接通与断开任务的电气设备。

2）保护设备：包括过电流保护用的熔断器和过电压保护用的防雷设备等。

3）变换设备：包括将高电压变换为低电压的电压互感器和将大电流变换为小电流的电流互感器。

4）补偿设备：进行无功功率补偿的电力电容器。

5）限流设备：用于限制短路电流的电抗器。

6）母线装置：用于接收和分配电能的导体，又叫汇流排、母排。

7）二次设备：包括各种控制装置、测量表计、继电保护装置、信号装置等。

2. 按电压等级分类

1）低压配电装置：1kV 以下。

2）高压配电装置：3~220kV，其中电压等级为 3~66kV 的也叫中压配电装置。

3）超高压配电装置：330~750kV。

4）特高压配电装置：1000kV 和直流±800kV。

3. 按安装地点分类

分为屋内配电装置和屋外配电装置。

4. 按组装方式分类

分为装配式和成套式两类。装配式配电装置是需要在现场组装的电气元件；成套配电装置是由制造厂预先按电气主接线的要求，将电气回路所需的电气元件组装起来的一个整体。

第二节　开关电器的作用、类型和主要性能参数

一、开关电器的作用

开关电器是一种重要的输配电设备，它是电力系统（包括发电、输电、变电、供电、配电、用电等环节）以及电力拖动系统中的控制和保护设备，凡是电能生产、传输、变换、供应、分配和使用的场所都要使用开关电器。

开关电器的主要功能是接通和断开电路，也就是对电路进行"开"和"关"。具体来说，开关电器具有以下几种主要的作用：

（1）控制　根据电网或其他电能电路运行需要，把某部分设备或线路投入或退出运行，即在正常负荷电流条件下，接通或断开电路，这种作用称为控制。这就要求开关电器具有一定的通断能力，可以带负荷操作，能够可靠地熄灭通断负荷电流时所产生的电弧。

断路器、负荷开关、接触器等开关电器具有控制作用。

（2）保护　当电力线路或电气设备发生故障时将故障部分从电网快速切除，保证电网中的无故障部分正常运行，这种作用称为保护。电网短路时所产生的故障电流数值很大（可达到正常负荷电流的几倍、十几倍甚至几十倍），危害非常严重，必须迅速切除。这要求开关电器既能快速动作，又具有足够的通断能力。

具有保护作用的开关电器包括断路器、熔断器等。

（3）隔离　退出运行或需要进行检修的电力线路或设备在从电网中切除（断开电源）后，还必须可靠地与电源隔离开来，使之与电源形成一个明显的断口，防止在误操作和过电压情况下接通电源，以保证设备和检修人员的安全，这种作用称为隔离。具有这一作用的开关电器只在无负荷电流或小电流的情况下接通或断开电路，因此无需专门的灭弧装置。但要求它在断开时触头间有足够的距离和可靠的绝缘，以保证在恶劣的气候和环境条件下也能可靠地起隔离作用，并保证在过电压及相间闪络的情况下不致引起绝缘的击穿。

具有隔离作用的开关电器包括高压隔离开关和低压刀开关等。

（4）接地　电力线路和电力设备在检修之前，除断开电源和隔离电源外，还要把三相短接接地，其作用一是对地泄放掉电力线路和电力设备上的残余电荷；二是使电力线路和电力设备与地保持零电位，防止突然来电时造成人身安全事故。可采用挂接临时接地线的方法，但更方便的方法是采用接地开关。

接地开关既有独立结构形式的，也有与隔离开关合二为一的结构形式，称之为隔离接地开关（如旋转式隔离开关）；还有一类是三工位（接通、隔离、接地）负荷开关。

二、开关电器的类型

开关电器的用途广泛，职能多样，品种繁多，工作原理各异。大致可按以下方法来分类：

1. 按电压等级分为高压开关电器和低压开关电器

3kV及以上电网中使用的开关电器称为高压开关电器，3kV以下电网（实际上是660V及以下电网）中使用的开关电器称为低压开关电器。电力、电器行业中也把3~66kV电网中使用的开关电器称为中压开关电器，而把110kV及以上电网中使用的开关电器称为高压开关电器。

高压开关电器的种类包括断路器、隔离开关、负荷开关、接地开关、熔断器、接触器、重合器、分段器、开关柜、SF$_6$封闭式组合电器（GIS）、负荷开关-限流式熔断器组合电器、紧凑型组合式开关设备等。

重合器和分段器是具有故障识别和恢复供电功能的开关电器。其中，重合器是具有多次重合功能和自具功能的断路器。"自具"功能包括两个方面：一方面指它自带控制和操作电源（如高效锂电池）；另一方面指它的操作不受外界继电控制，而由微处理器按事先编好的程序指令重合器动作。分段器是一种具有自具功能的负荷隔离开关，并具有记忆和识别功能，能在重合器开断的情况下，隔离永久性故障线段，恢复供电。因此，重合器和分段器往往配合使用。

顺便提一下，接触网（电气化铁路供电系统）也要使用高压开关电器。我国交流接触网牵引供电系统采用国际上通用的单相50Hz、25kV交流供电制式，沿铁路平均每隔50km左右设置一个牵引变电站，铁路线上架设27.5kV接触网。机车上的受电弓从接触网取得电力，在机车上经降压整流后，供给直流电动机，驱动电机车。牵引变电站和接触网需要110kV、55kV、27.5kV的开关设备。由于接触网-电力车-铁轨构成单相回路，所以需要单相27.5kV的开关。这种开关不同于普通电力开关，其特点是操作频繁，开、合短路电流次数多，工作电流波动大。

低压电器大体上可分为配电电器和控制电器，配电电器主要有断路器、刀开关、熔断器、刀熔开关、负荷开关等；控制电器有接触器、继电器等。

2. 按安装场所分为户内式和户外式

户内式开关设备的特点是：需要特殊建筑的房屋，土建工程量大，投资多；但占地面积小，设备运行和维护条件较好。户外开关设备安装在露天场所，其的特点是：不需要特殊建筑的房屋，土建工程量小，投资少；但受天气条件和周围空气污秽程度的影响较大，运行维护条件差，占地面积大。

3. 按组装方式分为装配式和成套式

开关电器在使用中还需要与其他一次电器设备以及各种二次回路相配合才能完成其职能。相应地，开关电器按组装方式可分为装配式和成套式两大类。装配式开关电器即电器元件，它在现场与其他一次电器设备以及二次回路组装在一起使用。成套式开关设备是由制造厂装配完成的，即制造厂根据用户一次接线（主接线）的要求，将各种一次电器元件、二次回路以及连接件、绝缘支持件和辅助件等固定连接后安装在外壳内而构成的成套配电装置。

三、开关电器的主要性能参数

1. 额定电压

开关电器在规定的正常使用和性能条件下，能够连续运行的最高电压称为额定电压。

我国电网的额定电压（系统标称电压）等级有 0.22/0.38kV、0.38/0.66kV、1kV（1.14kV）、3kV、6kV、10kV（20kV）、35kV、66kV、110kV、220kV、330kV、500kV、750kV 等。由于电网有电压降落，且电力系统有调压要求，所以考虑到电气设备的绝缘性能和与系统最高电压有关的其他性能，开关电器的额定电压规定为系统最高电压。

按国标 GB/T 11022 的规定，对于额定电压在 220kV 及以下系统中的开关电器，其额定电压为系统额定电压的 1.15~1.2 倍，有 3.6kV、7.2kV、12kV（24kV）、40.5kV、72.5kV、126kV、252kV 这些等级；对于额定电压在 330kV 及以上系统中的开关电器，其额定电压为系统额定电压的 1.1 倍，有 363kV、550kV 等等级。

2. 额定绝缘水平

开关电器工作时还将承受高于额定电压的各种过电压作用，包括工频过电压、操作过电压和雷电冲击过电压。这就要求开关电器在各种过电压的作用下，不会导致绝缘损坏。标志这方面性能的参数有 1min 工频耐受电压（有效值）、操作冲击耐受电压和雷电冲击耐受电压。开关电器的绝缘分为相间绝缘、相对地绝缘和开关断口绝缘，具体数值可参照国标 GB/T 11022 的规定。

3. 额定电流

额定电流是指在规定的正常使用和性能条件下，开关电器主回路能够长期承载的电流有效值，即开关电器允许长期通过的最大工作电流。在这种情况下，电器各部分的温度不会超过允许值，以保证电器的工作可靠。

4. 额定短时耐受电流

额定短时耐受电流即额定热稳定电流，是指在规定的使用和性能条件下，在确定的短时间内，开关在闭合位置所能承载的规定电流有效值。

5. 额定峰值耐受电流

额定峰值耐受电流即额定动稳定电流，是指在规定的使用和性能条件下，开关在闭合位置所能耐受的额定短时耐受电流第一个大半波的峰值电流。

6. 额定短路开断电流

额定短路开断电流是指开关电器在规定的条件下能保证正常开断的最大短路电流。

7. 额定短路关合电流

额定短路关合电流是指在额定电压以及规定使用和性能条件下，开关能保证正常关合的最大短路峰值电流。

　　这一参数表征了断路器关合短路故障的能力。如果电力系统中的电力设备或电力线路在未投入运行前就已存在绝缘故障，甚至处于短路状态（即所谓的"预伏故障"），那么当断路器关合有预伏故障的电路时，会在关合过程中出现短路电流，对断路器的关合造成很大阻力（这是由于短路电流产生的电动力造成的），有时甚至会出现触头合不到底的情况，此时在触头间形成持续电弧，造成断路器严重损坏甚至爆炸。为避免出现上述情况，断路器应具有足够的关合短路故障的能力。

8. 自动重合闸性能

　　架空输电线路的短路故障大多数是雷害、鸟害等临时性故障。因此，为了提高供电的可靠性，并增加电力系统的稳定性，线路保护多采用快速自动重合操作的方式，即输电线路发生短路故障时，根据继电保护发出的信号，断路器开断短路故障；然后经很短时间又再自动关合。断路器重合后，如故障并未消除，断路器必须再次开断短路故障。此后，在有的情况下，由运行人员在断路器第二次开断短路故障后经过一定时间（例如 180s）再令断路器关合电路，称为"强送电"。强送电后，故障如仍未消除，断路器还需第三次开断短路故障。上述操作顺序称为快速自动重合闸断路器的额定操作顺序，可写为

$$O—t—CO—t'—CO$$

其中　　O——分闸操作；

　　　　CO——断路器合闸后无任何有意延时就立即进行分闸操作；

　　　　t——无电流时间，是指自动重合操作中，断路器开断时从所有相中电弧均已熄灭起到随后重新关合时任意一相中开始通过电流时的时间间隔。对于快速自动重合闸的断路器，取 $t=0.3s$；

　　　　t'——强送电时间，一般取 180s。

　　除电气性能参数外，还包括操作性能（如分合闸速度、允许合分次数、电寿命、机械寿命等）和与自然环境有关的性能，而且不同类型的开关电器有其特殊性，在此不一一列举。表 1-1 是国产 VS1（ZN63A-12）型真空断路器的主要性能参数。

表 1-1　VS1（ZN63A-12）型真空断路器技术数据

项　目	数　据
额定电压/kV	12
额定频率/Hz	50
1min 工频耐受电压/断口（有效值）/kV	42/48
额定雷电冲击电压/断口（峰值）/kV	75/85
额定电流/A	630,1250,1600,2000,2500,3150
额定短路开断电流/kA	20/25,31.5,40
额定短路关合电流（峰值）/kA	50/63,80,100
额定短路持续时间/s	4
额定操作顺序	O—t—CO—t'—CO
触头开距/mm	11±1
超行程/mm	3.1±0.3

（续）

项 目	数 据
三相分、合闸不同期性/ms	≤2
合闸触头弹跳时间/ms	≤2
平均分闸速度/m·s^{-1}	0.9~1.2
平均合闸速度/m·s^{-1}	0.5~0.8
合闸时间/ms	45~70
分闸时间/ms	25~50
燃弧时间/ms	≤15
开断时间/ms	≤65
开断次数	30,50,100
机械寿命	20000

第三节 成套电器的类别与应用

成套电器也叫成套开关设备，它是以开关设备为主体的成套配电装置，即制造厂家根据用户对一次接线的要求，将各种一次电器元件以及控制、测量、保护等装置组装在一起而构成的成套配电装置。

一、成套电器的类别

成套电器主要有低压成套开关设备、高压开关柜、SF$_6$封闭式组合电器（GIS）和预装式变电站4大类，覆盖了电力系统各个电压等级。首先初步认识一下这些成套电器。

1. 低压成套开关设备

由一个或多个低压开关电器和相应的控制、保护、测量、信号、调节装置，以及所有内部的电气、机械的相互连接和结构部件组成的成套配电装置，称为低压成套开关设备。图1-4是几面低压开关柜组合在一起的外观图，图1-5是固定式低压开关柜的一种一次接线方案（出线柜）。

图 1-4　低压开关柜外观图

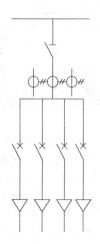

图 1-5　固定式低压开关柜的一种一次接线方案

2. 高压开关柜

按电力行业标准 DL/T 404—1997 的定义，高压开关柜（High-voltage Switchgear Panel）是指由高压断路器、负荷开关、接触器、高压熔断器、隔离开关、接地开关、互感器及站用电变压器，以及控制、测量、保护、调节装置、内部连接件、辅件、外壳和支持件等组成的成套配电装置。

高压开关柜适用于 3～35kV 电网。图 1-6 是移开式高压开关柜外观图。图 1-7 是移开式高压开关柜内部结构示意图，它分为 4 个隔室，分别是母线室（A）、断路器室（B）、电缆室（C）、继电仪表室（D）。图 1-8 是移开式高压开关柜的一种一次接线方案。

图 1-6　移开式高压开关柜外观图

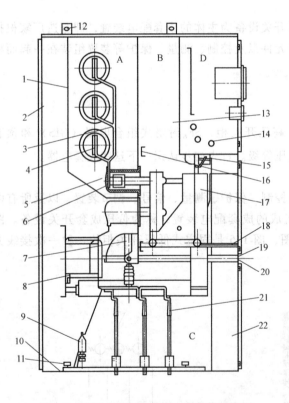

图 1-7　移开式高压开关柜内部结构示意图

1—装卸式隔板　2—外壳　3—分支母线　4—主母线　5—隔离触头装置　6—一次触头盒　7—接地开关　8—电流互感器　9—氧化锌避雷器　10—底板　11—主接地母线　12—吊耳　13—压力释放通道　14—端子排　15—插拔式二次插件　16—活门　17—断路器手车　18—手车推进机构　19—装卸式水平模板　20—接地开关操作机构　21—电缆密封终端　22—控制线槽

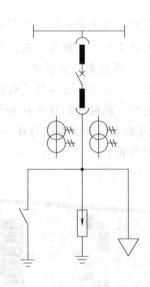

图 1-8　移开式高压开关柜的一种一次接线方案

3. SF₆封闭式组合电器（GIS）

72.5kV 及以上电压等级的 SF₆ 气体绝缘金属封闭开关设备（Gas Insulated Switchgear，GIS）又称为封闭式组合电器，它一般用于户内，也可户外使用。

GIS 多采用圆筒式结构，所有电器元件，如断路器、互感器、隔离开关、接地开关和避雷器都放置在接地的金属材料（钢、铝等）制成的圆筒形外壳中，内部充有 0.3~0.5MPa（表压）SF₆ 气体。GIS 相应的国家标准是 GB 7674《72.5kV 及以上气

图 1-9　GIS 设备实物图

体绝缘金属封闭开关设备》。图 1-9 是 GIS 设备实物图。图 1-10 是 550kV GIS 设备（出线间隔）结构示意图。图 1-11 是 550kV GIS 设备（出线间隔）的一次接线图。

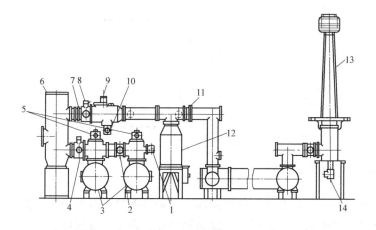

图 1-10　550kV GIS 设备（出线间隔）结构示意图
1—操作用接地开关　2—接合装置　3—主母线　4—电流互感器　5—主母线隔离开关　6—断路器　7—伸缩接头　8—电流互感器　9—线路侧隔离开关　10—操作用接地开关　11—伸缩接头　12—避雷器　13—气体套管　14—线路侧隔离开关

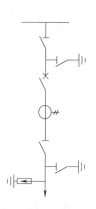

图 1-11　550kV GIS 设备（出线间隔）的一次接线图

4. 预装式变电站

预装式变电站（Prefabricated Substations）是一种将高压开关设备、配电变压器和低压配电装置按一定接线方案排成一体的工厂预制的紧凑式配电设备。其具有成套性强、体积小、占地少、能深入负荷中心、对环境适应性强、安装方便、运行安全可靠等一系列优点，适用于城市公共配电、高层建筑、住宅小区、公园、油田、工矿企业及施工现场等场所。

预装式变电站包括箱式变电站和组合式变压器两类，相应的国家标准为 GB/T 17467—1998《高压/低压预装式变电站》。图 1-12 是箱式变电站的外观图，整个箱体分为高压配电室、变压器室和低压配电室 3 个部分。图 1-13 是箱式变电站的一次接线图。

二、成套电器的应用

各种类型的成套电器从使用场所的实际出发，考虑了性能参数的合理配合及电器元件的合理布置，因此具有占地面积少，空间体积小，安装、使用与维护方便，运行安全可靠等优点。

成套电器是在制造厂装配完成的，到了现场后只需简单的安装固定，与进出线相连后即能投入使用，因此大大缩短了变电站的建设工期。

图 1-12 箱式变电站外观图

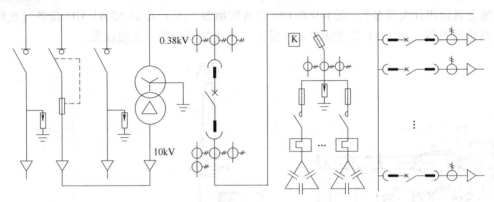

图 1-13 箱式变电站的一次接线图

移开式高压开关柜和抽出式低压开关柜具有很高的互换性，当断路器等主要电器元件发生故障或需要检修时，可随时拉出，再推入同类备用小车或抽屉单元，即可恢复供电，提高了供电的可靠性。

预装式变电站和 GIS 大大缩小了变电站的占地面积。例如 110kV GIS 的占地面积只有土建式变电站的 10%，220kV GIS 的占地面积只有土建式变电站的 5%。

成套电器广泛用于发电厂、变电站、工矿企业、高层建筑以及各种用电场所，作为接收和分配电能以及对电路进行控制、保护和监视之用。几乎在各种电压等级的系统中都用到成套电器。

1）在低压配电系统中，变配电站低压配电装置采用低压开关柜，生产车间、建筑物等用电集中的场所采用动力配电柜和配电箱。

2）6~35kV 变配电站中采用高压开关柜。

3）66~500kV 系统中越来越多地采用 GIS。

4）用户供电系统广泛采用预装式变电站。

图 1-14 是高低压开关柜在 10kV 变电站中的应用，包括 10kV 侧和 380/220V 侧。图 1-15 是 35kV 变电站电气主接线图，其配电装置使用各种一次线路方案的 JYN1-35 和 JYN2-10 型高压开关柜。

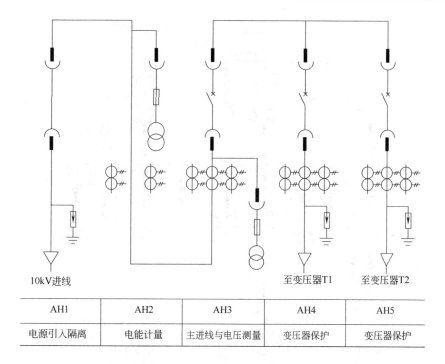

AH1	AH2	AH3	AH4	AH5
电源引入隔离	电能计量	主进线与电压测量	变压器保护	变压器保护

a)

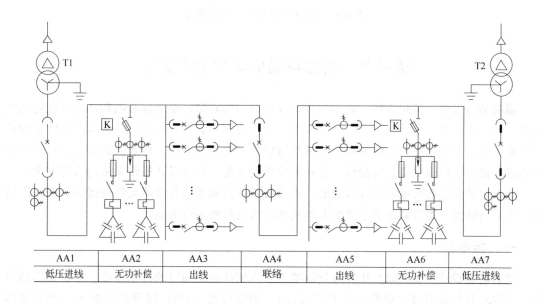

AA1	AA2	AA3	AA4	AA5	AA6	AA7
低压进线	无功补偿	出线	联络	出线	无功补偿	低压进线

b)

图 1-14 高低压开关柜在 10kV 变电站中的应用

a) 10kV 侧 b) 380/220V 侧

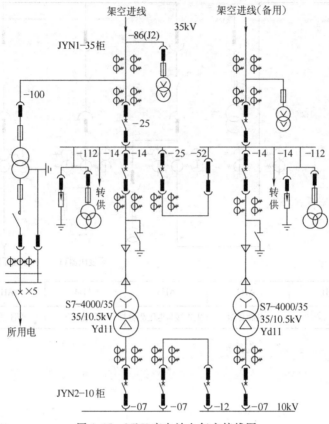

图 1-15　35kV 变电站电气主接线图

第四节　成套电器的基本技术要求

根据运行可靠、维护方便、技术先进、经济合理的原则，要求成套电器具有良好的电气性能、绝缘性能和机械性能，并且动作灵敏，工作可靠性高。既能满足正常运行条件下的长期发热要求，又能承受短路电流所产生的机械应力和高温的作用，即能满足动稳定和热稳定的要求。此外，应能保证设备操作、维护和检修的方便，以及保证操作人员的人身安全。

成套电器是由各种电器元件构成的，但其技术特点和要求与电器元件在诸多方面是不同的，有其特殊性。本节就成套电器的基本技术要求进行概括性的阐述。

一、标准化

成套电器设计、制造以及用户订货的基本技术依据就是相应的技术标准。各种类别的成套电器均有其相应的国际标准（如 IEC 标准）、国家标准（GB）以及行业标准。成套电器的行业标准包括电力行业标准（DL）和机械行业标准（JB）。

1. 低压成套开关设备的有关标准

（1）GB 7251—2013《低压成套开关设备和控制设备》（等效于 IEC 439）

（2）IEC 439：1992《低压成套开关设备和控制设备》

（3）JB/T 9661—1999《低压抽出式成套开关设备》

（4）JB/T 5877—1991《低压固定式成套开关设备》

2．高压开关柜的有关标准

（1）GB 3906—2006《3～35kV 交流金属封闭开关设备》（等效于 IEC 298）

（2）IEC 298：1990《1kV 以上 52kV 以下交流金属封闭开关设备和控制设备》

（3）DL/T 404—2007《户内交流高压开关柜订货技术条件》

（4）SD 318—1989《高压开关柜闭锁装置技术条件》（能源部标准）

3．GIS 的有关标准

（1）GB 7674—2008《72.5kV 及以上气体绝缘金属封闭开关设备》（等效于 IEC 517）

（2）IEC 517：1990《72.5kV 及以上气体绝缘金属封闭开关设备》

（3）DL/T 617—2010《气体绝缘金属封闭开关设备技术条件》

4．预装式变电站的有关标准

（1）GB/T 17467—2010《高压/低压预装式变电站》（等效于 IEC 1330）

（2）IEC 1330：1995《高压/低压预装式变电站》

二、外壳防护

成套电器的外壳的基本作用是防护和支承。作为支承件，它必须具有足够的机械强度和刚度，保证装置的整体稳固性，特别是在内部故障条件下，不能出现变形或折断，避免扩大故障。防护作用则包含以下几个方面：

1）防止人体触及或接近外壳内部的带电部分和触及运动部件，防止固体异物进入外壳内部。

2）防止水进入外壳内部达到有害程度。

3）防止外部因素（如小动物侵入、气候和环境因素等）影响内部设备。

4）防止设备受到意外的机械冲击。

各种成套电器应达到相应的防护等级。国家标准 GB 11022 对电气设备防护等级做出了具体规定，见表 1-2。

表 1-2 外壳防护等级代号说明

代号含义说明		IP 特征字母 （外壳防护）	□ 第一位特征字母 （防固体侵入）	□ 第二位特征字母 （防水侵入）
特征数字		简要说明	防护等级具体含义	
第一位特征数字	0	无防护	没有专门防护	
	1	防大于 50mm 的固体异物	能防止直径大于 50mm 的固体导物进入壳内 能防止人体的某一大面积部分（如手）偶然或意外地触及壳内带电部分或运动部件，不能防止有意识的接近	
	2	防大于 12mm 的固体异物	能防止直径大于 12mm、长度不大于 80mm 的固体异物进入壳内 能防止手指触及壳内带电部分或运动部件	
	3	防大于 2.5mm 的固体异物	能防止直径大于 2.5mm 的固体异物进入壳内 能防止厚度（或直径）大于 2.5mm 的工具、金属线等触及壳内带电部分或运动部件	

(续)

特征数字		简要说明	防护等级具体含义
第一位特征数字	4	防大于1mm的固体异物	能防止直径大于1mm的固体异物进入壳内 能防止厚度(或直径)大于1mm的工具、金属线等触及壳内带电部分或运动部件
	5	防尘	不能完全防止尘埃进入,但进入量不能达到妨碍设备正常的程度
	6	尘密	无尘埃进入
第二位特征数字	0	无防护	没有专门防护
	1	防滴	滴水(垂直滴水)无有害影响
	2	15°防滴	当外壳从正常位置倾斜在15°以内时,垂直滴水无有害影响
	3	防淋水	与垂直成60°范围以内的淋水无有害影响
	4	防溅水	任何方向溅水无有害影响
	5	防喷水	任何方向喷水无有害影响
	6	防猛烈海浪	猛烈海浪或强烈喷水时,进入外壳水量不致达到有害程度
	7	防浸水影响	浸入规定压力的水中经规定时间后进入外壳水量不致达到有害程度
	8	防潜水影响	能按制造厂规定的条件长期潜水
备 注			如只采用单一的特征数字,则被省略的特征数字必须用字母X代替,例如IP2X

三、绝缘配合

(一) 电气绝缘概述

绝缘是指利用绝缘材料和构件将不同电位的导体分隔开。绝缘是电气设备结构中的重要组成部分。具有绝缘作用的材料称为绝缘材料(电介质),电气设备的绝缘就是由各种绝缘材料构成的。绝缘材料包括固体绝缘材料(如云母、陶瓷、橡胶、塑料、纸)、液体绝缘材料(如矿物油、植物油)和气体绝缘材料(如空气、SF_6气体)3大类。

电气设备的绝缘不仅要承受长期工作电压的作用,而且可能承受过电压的作用。过电压包括雷电过电压和内部过电压。雷电过电压包括直击雷过电压、感应雷过电压和沿电力线路侵入的雷电过电压(雷电波侵入)。内部过电压又分为暂时过电压和操作过电压。暂时过电压是由于系统中发生事故或发生谐振而引起的过电压;操作过电压是由于系统中的操作(如电路投、切)引起的过电压。过电压的作用时间虽然很短,但过电压的数值却大大超过正常工作电压,因此易造成绝缘的破坏。所以,设备绝缘除能耐受工作电压的持续作用外,还必须能耐受过电压的作用。

在工作电压和过电压作用下,绝缘会发生电导、极化、损耗、老化、放电、击穿等现象。

(二) 绝缘配合的有关概念

绝缘配合是成套电器设计与制造的一个非常重要的问题。成套电器运行中发生的事故大致包括绝缘事故、拒分事故、拒合事故、载流事故等。在绝缘事故中,外绝缘对地闪络、击穿事故居首位。成套电器的绝缘事故较多,特别在潮湿(出现凝露)、尘土较多的场所工作时,问题更为突出。为了保证成套电器运行的安全可靠,绝缘配合至关重要。在此,介绍一下相关概念。

（1）绝缘配合　绝缘配合是指根据电气设备的使用条件及周围环境来选择电气设备的电气绝缘特性，主要是根据电气设备的使用条件、周围环境和绝缘材料来确定电气设备的电气间隙和爬电距离。绝缘配合的"三要素"是：设备的使用条件、设备的使用环境、绝缘材料的选用。绝缘配合的目标是保证电气设备的绝缘性在规定的使用条件及环境条件下能达到设计的期望寿命。

（2）额定绝缘电压　在规定条件下，用来度量电器及其部件的不同电位部分的绝缘强度、电气间隙和爬电距离的标准电压值。额定绝缘电压即电器的最高工作电压（额定电压），如 3.6kV、7.2kV、12kV、40.5kV、72.5kV、126kV、252kV、363kV、550kV。

（3）外绝缘　空气间隙及电气设备固体绝缘的外露表面。外绝缘要承受大气、污秽、湿度、小动物等外界条件的影响。

（4）电气间隙　电器的导电部件之间的最短空间距离。

（5）对地电气间隙　电器的任何导电部件与任何接地的或可能要接地的静止和运动中的部件间的电气间隙。

（6）爬电距离　电器中具有电位差的相邻两带电部件之间沿绝缘体表面的最短距离。

（7）爬电比距　电气设备外绝缘的爬电距离与电气设备的额定电压（最高电压）之比。

四、"五防"

长期以来，电力运行部门时有误操作事故发生。统计表明，带负荷拉、合隔离开关，误分误合断路器，带电挂接地线（即往带电母线或设备主回路上挂接地线），带接地线合隔离开关（即在母线或设备接地时合隔离开关）和工作人员误入带电间隔是最容易出现、危害也最大的 5 种误操作。因此，对开关设备要设置可靠的联锁和闭锁装置，以保证操作程序的正确性和防止以上 5 种误操作。这就是所谓的"五防"，即

1）防止带负荷分、合隔离开关。

2）防止误分、误合断路器、负荷开关和接触器。

3）防止接地开关处在合闸位置时或带接地线关合断路器、负荷开关等。

4）防止带电时挂接地线或合接地开关。

5）防止误入带电间隔。

常用的联锁装置可分为两大类：

（1）机械类　包括机械联锁装置、程序锁和钥匙盒联锁装置等。

（2）电气类　包括电气联锁、电磁锁和高压带电显示装置等。

五、导电回路的发热问题

高、低压开关柜等成套电器的导电回路是通过导体（母线）连接隔离开关（或隔离触头）、断路器、电流互感器等一次电器元件而构成的。导电回路电阻除了一次电器元件的电阻外，还包括载流导体（母线）本身的电阻和各接点的接触电阻。当成套电器工作时，电流流过各接点和母线而产生电阻损耗，这种损耗全部变为热能，一部分散失到周围空气中，另一部分则对母线和接点加热，使其温度升高。

开关柜中的电接触包括固定接触和可分接触两种。除了移开式高压开关柜和抽出式低压

开关柜的一次隔离触头是可分接触外，其他接点均为固定接触。对开关柜中电接触的主要要求是：

1) 在长期工作中，要求电接触在长期通过额定电流时，温升不超过一定数值；接触电阻要求稳定。

2) 对于一次隔离触头，在短时通过短路电流时，要求电接触不发生熔焊或触头材料的喷溅等。

开关柜中的热源主要来自 3 个方面：母线、接点和电器元件。当开关柜运行时，开关柜上各部位的温度均不能超过允许值。表 1-3 是按有关的 IEC 出版物提供的开关柜每一部件（位）允许的温升极限。

表 1-3　开关柜部件（位）允许的温升极限

开关柜部件（位）		温　升　极　限
内部组件，即常规的开关、控制设备、电子组件和电气设备（例如调压器、电源装置）		根据各个组件有关的要求或根据组件制造商的说明，同时要考虑到柜体内组装后的温度影响
外部被绝缘的导体端		70K
母线和导体、可移动或连接到母线的抽出式部件（例如独扉的）插入式触头		由以下条件限制： ·导体材料的机械强度 ·相邻设备的可能影响 ·与导体接触的绝缘材料的允许温升极限 ·与电气组件、设备连接的导体对设备的温度影响 ·对插入式触头、触头材料的材质与表面处理情况
操作手柄	金属材料	15K
	绝缘材料	25K
易接触的外壳和外盖	金属表面	30K
	绝缘表面	40K
插头与插座连接		由组成这一部分的相关设备的组件温升极限要求决定

六、内部故障

由于金属封闭开关设备柜内元器件的缺陷或由于工作场所的环境特别恶劣引起的绝缘事故，可能在柜体隔室内出现电弧，称为内部故障。出现内部故障时首先要保证人身的安全，其次还要使内部电弧限制在尽可能小的范围内不致波及附近的其他部分。当然，最重要的是避免内部故障的发生。

当金属封闭开关设备内母线短路时，电弧释放的能量加热气体使气体压力升高；其次，电弧在回路电动力的作用下从母线的电源侧向负荷侧运动。如果隔室或柜体间密封不严，被加热和游离的气体还会扩散到其他部分使事故范围不断扩大，严重时还会波及整组的金属封闭开关设备，即所谓的"火烧连营"。

金属封闭开关设备的内部故障问题日益受到重视。目前，主要是通过以下措施来对内部故障进行防护：设立压力释放活门；选择合适的电缆室尺寸，避免电缆交叉连接；采用绝缘封闭母线；完善联锁机构等。压力释放活门用于在万一发生内部故障时，能尽快地抑制故障，快速、安全地排出高温气体及燃烧的微粒，并把电弧故障的内部效应限制在内部隔室内，不能因燃弧或其他效应在外壳上造成穿孔和破坏接地系统。

第二章 低压成套开关设备

第一节 低压成套开关设备的类型

一、低压成套开关设备的分类

低压成套开关设备是一种量大面广的成套电器产品，广泛用于发电厂、变电站、工矿企业以及各类电力用户的低压配电系统中，作为动力、照明、配电和电动机控制中心、无功补偿等的电能转换、分配、控制、保护和监测之用。

1. 按 GB 7251《低压成套开关设备和控制设备》分类

按 GB 7251《低压成套开关设备和控制设备》标准要求生产的低压成套开关设备系列有以下种类：

1）按结构分为：屏、柜、箱。

屏类：开启式、固定面板式。

柜类：固定安装式、抽出式、箱组式。

箱类：动力箱、照明箱、补偿箱。

2）按功能分：配电用（进线、联络、出线）、电动机控制、无功功率补偿、照明、计量。

3）按 GB 7251.1 要求生产的各种直流开关柜。

4）按 GB 7251.2 要求生产的各种母线槽、照明箱、插座箱。

5）按 GB 7251.3 要求生产的各种计量箱、照明箱、插座箱。

6）按 GB 7251.4 要求生产的各种户外建筑工地用的成套设备（ACS）是可移动式的或可运输式的（半固定），包括：进线及计量用的 ACS、主配电用 ACS、配电用 ACS、变压器 ACS、终端配电用 ACS、插座式 ACS 等。

2. 按供电系统的要求和使用的场所分类

（1）一级配电设备 一级配电设备统称为动力配电中心（PC），俗称为低压开关柜，也叫低压配电屏。它们集中安装在变电所，把电能分配给不同地点的下级配电设备。这一级设备紧靠降压变压器，故电气参数要求较高，输出电路容量也较大。

（2）二级配电设备 二级配电设备是动力配电柜和电动机控制中心（MCC）的统称。这类设备安装在用电比较集中、负荷比较大的场所，如生产车间、建筑物等场所，对这些场所进行统一配电，即把上一级配电设备某一电路的电能分配给就近的负荷。动力配电柜使用在负荷比较分散，回路较少的场合。电动机控制中心（MCC）用于负荷集中，回路较多的场合。这级设备应对负荷提供控制、测量和保护。

（3）末级配电设备 末级配电设备是照明配电箱和动力配电箱的统称，它们远离供电中心，是分散的小容量配电设备，对小容量用电设备进行控制、保护和监测。

3. 按结构特征和用途分类

（1）固定面板式开关柜　固定面板式开关柜常称开关板或配电屏，它是一种有面板的开启式开关柜，正面有防护作用，背面和侧面仍能触及带电部分，防护等级低，只能用于对供电连续和可靠性要求较低的工矿企业变电所。

（2）封闭式开关柜　封闭式开关柜是指除安装面外，其他所有侧面都被封闭起来的一种低压开关柜，这种开关柜的开关、保护和监测控制等电气元件均安装在一个用钢材或绝缘材料制成的封闭外壳内，可靠墙或离墙安装。柜内每条回路之间可以不加隔离措施，也可以采用接地的金属板或绝缘板进行隔离。

（3）抽出式开关柜　这类开关柜采用钢板制成封闭外壳，进出线回路的电器元件都安装在可抽出的抽屉中，构成能完成某一类供电任务的功能单元。功能单元与母线或电缆之间，用接地的金属板或塑料制成的隔板隔开，形成母线、功能单元和电缆 3 个区域。每个功能单元之间也有隔离措施。抽出式开关柜有较高的可靠性、安全性和互换性，它们适用于对供电可靠性要求较高的低压供配电系统中作为集中控制的配电中心。图 2-1 是低压抽出式开关柜的实物图。

图 2-1　低压抽出式开关柜的实物图

（4）动力、照明配电控制箱　动力、照明配电控制箱多为封闭式垂直安装，因使用场合不同，故外壳防护等级也不同。它们主要作为用电现场的配电装置。

二、低压开关柜的型号

我国新系列低压开关柜全型号由 6 位拼音字母或数字表示，其含义如下：

$$□□□□-□-□$$
$$1\ 2\ 3\ 4\quad 5\quad 6$$

第 1 位：分类代号，即产品名称，P—开启式低压开关柜；G—封闭式低压开关柜。

第 2 位：形式特征，G—固定式；C—抽出式；H—固定和抽出式混合安装。

第 3 位：用途代号，L（或 D）—动力用；K—控制用；这一位也可作为统一设计标志，例如"S"表示森源电气系统。

第 4 位：设计序号。

第 5 位：主电路方案编号。

第 6 位：辅助电路方案编号。

我国生产的低压开关柜主要型号如下：

1）抽出式：BFC、GCK、GCL、GDL、GCS（森源公司技术）、GCK、DOMINO（丹麦 LK 公司技术）、MNS（ABB 公司技术）、MHS、MGD、MNSF、MNSG、SV18。

2）固定面板式：PGL、GGL、GGD、JK。

3）混合安式（抽出式单元和固定分隔式单元混合组装）：GHL、GHK、GCK、GCD、GCL。

三、低压开关柜的主要技术参数

低压开关柜的主要技术参数有以下几项：

（1）额定电压　包括主电路和辅助电路的额定电压。主电路的额定电压又分为额定工作电压和额定绝缘电压。额定工作电压表示开关设备所在电网的最高电压；额定绝缘电压是指在规定条件下，用来度量电器及其部件的不同电位部分的绝缘强度、电气间隙和爬电距离的标准电压值。

（2）额定频率　一般为 50Hz。对于出口产品，有些国家的电源频率为 60Hz。

（3）额定电流　分为两种，一种是水平母线额定电流，这是指低压开关柜中受电母线的工作电流，最小的几百安，最大的可达 5～7kA；另一种为垂直母线额定电流，它是指低压开关柜中作为分支母线（即馈电母线）的工作电流，这个电流小于水平母线电流。抽屉单元额定电流一般较小，较大的有 400A、630A 等。

（4）额定短路开断电流　它是指低压开关柜中开关电器的分断短路电流的能力，取决于低压开关柜所配的开关电器。

（5）母线额定峰值耐受电流和额定短时耐受电流　表示母线的动、热稳定性能。

（6）防护等级　是指外壳防止外界固体异物进入壳内触及带电部分或运动部件，以及防止水进入壳内的防护能力。一般应达到 IP30，要求高的有 IP43、IP54 等。

表 2-1 是国产 GCS 低压开关柜的主要技术参数

表 2-1　GCS 低压开关柜的主要技术参数

项　　目		数　　据
额定电压/V	主电路	380（660）
	辅助电路	AC220、AC380、DC110、DC220
额定绝缘电压/V		690（1000）
额定频率/Hz		50
额定电流/A	水平母线	≤4000
	垂直母线	1000
母线额定短时耐受电流（1s）/kA		50、80
母线额定峰值耐受电流（0.1s）/kA		105，176
防护等级		IP30、IP40

第二节　低压成套开关设备的结构

低压成套开关设备种类繁多，结构差异较大，其中以抽出式低压开关柜的结构最为复杂。图 2-2 是 GCK1 型低压抽出式开关柜的结构示意图。

低压成套开关设备各组成部分阐述如下：

（1）运输单元　低压成套开关设备的一部分，不需拆开而适合运输。

（2）柜架单元　低压成套开关设备中连续的两个垂直分界面之间的一种结构单元。图 2-3 是低压开关柜的柜架结构。

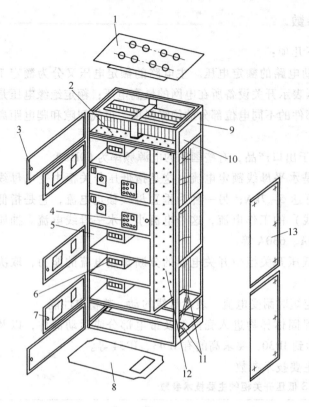

图 2-2　GCK1 型低压抽出式开关柜的结构示意图

1—顶盖　2—水平母线室　3—门锁　4—控制板　5—功
能单元室　6—垂直母线　7—门　8—底板　9—水平
母线　10—N　11—PE　12—电缆出线区　13—侧板

图 2-3　低压开关柜的柜架结构

（3）框架单元　同一柜架单元内的连续的两个水平分界面之间的一种结构单元。

（4）功能单元　低压成套开关设备中能完成某一功能的所有主回路和辅助回路组件。图 2-4 为 GCK1 型低压抽出式开关柜的一种功能单元（抽屉单元）实物图。

（5）进线单元　把电能馈送到成套开关设备中的一种功能单元。

（6）出线单元　把电能输送给一个或多个出线电路的功能单元。

图 2-4　GCK1 型低压抽出式开关柜的一
种功能单元（抽屉单元）实物图

（7）功能组　为完成某些运行功能而在电气上相互连接的几个功能单元的组合。

（8）带有挡板的框架单元或柜架单元　为防止拆装元件时意外地触及邻近设备而设计和配备的一种带挡板的柜架或框架单元。

（9）主回路　传送电能的所有导电回路。

（10）辅助回路　除主回路外的所有控制、测量、信号和调节回路内的导电回路。

（11）水平母线　贯穿于抽出式成套开关设备、水平安置的主母线。

（12）垂直母线　垂直安置于一个柜体中，将水平母线的电能分配给各功能单元的导体。

（13）分支线　在一个柜体中，将每个功能单元分别接于水平母线或垂直母线的导体。

（14）母线系统　由母线与有关的连接件和绝缘支承件所组成。

（15）固定式部件　设计成固定安装，在一个公共支架上完成电气设备装配和配线的一种部件。

（16）可移开部件　能够从低压成套开关设备中完全移出或加以替换的部件，主回路带电时也不例外。

低压抽出式开关柜的抽屉单元就是可移开部件，它能够从低压成套开关设备中完全移出或加以替换。图 2-5 为 GCK1 型低压抽出式开关柜抽屉单元框架。

图 2-5　GCK1 型低
压抽出式开关
柜抽屉单元框架

（17）可抽出部件　低压成套开关设备中一种可移动的部件，它可以移动到使分离的触头之间构成一隔离断口或分隔，但与外壳仍保持机械联系。图 2-6 是一种安装有万能式断路器的可抽出式部件（抽屉式结构单元）实物图。

（18）连接位置　又叫工作位置或接通位置，它是可移开部件或可抽出部件处于完全连接的位置。图 2-7 给出了可抽出部件结构示意图。

（19）试验位置　可抽出部件的一种位置，使主回路形成隔离断口或分隔，而辅助电路是接通的，如图 2-7 所示。

（20）断开位置　又叫分离位置，可抽出部件的一种位置，使主回路形成隔离断口或分隔，并使可抽出部件仍与外壳保持机械联系，而辅助回路可以不断开，如图 2-7 所示。

（21）抽出位置　可移开部件的一种位置，可移开部件与低压成套开关设备的外壳脱离机械联系和电气联系，如图 2-7 所示。

图 2-6　安装有万能式断路器的可抽出
式部件（抽屉式结构单元）实物图

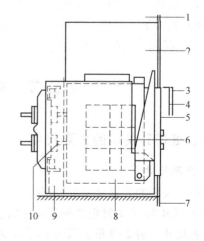

图 2-7　可抽出部件结构示意图
1—飞弧区域的罩盖　2—扩散灭弧气体用的自由空间
3—隔离位置　4—试验位置　5—工作位置　6—辅助
回路的插接　7—开关柜的门　8—抽屉开关
9—抽屉框架　10—抽屉主触头

（22）隔室　低压成套开关设备的组成部分，除应实现电气连接、控制、通风或必须在隔板上开孔外，所有隔室应呈封闭状态或互相隔开。隔室可由内装的主要组件命名，如电缆隔室、母线隔室等。连接隔室之间的孔应以套管或等效方式隔开。母线可以贯穿若干功能单元，根据用户要求可不用套管隔开，可采取其他措施隔离。

（23）母线隔室　用接地的金属板或绝缘板封闭，用于装设水平母线或垂直母线的空间。

（24）单元隔室　用接地的金属板或绝缘板封闭，用于装设功能单元的空间。

（25）电缆隔室　用接地的金属板或绝缘板封闭，用于敷设电缆的空间。

（26）出线端子隔室　用接地的金属板或绝缘板封闭，用于连接电缆的空间。

（27）安装板　用于支撑各种元件并且适合于在成套开关设备中安装的一种板。

（28）安装框架　用于支撑各种元件并且适合于在成套开关设备中安装的一种框架。

（29）外壳　低压成套开关设备的一部分，在规定的防护等级下，它能保护内部设备不受外界的影响，防止人体和外物接近带电部分或触及运动部分。

（30）骨架　用于支撑成套开关设备中的各种元件及外壳的一种结构部件。

（31）覆板　外壳上的一种部件。

（32）门　一种带铰链或可滑动的覆板。

（33）可拆式覆板　用来遮盖外壳上的开口的一种覆板，当进行某些操作或维修时可将其移开。

（34）挡板　用以对来自入口处的各个方向的直接接触和来自开关设备的电弧进行局部防护的一种部件。

（35）屏障　用以防止无意识的直接接触，但不能防止有意接触的一种部件。

（36）活动挡板　一种能够移动的部件。它在下述两种位置之间移动：一种位置是允许可移开部件上的触头同静触头连接；另一种位置是当移开部件移出时，将静触头遮蔽起来。

（37）隔板　用于将一个隔室与另一个隔室隔开的部件。

（38）电缆引入部件　一种带有开口的部件，此开口用以将电缆引至成套开关设备上。该部件可同时兼作电缆封装接头。

第三节　模数、尺寸与空间

一、低压开关柜的主要尺寸

1. 外形尺寸

低压开关柜的外形尺寸可根据国标 GB 3047.1《面板、架和柜的基本尺寸系列》确定，见表2-2。GB 3047.1 对柜的外形尺寸的含义未作详细说明，但一般认为，柜的外形尺寸应包括覆板尺寸。表2-2 所给尺寸的不足之处是缺少小尺寸系列，为了满足实际需要，柜的外形尺寸也可选用表2-3 所列的补充数据。

表2-2　开关柜外形尺寸系列　　　　　　　　　（单位：mm）

高(H)	深(D)	宽(W)
1800,2000,2200	600,800,1000,1200①	600,800,1000,1200

① 仅用于重型柜

表 2-3 补充后的开关柜外形尺寸系列 （单位：mm）

高（H）	深（D）	宽（W）
1200,1400,1600	400,500,600	600,（700），800,（900）1000
1800	600,800	
2000,2200	600,800,1000	600,（700），800,（900），1000,1200

注：括号中的数据不推荐使用。

2. 柜体尺寸

低压开关柜的骨架形式及尺寸是与柜内元件安装尺寸和柜的外形尺寸密切相关的。除了无触头控制装置和部分抽出式结构的装置外，骨架一般都只有一个安装平面。骨架形式一般设计成立式骨架。骨架过去多采用焊接，现在则多采用组装式，即用螺钉联接。

骨架的宽度一般应比柜宽小 100mm。必要时，也可以等于柜的宽度（覆板沉入安装）。骨架上安装元件的有效宽度一般应比骨架的宽度小 100mm，因为两边要安装走线槽。骨架的高度与柜的结构细节有关，但柜内电器元件的有效安装高度可以确定。按照 IEC 439 和 GB 7251《低压成套开关设备和控制设备》的规定，接线座的安装位置应至少离地面 200mm。另外，考虑到电器元件喷弧、散热和维修，电器元件离柜顶高度一般不得小于 100mm。因此，可认为骨架安装元件的有效高度应比柜的高度小 300mm 以上。

图 2-8 是 GCK 系列 MCC 柜（电动机控制中心）的外形及安装尺寸，图中 A、B 分别是柜的宽度和深度。

3. 柜门尺寸

柜门通常采用钢板弯制的门。门的手柄应位于柜的右边，以便在门打开后，门后的元件不妨碍右手维修柜内元件。如果是双扇门，则以左边门为主，手柄装在左门上。若左右两扇门不等宽，则左门应较宽一些。

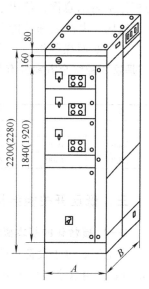

图 2-8 GCK 系列 MCC 柜的外形及安装尺寸

为了在柜门上集中安装元件的方便，柜的前门最好是一扇。对于后门，柜后的维修通道一般较窄。根据国标 GBJ 54《低压配电装置及线路设计规范》规定：柜后通道最小可达 1m，有困难时还可减小到 0.8m。综合各种因素，柜的前门和后门宽度可按表 2-4 选取。

表 2-4 开关柜柜门尺寸参考数据 （单位：mm）

柜宽			600	700	800	900	1000	1200
前门	方案一	左	600	700	800	500	500	600
		右				400	500	600
	方案二	左	600	700	800	700	800	800
		右				200	200	400
后门		左	600	700	400	500	500	600
		右			400	400	500	600

二、低压开关柜的空间分配

抽出式低压开关柜柜内的六面体空间可根据需要划分为几个相互隔离的区域（隔室），隔室的种类有：水平母线区、垂直母线区、功能单元区、电缆区、PEN（保护中性线）母线区、控制线路区等。水平母线是用于受电的主母线，连接电源进线和垂直母线；垂直母线是分支母线，用于对功能单元（抽屉）配电。功能单元区也叫电器区，它分隔为若干个相互隔离的小区，用于安装抽屉单元。对于混装式低压开关柜，功能单元区既有抽屉单元隔室，也有固定安装隔室。电缆区用于电缆出线布线。

　　抽出式低压开关柜柜内空间有多种组合方案，可根据需要灵活设置。图 2-9 是低压开关柜柜体空间示意图，给出了两种方案，它们包括母线区、电缆区和功能单元区 3 个区域，其中左边是双面操作柜，右边是单面操作柜。表 2-5是这两种组合方案的有关尺寸。

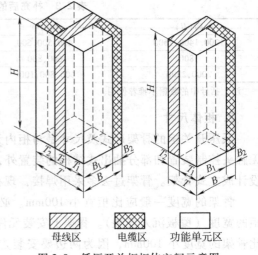

母线区　　　电缆区　　　功能单元区

图 2-9　低压开关柜柜体空间示意图

表 2-5　MCC 柜的柜体基本尺寸 　　　　　（单位：mm）

高	宽			深			柜型
H	B	B_1	B_2	T	T_1	T_2	
2200	1000	600	400	600	400	200	单面操作
2200	1000	600	400	1000	400	200	双面操作

三、低压开关柜结构的模数化

（一）模数化的基本概念

　　在电工、电子设备机械结构设计中，用来确定尺寸增减变化关系的基本尺寸称为模数（Modul）。用这个尺寸与优选确定的乘数相乘所得到的系列尺寸，能够尽可能地用几个小尺寸的器件置换大尺寸的器件，反之亦然。模数乘以一个乘数（整数）所得到的尺寸叫模数尺寸（Modular Dimension）。

　　对于抽出式低压开关柜，在结构设计上应尽可能地增大功能单元区的空间，并最有效地利用这个空间，以便得到最多的单元组合，即得到最多的电气回路。因此，采用模数化设计。

　　低压开关柜的模数化设计就是确定一个基本模数（用 E 表示，例如 $E = 20mm$），柜体骨架及其安装孔尺寸、功能单元区空间和功能单元（抽屉或固定式安装间隔）的外形尺寸均以基本模数的整数倍按需要进行增减变化。对于抽出式低压开关柜，其整个空间采用模数化尺寸，功能单元（抽屉）的外形尺寸亦按模数化设计，使每一个功能单元在结构上占一个按模数组合排列的六面体空间，最小的一个单元空间应能整除功能单元区的空间，这样，就能在功能单元区的空间中布置最多的功能单元，而且不会出现多余的空间。

　　抽出式低压开关柜大都是从高度方向上采用模数尺寸，即柜体骨架的安装孔位置、功能单元区的抽屉单元组合方案以及抽屉单元的外形尺寸都是在高度方向上采用模数尺寸。

（二）模数化设计举例一

　　某型低压开关柜以 25mm 为模数的 C 型型材钢组装成柜体，其外形尺寸（$H×W×D$）为：2200mm×1000mm×600mm（单面操作柜）或 2200mm×1000mm×1000mm（双面操作柜）。基

本模数 $E = 25mm$，功能单元区的总高度 $72E = 1800mm$。抽屉有 5 种标准尺寸，都是以 $8E$（200mm）高度为基准，抽屉外形尺寸改变仅在高度尺寸上变化，其宽度、深度尺寸不变。这 5 种标准抽屉的规格是：

（1）$8E/4$ 在 $8E$ 高度的空间内组装 4 个抽屉单元。

（2）$8E/2$ 在 $8E$ 高度的空间内组装 2 个抽屉单元。

（3）$8E$ 在 $8E$ 高度的空间内组装 1 个抽屉单元。

（4）$16E$ 在 $16E$（400mm）高度的空间内组装 1 个抽屉单元。

（5）$24E$ 在 $24E$（600mm）高度的空间内组装 1 个抽屉单元。

5 种抽屉单元可在一个柜体中作单一组装，也可以混合组装。一个柜体中单一组装最多容纳的抽屉单元数分别为 36、18、9、4、3。

（三）模数化设计举例二

某型低压开关柜在柜体骨架上分别有模数为 20mm 和 100mm、直径为 9.2mm 的安装孔。功能单元区的总高度为 1760mm，抽屉层高的模数 $E = 160mm$，分为 1/2 单元、1 单元、3/2 单元、2 单元和 3 单元 5 个尺寸系列。对应的抽屉高度是：1/2 单元高 80mm；1 单元高 160mm；3/2 单元高 240mm；2 单元高 360mm；3 单元高 480mm。在 1760mm 高度空间内可以安装 22 个 1/2 抽屉单元，或安装 11 个 1 单元。也可以按照 160mm 模数由各种单元混合安装，例如在 1760mm 高度空间内可安装 6 个 3/2 单元和 4 个 1/2 抽屉单元。

这 5 种抽屉单元中，除 1/2 单元的宽度为 280mm 外，其他的均为 560mm。深度均为 410mm。

四、两种低压开关柜的抽屉单元配置方案

图 2-10 为 MNS 柜结构尺寸与抽屉单元配置方案。图 2-11 为 GCS 柜结构尺寸。

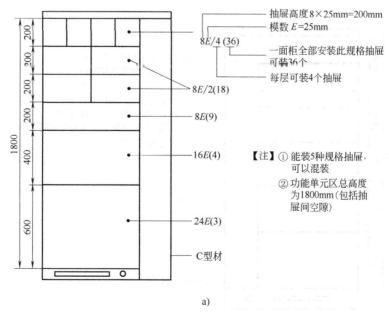

a)

图 2-10 MNS 柜结构尺寸与抽屉单元配置方案

a）结构尺寸

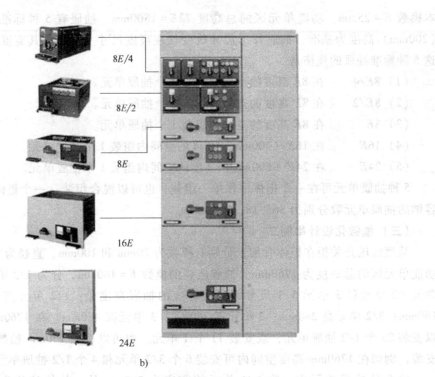

8E/4

8E/2

8E

16E

24E

b)

图 2-10　MNS 柜结构尺寸与抽屉单元配置方案（续）

b）抽屉单元配置方案

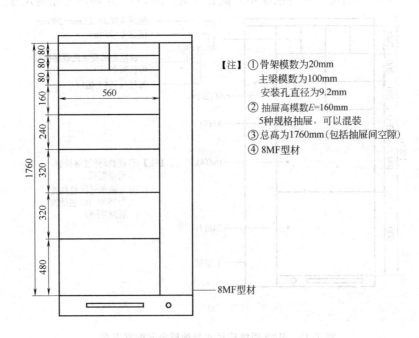

80
80
80
160
560
160
240
320
320
480
1760

【注】① 骨架模数为20mm
　　　 主梁模数为100mm
　　　 安装孔直径为9.2mm
　　② 抽屉高模数E=160mm
　　　 5种规格抽屉，可以混装
　　③ 总高为1760mm（包括抽屉间空隙）
　　④ 8MF型材

8MF型材

图 2-11　GCS 柜结构尺寸

第四节　低压成套开关设备的技术要求

低压成套开关设备的设计与制造必须符合有关技术标准，如国家标准 GB 7251—1997《低压成套开关设备和控制设备》，机械行业标准 JB/T 9661—1999《低压抽出式成套开关设备》和 JB/T 5877—1991《低压固定封闭式成套开关设备》等。

一、正常使用条件

低压成套开关设备应在下述使用条件下保证其正常工作。

1）周围空气温度不超过 40℃，而且一昼夜的平均温度不超过 35℃。周围空气温度的下限为-5℃。

2）大气条件是空气清洁，污染等级不超过 3 级；在最高温度为 40℃时，相对湿度不超过 50%；在较低温度时，允许有较大的相对湿度（如 20℃时允许为 90%），但要考虑到由于温度变化可能产生的凝露。在这种情况下，一般应采取防护措施（如柜内装设防凝露装置）。

3）安装使用地点的海拔不高于 2000m。当使用地点海拔超过 2000m 时，要经过特殊设计，例如加强绝缘、主要电气元件降容使用等。

二、电气参数

1. 额定工作电压

（1）主电路　220V，380V，660V。

（2）辅助电路　交流 6V，12V，24V，36V，42V，48V，110V，127V，220V，380V；直流 6V，12V，24V，36V，48V，110V，220V。

2. 额定电流

（1）水平母线额定电流　630A，800A，1000A，1250A，1600A，2000A，2500A，3150A，4000A，5000A。

（2）垂直母线额定电流　400A，630A，800A，1000A，1600A，2000A。

（3）母线额定短时耐受电流（1s）　15kA，30kA，50kA，80kA，100kA。

（4）母线额定峰值耐受电流　30kA，63kA，105kA，176kA，220kA。

3. 额定分散系数

低压成套设备中有若干主电路，在任一时刻所有主电路通过的电流最大值的总和与该成套设备所有主电路额定电流总和的比值称为额定分散系数。可参照表 2-6 确定低压成套开关设备的额定分散系数。

表 2-6　额定分散系数

主电路数	分散系数
2 与 3	0.9
4 与 5	0.8
6~9	0.7
10 及以上	0.6

三、柜架结构

设备的柜架可采用焊接或由螺钉组装连接而成。柜架和外壳应有足够的机械强度和刚度，应能承受所安装元件及短路时所产生的机械应力和热应力，并应考虑防止构成足以引起较大涡流损耗的磁性通路，同时不因设备的吊装、运输等情况而影响设备的性能。

为了确保防腐蚀，设备应采用防腐蚀材料或在裸露的表面涂上防腐蚀层，同时还要考虑使用及维修条件。

四、隔离和通风

可利用隔板将设备分成若干个隔室，如母线隔室、单元隔室、电缆隔室、出线端子隔室。隔室应能防止触及相邻功能单元的带电部件，能限制事故电弧的扩大，能防止固体异物从一个单元进入相邻的单元。用作隔离的隔板可以是镀锌金属隔板或绝缘隔板，金属隔板应与保护导体相连接，因人体碰撞造成的变形不应减小其绝缘距离，绝缘隔板不应碎裂。

功能单元隔室中的隔板不应因短路分断时所产生的电弧或游离气体所产生的压力而造成损坏和永久变形。隔室之间的开孔应确保熔断器、断路器在短路分断时产生的气体不影响相邻隔室的功能单元的正常工作。

设备采用通风孔散热时，通风孔的设计和安装应使得当熔断器、断路器在正常工作或短路情况时没有电弧或可熔金属喷出。如果喷弧源距通风孔较近，允许在二者之间加装隔弧板。隔弧板应为接地的金属板或耐弧的绝缘板，其尺寸每边大于通风孔外形 10mm。通风孔的设置不应降低设备的外壳防护等级。

五、铰链

门的铰链应是金属制的，铰链的每对合页应可靠地固定在设备的外壳和门上，如无定位，其固定点一般不少于两点。装有铰链的门应能承受 4 倍于它本身质量（但不小于 10kg）的载荷，铰链应没有永久变形。

六、功能单元

功能单元应设计成即使主电路带电（但功能单元的主开关处于分断位置）也能用手直接或借助工具安全地将功能单元插入或抽出柜体。

功能单元应有 3 个明显的位置：连接位置、试验位置、分离位置，并且这 3 个位置都应有机械定位装置，不允许因外力的作用自行从一个位置移动到另一个位置。各个位置应设有明显的文字或符号标志。

功能单元的主电路隔离接插件（包括进线和出线）应跟随功能单元自动地接通和分离。

相同规格的功能单元应具有互换性，即使是在出线端短路事故发生后，其互换性也不能破坏。

七、联锁

为了确保操作程序以及维修时的人身安全，设备都应具备联锁机构。联锁装置应满足以下要求：

1）当设备具有两个进线单元时，根据系统运行的需要，应能提供两个进线单元的主开关操作的相互联锁。联锁装置可以是机械的，也可以是电气的。

2）馈电单元和电动机控制单元与门必须设置机械联锁。当主电路处于分断位置时，门才能打开，否则门打不开。

3）只有在功能单元主电路处于分断位置时，功能单元才能抽出或插入。

4）如果一个功能单元中装有两条电路形成一个双馈电或双电动机控制单元时，则每个电路的主开关都应与门联锁。

5）为了防止未经许可的操作，主开关的操作机构应能使用挂锁将主开关锁在分断位置上。

6）当有特殊需要时，可设置一个解锁机构，以便使主开关处于接通位置时也能将门打开。

八、电气间隙、爬电距离和隔离距离

低压成套开关设备内裸露的带电导体和端子（例如母线、电器之间的连接、电缆接头）的冲击耐受电压至少应符合与其直接相连的电器元件的有关规定及表 2-7、表 2-8 的规定。

表 2-7　低压成套开关设备空气中的最小电气间隙

额定冲击耐受电压 U_{ipm}/kV	最小电气间隙/mm	
	非均匀电场条件	均匀电场条件
2.5	1.5	1.2
4	3	2
6	5.5	3
8	8	4.5
12	14	4.5

表 2-8　低压成套开关设备爬电距离的最小值

额定绝缘电压 U_i/V	设备长期承受电压的爬电距离/mm			
	材料组别			
	I	II	III$_a$	III$_b$
250	3.2	3.6	4	4
400	5	5.6	6.3	6.3
500	6.3	7.1	8.0	8.0
630	8	9	10	10
800	10	11	12.5	—
1000	12.5	14	16	—

注：材料组别按相比漏电起痕指数分类：I—600 ≤ CTI；II—400 ≤ CTI < 600；III$_a$—175 ≤ CTI < 400；III$_b$—100 ≤ CTI < 175。

对隔离距离的要求是：功能单元处于分离位置时，它的主电路接插件裸露带电部件与垂直母线或静触头的隔离距离应不小于 20mm。

九、设备内的电气连接、母线与绝缘导线

正常的温升、绝缘材料的老化和正常工作时所产生的振动不应造成载流部件的连接有异常变化，尤其应考虑到不同金属材料的热膨胀和电化腐蚀作用以及实际温度对材料耐久性的影响。载流部件之间的连接应保证有足够的和持久的接触压力。

设备中导体截面积的选择应考虑以下因素：承载电流、机械应力、导体敷设方法、绝缘类型和所连接的元件种类。

设备中的绝缘导线应不低于相应电路的额定绝缘电压。两个连接器件之间的电线不应有中间接头或焊接点，应尽可能在固定的端子上进行接线。绝缘导线不应支靠在不同电位的裸带电部件和带有尖角的边缘上，应采用适当的方法固定绝缘。连接覆板或门上电器元件和测量仪器的导线，应该在覆板和门移动时不会对其产生任何机械损伤。通常，一个端子上只能连接一根导线，将两根或多根导线连接到一个端子上只有在端子是为此用途而设计的情况下才允许。

从设备正面观察，设备内母线相序排列应符合表2-9规定。

表2-9 母线相序排列

类　　别	垂直排列	水平排列	前后排列
L1（A）	上	左	远
L2（B）	中	中	中
L3（C）	下	右	近
中性线（N）、中性保护线（PEN）	最下	最右	最近

注：在特殊情况下，如果按此相序排列会造成配置困难时，可不按表中的规定。中性线或中性保护线如果不在相线附近并列安排，其位置可不按表中规定。

十、元件的选择与安装

设备内装的元件的电气参数应符合设备额定参数的要求。若元件的短路耐受强度或分断能力不足以承受安装场合可能出现的应力时，应利用限流保护器件（如熔断器或断路器）对元件进行保护。

安装在同一支架（安装板、安装框架）上的电器元件和外接导线的端子的布置应使其在安装、接线、维修和更换时易于接近。尤其是外部接线端子应安装在装置基础面上方至少0.2m，并且端子的安装应使电缆易于与其连接。设备内由操作人员观察的指示仪表不应安装在高于设备基础面2m处。操作器件，如手柄、按钮等，应安装在易于操作的高度上，其中心线一般不应高于设备基础面2m。紧急操作器件应尽可能安装在距离地面0.8~1.6m范围内。

十一、保护接地

设备的保护电路由单独的保护导体和导电的结构部件组成，其电阻值应不大于0.01Ω。它可防止设备内部故障引起的后果，也可防止向设备供电的外部电路的故障引起的后果。

设备根据需要可设置一根水平贯穿全长的保护导体，还可以设置垂直走向的分支保护导体，其截面积应不小于表2-10中给出的值。

表 2-10　保护导体的截面积

相导线的截面积 S/mm^2	相应保护导体的最小截面积 S_p/mm^2
$S \leqslant 16$	S
$16 < S \leqslant 35$	16
$35 < S \leqslant 400$	$S/2$
$400 < S \leqslant 800$	200
$S > 800$	$S/4$

十二、温升

开关柜温升计算是非常困难的。要计算插入式触头、母线、插入式母线和各元件外表面的温升，就要知道各组成部分或电器元件的功耗。因此，一般是通过试验方法来测量温升，以查验各自是否超过允许温升极限。

低压成套开关设备按规定的温升试验条件（参考本章第十节）进行试验时，各部位的温升不应超出表 2-11 的规定。

表 2-11　低压成套开关设备各部位的允许温升

部　位	温　升/K
绝缘导体	不高于本身的技术要求
母线上的插接式触头 铜母线 镀锡铝母线	 60 55
母线相互连接处 铜-铜 铜搪锡-铜镀银 铜镀银-铜镀银 铝搪锡-铝搪锡	 50 60 80 55
元件与母线连接处	按元件要求
操作手柄 金属的 绝缘材料的	 15① 25①
可接触的外壳和覆板 金属表面 绝缘表面	 30② 40②
柜内隔室空间	不应超过所装电器元件和材料的最高允许温升

① 装在装盘内部的操作手柄（如事故操作手柄、抽出把手等），因只有打开门以后才能被触及，且经常不操作，故其温升允许略高于表中数据。
② 除非另有规定，对可以接触但正常工作时不需触及的外壳和覆板，允许其温升比表中的数据高 10K。

十三、介电强度

低压成套开关设备主电路及与主电路直接连接的辅助电路，介电强度的试验电压值按表 2-12 的规定。对于不由主电路直接供电的辅助电路，介电强度的试验电压值为表 2-13 规定。试验时间为 1min，出厂试验允许时间为 1s。

表 2-12　介电强度的试验电压值

额定绝缘电压　U_i/V	介电试验电压(交流方均根值)/V
$U_i \leqslant 60$	1000
$60 < U_i \leqslant 300$	2000
$300 < U_i \leqslant 690$	2500
$690 < U_i \leqslant 800$	3000
$800 < U_i \leqslant 1000$	3500

表 2-13　不由主电路直接供电的辅助电路介电强度的试验电压值

额定绝缘电压　U_i/V	介电试验电压(交流方均根值)/V
$U_i \leqslant 12$	250
$12 < U_i \leqslant 60$	500
$U_i > 60$	$2U_i + 1000$,其最小值为 1500

十四、短路保护与短路耐受强度

低压成套开关设备必须能够耐受最大至额定短路电流所产生的热应力和电动应力,可采用断路器、熔断器或两者组合等作为短路保护电器。

用来确定电动力强度的短路峰值电流(包括直流分量在内的短路电流的第一个峰值)应由系数 n 乘以短路电流方均根值获得。系数 n 的标准值和相应的功率因数由表 2-14 给出。

表 2-14　确定短路峰值电流的系数 n 的标准值和相应的功率因数

短路电流的方均根值/kA	$\cos\varphi$	n
$I \leqslant 5$	0.7	1.5
$5 < I \leqslant 10$	0.5	1.7
$10 < I \leqslant 20$	0.3	2.0
$20 < I \leqslant 50$	0.25	2.1
$50 < I$	0.2	2.2

注:表中的值适合于大多数用途。在某些特殊的场合,例如在变压器或发电机附近,功率因数可能更低。因此,最大的预期峰值电流就可能变为极限值以代替短路电流的方均根值。

此外,低压成套开关设备的防护等级应符合 GB 4942.2《低压电器外壳防护等级》的规定。机械、电气装配应符合设计要求,动作正常。

第五节　低压抽出式开关柜结构设计

开关柜设计包括结构设计和电气设计两大部分。结构设计是基础,它具体确定了产品的结构和性能(包括机械性能和部分电气性能);电气设计决定着电器元件的选择、安装方式和操作性能。

一、结构设计的基本原则

开关柜的设计应严格遵循相关标准。如低压开关柜的设计应遵循 GB 7251—1997《低压成套开关设备和控制设备》、JB/T 9661—1999《低压抽出式成套开关设备》、JB/T 5877—1991《低压固定式成套开关设备》等标准。

　　开关柜的设计，要保证产品质量，使设计出的产品在性能、结构、品种等方面都能很好地满足使用者的要求。要保证所设计的产品在生产中具有良好的经济效果，可以采用最经济的加工方法，并提高标准化、系列化和通用化水平。要防止两种偏向：一是不顾使用者的要求，不恰当地简化产品结构，片面追求制造的经济效果，以致产品质量下降；二是片面地强调高标准，不适当地提高产品加工精度和扩大贵重原材料的使用，致使产品结构过于复杂，制造成本过高。

　　开关柜的结构与电器元件的外形和安装尺寸有着紧密的联系，必须解决电器元件的安装方式、外形和安装尺寸与开关柜的外形尺寸和结构的相互协调配合问题，即"尺寸协调"问题。提出这一问题的目的是要避免结构设计过分服从于电器元件的结构这一倾向。IEC 颁布了 IEC 103—1980《尺寸协调导则》，对装置和元件的主要尺寸协调问题提出了合理的方案。

　　低压开关柜按其整体结构形式可分为固定式和抽出式两大类。固定式柜结构相对比较简单，而抽出式柜结构较为复杂。本节介绍抽出式开关柜结构的一些设计方案。

二、柜内隔离

　　可利用挡板或隔板（金属的或非金属的）将低压成套开关设备内部划分成几个单独的隔室或隔开的框架单元。以满足下述一种或几种要求：

　　1）防止触及邻近功能单元的带电部件。

　　2）限制产生故障电弧的可能性。

　　3）防止外界的硬物体从成套开关设备的一个单元进入另一个单元。

　　隔室之间的开口应确保短路保护电器（SCPD）产生的气体不影响邻近隔室中功能单元的工作。

　　隔离采用的典型形式如图 2-12 所示。

　　1）形式 1—— 不隔开（见图 2-12 中的形式 1）。

　　2）形式 2—— 母线与功能单元隔开（见图 2-12 中的形式 2a 和 2h）。

　　3）形式 3—— 母线与功能单元隔开，并且所有的功能单元之间也要互相隔开，它们的输出端子同母线不需要隔开（见图 2-12 中的形式 3a 和 3b）。

　　4）形式 4—— 母线与功能单元、所有功能单元之间以及功能单元的输出端子之间都互相隔开（见图 2-12 中的形式 4a 和 4b）。

　　这种内部分隔一方面提高了低压开关柜的安全可靠性；另一方面采用这种隔室结构使开关柜的装容密度大大提高，使开关柜可以安装较多的电气回路，例如有的开关柜最多可安装40 个抽屉。

　　在设计封闭式开关柜时，内部空间的划分要考虑以下因素：①电器元件本身的外形尺寸；②带电部件到外壳的距离（对地间隙）；③电器元件的散热；④开关电器所需的飞弧距离；⑤接线；⑥进出线的连接。

　　对于抽出式开关柜，当一个抽屉单元发生故障，如短路时，为防止飞弧或短路保护器件（SCPD）所产生的气体危及邻近的其他抽屉单元，抽屉柜结构设计中要采用隔板将抽屉单元间隔开来，形成抽屉单元隔室。

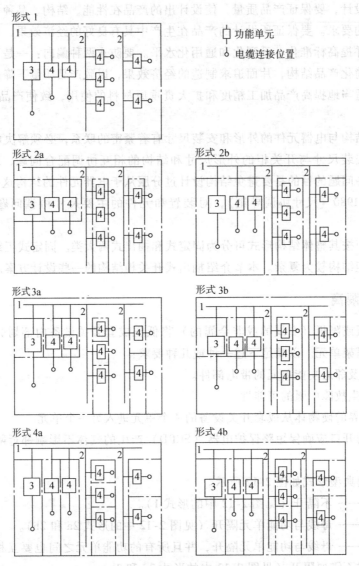

图 2-12　利用挡板或隔板进行隔离的典型布置形式

1—主汇流母线　2—汇流母线　3—供电电源　4—分支

三、抽屉单元设计

（一）抽屉单元的基本要求

低压抽出式开关柜由母线区（水平母线和垂直母线）、电缆区和功能单元区等隔室组成。功能单元区安装若干功能单元，即抽屉单元。由若干个电器元件连接成一个功能单元并装在一个可更换的结构单元中，则此单元被称为抽屉。

抽屉单元的设计是抽出式低压开关柜设计的关键之一。在设计功能单元时应着重考虑以下技术要求：

1）功能单元即使是在主电路带电（但主开关应分断）的情况下，也能用手直接或借助工具安全地将其抽出或插入。

2）功能单元应有连接（工作）、试验、分离（断开）3 个明显的位置，且都应有机械定位装置，不允许因外力的作用从一个位置移动到另一个位置。

3）功能单元的主电路接插件（包括进线和出线）应能跟随功能单元自动地接通和分离，辅助电路接插件既可以自动接通和分离，也可以通过手动来完成。

4）相同规格的功能单元应具有互换性，即使在短路事故发后，其互换性也不能破坏。

大容量回路一般以万能式断路器组成可抽出式部件，即断路器本身是可抽出式的，其结构设计较为简单。而对于容量较小回路，由于采用塑壳式断路器，要专门设计可抽出部件，结构设计就较为复杂一些。

抽屉单元的设计包括抽屉的接插方式、操作方式、抽屉位置、防误操作等方面。以下分别予以讨论。

（二）抽屉的接插方式

接插方式的确定直接影响到抽屉的其他设计。开关柜上不同规格的抽屉在抽出时，要从主回路、控制回路上脱离下来；而在插入时，又需与主回路、控制回路连接上去，这个功能一般都采用插头、插座来实现。这种脱离与连接可在抽屉操作（抽出、插入）的过程中自动完成，也可分两步完成。例如，抽屉抽出到试验位置时，主回路已自动脱离，但控制回路需要用手拔插头，使其脱离。抽屉的接插一般采用以下几种方式。

1. 主回路、控制回路均自动接插

所谓主回路、控制回路均自动接插是指抽屉与主回路、控制回路的脱离与连接是在操作抽屉的过程中全部自动完成的。

图 2-13a、b 是主回路、控制回路均自动接插方式的原理示意图。图 2-13a 所示方式是主回路和控制回路的插头、插座均布置在抽屉的后方，且都是直动式。显然，在按箭头方向抽出与插入时，其脱离与连接均能自动完成。

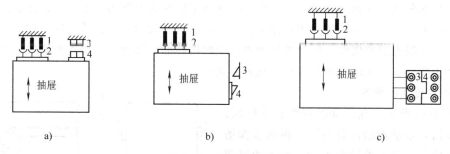

图 2-13　抽屉接插方式
1—主回路插座　2—主回路插头　3—控制回路插座　4—控制回路插头

图 2-13b 所示方式的控制回路插头、插座布置在抽屉的两侧，且为左右挤压式，依靠插头上的弹簧压力保持接触可靠。抽屉在按箭头方向抽出、插入时，由于控制回路插座布置在柜体上，能很好地和抽屉配合，故其脱离与连接也能自动完成。抽屉的此种接插方式操作方便、安全，是一种理想的接插方式。为目前高级型低压抽出式开关柜所普遍采用。

2. 主回路自动接插，控制回路手动接插

图 2-13c 所示的接插方式是采用主回路自动接插、控制回路手动接插。主回路的插头、

插座布置在抽屉的后部，控制回路则布置在右侧，其插座固定于柜体上，插头通过导线与抽屉连接。在抽抽屉时，必须先用手拨下控制回路的插头，再抽出抽屉，主回路自动分离。同样，插入抽屉时，主回路也自动完成连接，但控制回路的连接需要在抽屉插入到工作位置后，用手把插头插入插座来完成。

这种接插方式降低了抽屉的制造难度，因为它不必像图2-13b那样要求抽屉与柜体很好地配合。但由于其操作不便，故此种接插方式目前较少采用。

3. 主回路手动接插，控制回路自动接插

这种接插方式如图2-14所示。控制回路插头、插座布置在抽屉的后部，采用直动式，主回路插头采用刀开关，布置在右侧，固定在柜体上。抽屉插入时，控制回路自动连接，旋转刀开关手柄到图示位置，主回路即连接好；反之抽屉抽出时，则应先旋转手柄，使刀开关分离，抽屉就可抽出，控制回路在抽抽屉的过程中自动分离。

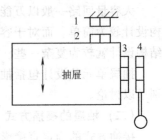

图 2-14　抽屉接插方式
1—控制回路插座　2—控制回路插头　3—刀开关静触头　4—刀开关动触头

显然，抽屉的这种接插方式是分两步完成的，且在抽出、插入过程中减少了主回路插头和插座的阻力。因此它的突出优点是推拉抽屉的操作力小，甚至可以不设置机械，直接用手将抽屉抽出或插入。

4. 主回路进线自动接插，出线固定，控制回路自接插

这种接插方式主回路进线采用插头、插座，布置在抽屉后部；主回路出线采用固定式，用螺钉紧固，布置在抽屉的前部。控制回路布置在右侧，采用插头、插座连接。抽抽屉时应先拧下螺钉，卸下出线，拔出控制回路插头；插入抽屉时主回路进线自动连接，再将出线接上，插入控制回路插头。显然，这种接插方式不如前面几种方便，但设计与制造容易。

（三）抽屉的操作方式

因为抽屉的抽出和插入除了受主回路和控制回路插件摩擦阻力的影响外，还受到抽屉本身重量的影响，所以在抽屉的操作过程中需要一定推力和拉力，且回路的容量越大，所需的力也越大，一般都需要借助一定的机械力来完成抽屉的抽出和插入。操作机构的设计也是抽屉设计的重要环节，比较常用的有以下几种方式：

1. 齿轮传动操作方式

如图2-15所示，在转动抽屉操作手柄时，通过传动齿轮带动沟槽凸轮转动，再通过沟槽凸轮与固定在柜架上滚柱的配合，带动抽屉产生进和出的运动。抽屉两侧的导轨更是减轻了抽屉的阻力，使抽屉进出自如。操作手柄还能通过简单离心机构实现对开关的合闸、分闸的操作。

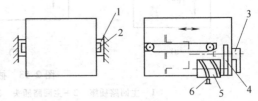

图 2-15　齿轮传动操作方式
1—外导轨　2—内导轨　3—手柄　4—传动齿轮　5—沟槽凸轮　6—滚柱

2. 螺杆传动操作方式

如图2-16所示，它只是通过螺杆与固定在柜体上的螺母相配合来实现抽屉的运动。图中轴套3固定在抽屉底板上，螺杆1插入轴套3后，由于限位片的作用，螺杆和抽屉组成一体，且可旋转。螺母2固定于柜体上，显然将摇把插入螺杆后，顺时计方向旋转，抽屉即可

插入；反时针方向旋转，抽屉就可抽出。

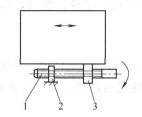

图 2-16　螺杆传动操作方式

1—螺杆　2—固定螺母　3—轴套

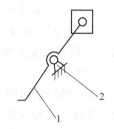

图 2-17　杠杆操作方式

1—摆杆　2—固定销钉

3. 杠杆操作方式

如图 2-17 所示，摆杆固定在抽屉底部，固定销钉 2 固定在柜体单元隔板上，当摆杆套上销钉后，通过摆杆的摆动即可带动抽屉的进出。

4. 圆盘转动操作方式

如图 2-18 所示，圆盘转动方式的机构水平安置在柜体抽屉单元的隔板上，能够进行转动。抽屉底板上固定的圆柱销嵌入圆盘的轨道内，当操作杆 1 插入圆盘插孔转动时，即可带动抽屉抽出或插入。

（四）抽屉位置设计

抽屉单元一般要设置工作位置、试验位置、分离位置和抽出位置，在设计抽屉的操作方式时往往要考虑抽屉的锁紧，特别是抽屉处在工作位置、试验位置、分离位置时。

1. 工作位置的设计

工作位置是指正常运行中，抽屉所处的连接位置。在此位置上必须保证主回路和控制回路的插头、插座可靠连接，不会

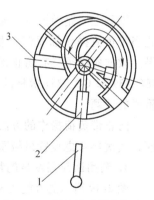

图 2-18　圆盘转动操作方式

1—操作杆　2—插孔　3—轨道

因振动等原因造成抽屉退出，或者使插头、插座松动，甚至脱离开来。为此，一般都设置锁紧机构，将抽屉锁死在工作位置上，确保安全可靠。

这种锁紧机构的设计，往往在设计抽屉操作方式时一起考虑。如图 2-15 所示的操作方式，利用凸轮上的沟槽定位；图 2-16 利用螺纹的阻止作用；图 2-18 利用圆盘的阻止作用，使得抽屉不会松动，确保抽屉的可靠连接。因此可见，锁紧机构的设计和抽屉操作方式的设计是紧密相关的。

2. 试验位置的设计

通常，设备都有规定的检修周期。抽屉里的各种元件及线路等检修完毕后，需要进行通电试验，以观察动作的可靠性，确保投入运行的安全。故抽屉应具有试验位置这一功能。

抽屉在柜内处于试验位置时，一般都使主回路的插头、插座分离开来，这样就不至于在试验低压断路器、接触器等时起动负载，造成危险。抽屉的试验位置也同样通过抽屉的操作手柄或操作杆转到相应的位置且自锁。

在图 2-13b 所示的接插方式中，当抽屉运动到某处时，主回路插头、插座未连接，但控制回路已连接好，若从此处引出一个光信号（信号灯），指示出抽屉已处在试验位置，这样

就可进行试验了。在图2-18所示的圆盘转动操作方式中，操作杆1插入插孔2往右拨动圆盘时，开关柜门上的观察窗即显示出圆盘边缘上的"试验位置"字样，此时，抽屉的控制回路连接好了，但主回路未接上，可进行试验。

3. 分离位置与抽出位置的设计

分离位置用于抽屉单元及其所控制的线路或设备的安全检修，在此位置，抽屉单元的主回路可靠断开，而且抽屉主回路插头和插座必须要有足够的间隔距离，并要防止抽屉滑动。分离位置的设计类似于试验位置，并要有明显的标志。

为了排除故障或检修，往往需要抽出抽屉，因此应设置抽出位置。抽屉的抽出位置一般只要求能方便地取下即可，在设计抽屉操作方式时是较容易做到的。

对于由大容量万能式断路器构成的抽屉式结构单元，一般采用摇把操作方式，它的各个位置由底部的螺杆止滑定位，侧面标示位置字样。

四、防止带负荷操作的设计

抽屉主回路的插头、插座一般都能承受较大的负荷电流，但它们本身并无分断能力，因此当带负荷操作抽屉时（抽出或插入），就容易产生强大的电弧，发生短路，造成严重后果。故抽屉必须具有防止带负荷操作的功能。即使违反了操作规程，亦不致产生上述后果，IEC 439 和 GB 7251 等标准都对此作了明确的规定。它的设计是抽屉柜结构设计的一个极其重要的课题。

防止带负荷操作的方法很多，在设计上通常首先考虑元件本身有无为此目的而提供的方便，其次再考虑设置机械联锁、限制接插方式等办法。

1. 利用断路器本身的特点实现联锁

图2-19所示的万能式大容量低压断路器，其上有一个特殊的脱扣器，它可以左右摆动。图中撞片固定在柜体上。抽屉插入时，假设处在图示位置A，显然，在往左推进时，脱扣器碰触撞片后便向右摆动到虚线所示位置（断路器跳闸），越过撞片，抽屉插入，确保了在插入时不带负荷。抽屉抽出时，假设处在B位置，脱扣器后退，碰触撞片时，脱扣器向左摆动到虚线位置（断路器跳闸，此时主回路插头在插座上稍有移动，但未脱离），越过撞片，抽屉抽出，也确保了不带负荷操作抽屉。由于开关本身提供了方便，这种功能的设计就轻而易举了。

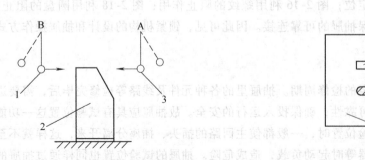

图 2-19　万能式大容量低压断路器

1、3—脱扣器　2—撞片

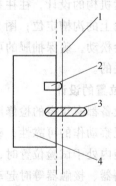

图 2-20　塑壳式低压断路器

1—柜门（关闭位置）　2—脱扣器

3—操作手柄　4—断路器

又如图 2-20 所示的塑壳式低压断路器，其正面设置有一个可突出来又可缩进去的小圆柱脱扣器，只有当小圆柱缩进去时，开关手柄方可操作。小圆柱脱扣器在自由位置时，总是突出来，开关处于分断位置。当柜门关上时，小圆柱脱扣器被压缩进去，手柄露在门外，可方便地进行断路器进行的分、合闸操作。要抽出抽屉，必须先打开门（因抽屉关在门里），门打开后，小圆柱自动弹出，开关跳闸，因此避免了带负荷抽出。插入时由于没有物体压迫小圆柱，开关也是处于跳闸位置，同样不会带负荷插入。只有当柜门关上时，柜门压迫小圆柱缩进去，开关才可以合上。此种设计也是利用元件本身的特点，从而使设计大为简化。

当断路器带有失电压脱扣器时，可设计如图 2-21 所示的联锁机构。抽屉采用螺杆传动操作方式（见图 2-16），抽屉也能具备防止带负荷操作的功能。在图 2-21 中，撞片 2、扳手 3 固定在安装板 5 上，安装板 5 可以绕轴 7 转动，并且在弹簧 6 的作用下，处在垂直位置，将图 2-16 中轴套上的摇把插孔遮挡，摇把不能插入，抽屉无法操作。为把"摇把孔"露出，必须将扳手 3 往左拉，这时撞片 2 碰撞行程开关 1，使行程开关断开，低压断路器失电压，脱扣器或接触器磁系统即失电压，主回路便切断。因此抽屉在插入、抽出时，主回路总是先断开，避免了带负荷操作。

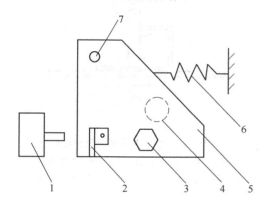

图 2-21 断路器带有失电压脱扣器时的联锁机构
1—行程开关 2—撞片 3—扳手 4—摇杆孔
5—安装板 6—弹簧 7—轴

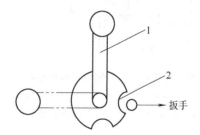

图 2-22 刀开关手柄实现的机械联锁
1—操作手柄 2—半槽

2. 机械联锁

在以上几例的设计方案中，都利用了元件本身的性能。当元件本身无防止带负荷操作的性能时，则可设置机械联锁。

防止抽屉带负荷操作功能的设计和抽屉接插方式的设计紧密相连。例如对于上述图 2-14 所示的抽屉接插方式，当刀开关手柄设计成如图 2-22 所示时，亦能获得此功能。从图中可以看出，当扳手卡在手柄轮的半槽内时，手柄不能转动，刀开关不能合、分。如果将扳手往右拉，使扳手碰撞行程开关，使控制回路失去电压，就能使低压断路器、接触器等跳闸，切断主回路。这时手柄可转动，例如旋转到虚线位置，抽屉就在不带负荷的情况下连接到主回路上去了。同理，手柄要从虚线位置回到实线位置，即抽屉要从主回路上脱离下来时，也要先将扳手往右拉，同样也保证了抽屉不带负荷抽出。

图 2-23 所示的利用柜门与插销实现的机械联锁的原理是：插销 3、扳杆 4 通过支柱 7 组装在低压断路器 8 上，低压断路器安装在抽屉内，栓 2 焊于柜门 1 上。图示为合闸位置，插销 3 插入栓 2 内，门不能打开。要抽抽屉时，必须先打开门（抽屉被关在门里），然后将手柄向反时针方向旋转，扳杆 4 拨动插销 3，这样插销退出，使断路器跳闸，门可打开，再抽抽屉，避免了带负荷操作。插入抽屉时，由于手柄处在跳闸位置，门不关上，手柄不能转动，断路器不能合闸。只有当抽屉插入，门才可能关上，故带负荷插入也不可能发生。

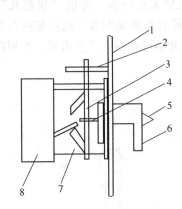

图 2-23　利用柜门与插销实现的机械联锁
1—柜门　2—栓　3—插销　4—扳杆　5—锁片
6—操作手柄　7—支柱　8—断路器

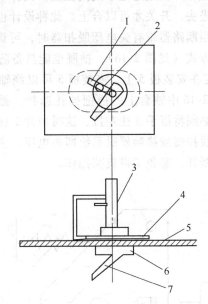

图 2-24　刀熔开关实现的机械联锁
1—斜槽　2—限位钉　3—刀熔开关方轴
4—限位件　5—柜门　6—圆台　7—操作手柄

图 2-24 是刀熔开关实现的机械联锁。图中，刀熔开关方轴 3、限位件 4、圆台 6、操作手柄 7 组装在柜门上 5。在图示位置，门已关好，限位件 4 上的斜槽口正好通过刀熔开关方轴 3 上的限位钉 2。向右转动手柄，刀熔开关即合闸，这时方轴上的限位钉不再对准斜槽口，门不能打开。因此当要打开门抽抽屉时，必须操作手柄，使刀熔开关分闸，限位钉对准斜槽口，门才可打开，从而确保了抽抽屉时，主回路断开，不带负荷。由于操作手柄在门上，刀熔开关在没有合闸工具的情况下不能合闸，所以一直保持抽出时的分闸状态。抽屉不插入，门不能关上，故避免了带负荷插入抽屉。

五、柜体骨架

早期生产的低压开关柜的柜体骨架采用角钢、槽钢焊接而成，体积大、不美观，现在采用冷轧板材弯折成一定形式的型材构成骨架，各种规格骨架性能见表 2-15。

为保证低压柜机械强度，壳体钢板规格选择要求如下：

1）周围 4 个主柱应用 2.0mm 厚钢板弯成型材。

2）非承重的底板、盖板、隔板、柜间隔板、小的抽屉底板、抽屉面板、柜间封板可采用 1.5mm 厚钢板。

表 2-15 低压开关柜柜体骨架性能比较 （单位：mm）

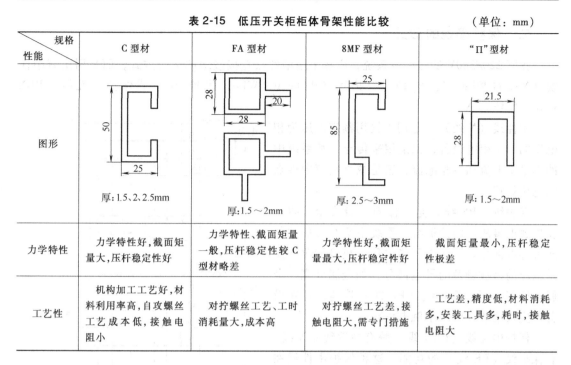

规格　性能	C 型材	FA 型材	8MF 型材	"Ⅱ" 型材
图形	厚:1.5、2、2.5mm	厚:1.5～2mm	厚:2.5～3mm	厚:1.5～2mm
力学特性	力学特性好,截面矩量大,压杆稳定性好	力学特性、截面矩量一般,压杆稳定性较 C 型材略差	力学特性好,截面矩量最大,压杆稳定性好	截面矩量最小,压杆稳定性极差
工艺性	机构加工工艺好,材料利用率高,自攻螺丝工艺成本低,接触电阻小	对拧螺丝工艺、工时消耗量大,成本高	对拧螺丝工艺差,接触电阻大,需专门措施	工艺差,精度低,材料消耗多,安装工具多,耗时,接触电阻大

3）较小的抽屉，可用 1.0mm 厚的板材。

4）高 2200mm 的柜后门，可用 2.0mm 厚板材加工，但中间需加支撑。

第六节　低压成套开关设备的电击防护设计

低压成套开关设备应用广泛，人们接触这类设备的机会较多，因此电击防护问题十分重要。国家标准 GB 7251—1997《成套开关设备和控制设备》对接地保护和接零保护都做了明确的规定。低压成套开关设备的电击防护设计主要考虑以下问题：①接地系统的形式选择；②提高电击防护性能；③保护电路的连续性；④保护导体的选择。

一、电击的类型与防护措施

电击即通常所说的"触电"，是指危险的电流通过人体，包括直接电击和间接电击两种。直接电击是指人体直接触及正常工作时带电的部件而引起的电击；间接电击是指人体触及正常工作时不带电而故障时带有危险电压的部件而引起的电击。例如，当电器设备上出现绝缘故障时，如有人触及故障电器，就会导致电击。

直接电击的防护措施有：

（1）带电部件的绝缘　通常采用绝缘隔板隔离带电体，或采用表面有绝缘物覆盖的导体（如绝缘母线）等。

（2）外壳防护　防护等级至少达到 IP2X。

间接电击防护措施主要是保护接地。它可理解为对正常的基础绝缘采取附加的保护措施，这种措施是防止电气设备发生绝缘故障时人体碰触电器设备的机壳而形成过高的接触电压，或防止过高的接触电压持续存在。

二、保护接地的形式

我国 220/380V 低压配电系统，广泛采用中性点直接接地的运行方式，而且引出有中性线（Neutral Wire，代号 N）、保护线（Protective Wire，代号 PE）或保护中性线（PEN Wire，代号 PEN）。

中性线（N 线）一是用来接用额定电压为相电压的单相用电设备，二是用来传导三相系统中的不平衡电流和单相电流，三是减小负荷中性点的电位偏移。

保护线（PE 线）是为保障人身安全、防止发生触电事故用的接地线。系统中所有设备的外露可导电部分（指正常不带电压但故障情况下能带电压的易被触及的导电部分，如金属外壳、金属构架等）通过保护线（PE 线）接地，可在设备发生接地故障时减小触电危险。

保护中性线（PEN 线）兼有中性线（N 线）和保护线（PE 线）的功能。这种保护中性线在我国通称为"零线"，俗称"地线"。

低压配电系统按保护接地形式分为 TN 系统、TT 系统和 IT 系统。

TN 系统中的所有设备的外露可导电部分均接公共保护线（PE 线）或公共的保护中性线（PEN 线）。这种接公共 PE 线或 PEN 线也称"接零"。如果系统中的 N 线与 PE 线全部合为 PEN 线，则此系统称为 TN-C 系统，如图 2-25a 所示。如果系统中的 N 线与 PE 线全部分开，则此系统称为 TN-S 系统，如图 2-25b 所示。如果系统的前一部分，其 N 线与 PE 线合为 PEN 线，而后一部分线路，N 线与 PE 线则全部或部分地分开，则此系统称为 TN-C-S 系统，如图 2-25c 所示。

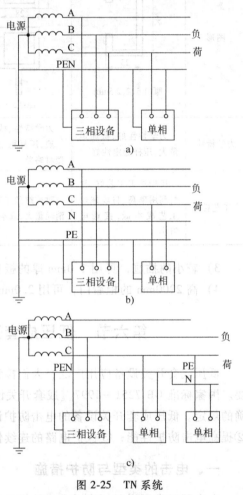

图 2-25 TN 系统

a) TN-C 系统 b) TN-S 系统 c) TN-C-S 系统

TN-C 系统的缺点是当三相负荷不平衡时会造成零线（PEN 线）带电，由于电气设备外壳接 PEN 线，因此有可能导致外壳带电，威胁人身安全，甚至还会引起火灾事故。因此安全水平低。

TN-S 系统中，PE 线不通过正常负荷电流，所以 PE 线和设备外壳不带电。如在照明配电箱内单独既设立接地装置焊接在箱壳上又在底板上设立接零装置，在配电柜中同样按上述方法设置保护系统。如 GGL1 型低压固定式开关柜即是此系统的典型结构。PGL-1、PGL-2 型交流低压配电屏的 N 线和主接地端子连接的 PE 线分开，GCS 型等低压抽出式开关柜均采用 N 排和 PE 排分开设置的三相五线制，都属于 TN-S 接地系统。

在民用建筑低压成套设备中，TN-C-S 系统是最常见的接地系统，这种系统一部分中性线（N 线）与保护线（PE 线）是合一的，另外一部分又是分开的。通常电源线路中用 PEN 线（保护中性线），进入建筑物后，在配电设备内分为 PE 线和 N 线。该系统电源线路结构简单，又保证一定的安全水平，最适用于分散的民用建筑。

TT 系统中的所有设备的外露可导电部分均各自经 PE 线单独接地，如图 2-26 所示。

IT 系统中的所有设备的外露可导电部分也都各自经 PE 线单独接地，如图 2-27 所示。与 TT 系统不同的是，其电源中性点不接地或经 1000Ω 阻抗接地，且通常不引出中性线。

N 线和 PEN 线用蓝色色标标识，PE 线用黄绿相间色标标识。

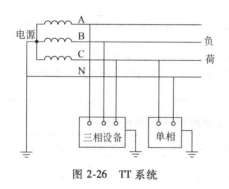

图 2-26　TT 系统

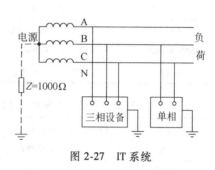

图 2-27　IT 系统

三、保护电路的连续性

低压成套开关设备应设置良好的保护电路，即柜门、柜体、抽屉等非载流回路的所有金属部件均应接地，而且要使保护电路是连续的。

低压成套开关设备应通过直接的相互有效连接，或通过由保护导体完成的相互有效连接以确保保护电路的连续性。对确定保护导体的截面积，应考虑与保护器件动作值配合。在保护器件动作电流和时间范围内，不会损坏保护导体或破坏它的连续性。具体要求如下：

1）当设备中的一个部件从外壳中取出时，设备其余部分的保护电路不应当被切断。

2）当抽出式部件配备有金属支撑表面，而且它们对支撑表面上施加压力足够大，则认为这些支撑面能充分保证保护电路的连续性，从连接位置到分离位置，抽出式部件的保护电路应一直保持其有效性。

3）在盖板、门、遮板和类似部件上面，如果没有安装电气设备，通常的金属螺钉连接和金属铰链连接则被认为足以能够保证电的连续性。如果在其上装有电器，应采用保护导体将这些部件和保护电路连接，此保护导体的截面积取决于所属电器电源引线截面积。为此目的而设计的等效的电气连接方式如滑动触头、防腐蚀铰链）也认为是满足要求。

4）设备中保护电路所有部件的设计应使它们足以能够承受设备在安装场地可能遇到的最大热应力和电动应力。

GCS 型抽出式开关柜为组装式，已将电器元件安装在镀锌框架上，框架与有模数孔的镀锌骨架连接，具有持久的导电能力。安装框架与柜体骨架全为镀锌件，故具有很好的接地保护性能。

对于高、低压开关柜的活动部件，如柜门、仪表门、抽屉结构部件以及高压开关柜的小车等，必须设立保护电路连续装置，与保护接地母线连接，保证保护电路的连续性。

四、保护导体的选择

参照有关标准，敷设在低压成套开关设备中的 PE 线、PEN 线和 N 线的截面积选择见表 2-16。低压成套开关设备内部用来与外壳相连接的 PE 线的截面积选择见表 2-17。

表 2-16　低压成套开关设备中的 PE 线、PEN 线和 N 线的截面积选择

相线的截面积 S/mm^2	PE 线	PEN 线	N 线
$S \leqslant 16$	同相线	—	同相线
$16 < S \leqslant 35$	至少 $16\mathrm{mm}^2$	（1）PEN 和 N 线取为相线截面积的一半，但至少为 $10\mathrm{mm}^2$	
$35 < S \leqslant 400$	至少是相线截面积的 0.5 倍	（2）PEN 线截面积至少与 PE 线截面积一样大	
$400 < S \leqslant 800$	至少 $200\mathrm{mm}^2$	（3）如果 N 线的电流很大，例如单相电路，则应与相线截面积一样大	
$S > 800$	至少是相线截面积的 0.25 倍		

表 2-17　低压成套开关设备内部用来与外壳相连接的 PE 线的截面积选择

额定电流/A	PE 线（铜线）的最小截面积/mm^2	额定电流/A	PE 线（铜线）的最小截面积/mm^2
$\leqslant 20$	与主导线相同	$32 \sim 63$	6
$20 \sim 25$	2.5	>63	10
$25 \sim 32$	4		

五、中性母排的布置

中性母排的布置如图 2-28 所示。三根相线铜排装在柜子顶部，当三相电流不平衡严重时，中性线（N 线）或保护中性线（PEN 线）流过较大电流，三相合成磁通不等于 0，将会在相线和 N 线或 PEN 线周围柜体内产生强大的涡流损耗。因此，要将三根相线及 N 线或 PEN 线沿同一路径排列在一起。

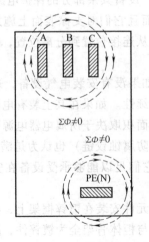
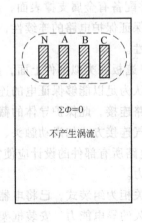

图 2-28　中性母排的布置

第七节　低压开关柜的主回路

一、概述

不管是一个大型的发电厂或变电站还是一台开关柜，其电气部分都包括一次电路和二次电路两部分。所谓一次电路是指用来传输和分配电能的电路，它通过连接导体连接所需的各种一次设备而构成。一次电路又叫主电路、主回路、一次线路、主接线等。二次电路是指对一次设备进行控制、保护、测量和指示的电路。

成套开关设备中通常把电气部分分为主回路和辅助回路。根据有关标准的定义，主回路是指传送电能的所有导电回路，由一次电器元件连接而成。辅助回路是指除主回路外的所有控制、测量信号和调节回路内的导电回路。

低压成套开关设备种类较多，用途各异，因此主回路类型很多，而且差别也较大。同一型号的成套开关设备的主回路方案少则几十种，多则上百种。以下对低压开关柜的主回路方案进行归类说明。

二、低压开关柜的主回路

每种型号的低压开关柜，都由受电柜（进线柜）、计量柜、联络柜、双电源互投柜、馈电柜和电动机控制中心（MCC）、无功补偿柜等组成。例如国内统一设计的 GCK 型开关柜（电动机控制柜 MCC）的主电路方案共 40 种，其中电源进线方案 2 种，母联方式 1 种，电动机可逆控制方案 4 种，不可逆控制方案 13 种，Y—△变换 5 种，变速控制 3 种，还有照明电路 3 种，馈电方案 8 种以及无功补偿 1 种。

以下以 GCS（MNS）抽出式低压开关柜为例，对低压开关柜的各种主回路进行归类说明。

1. 受电柜主回路

如图 2-29 所示为几种受电柜的主回路，它们均采用抽屉式结构的万能式低压断路器（AⅡ 系列或 F 系列、M 系列）作为控制和保护电器；电流互感器用于电流测量或电能计量。其中，图 2-29a 采用高于柜顶的架空线路进线；图 2-29b 采用位于柜顶下侧的母线排进线，既可以左边进线，也可以右边进线（图中虚线所示）；图 2-29c 采用电缆进线，电缆终端接有一个零序电流互感器，作为电缆线路的单相接地保护。

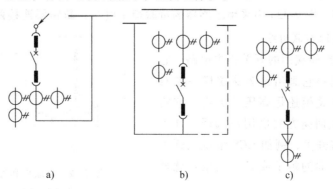

图 2-29　受电柜主回路

2. 馈电柜主电路

如图 2-30 所示为几种馈电柜的主回路。主开关既可采用断路器（抽屉式结构，见图 2-30a、c），也可采用刀熔开关（固定安装式，见图 2-30b）。它们均采用电缆出线，电缆终端接有一个零序电流互感器，作为电缆线路的单相接地保护。

3. 双电源切换柜主电路

图 2-31 为双电源切换柜的主电路。双电源切换也叫双电源互投。为了提高低压配电系统的供电可靠性，一般使用两个电源，一个作为工作电源，另一个作为备用电源。当工作电源故障或停电检修时，投入备用电源。备用电源的投入根据负荷的重要性以及允许停电的时间，可采用手动投入或自动投入方式，对供电可靠性要求高的系统采用双电源自动互投。

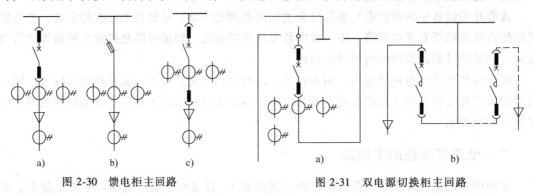

图 2-30　馈电柜主回路　　　图 2-31　双电源切换柜主回路

a) 手动切换　b) 自动切换

图 2-31a 为手动投入方式的双电源切换柜主电路。图中右边为两个电源的进线，一个采用柜上部母线排进线，一个采用柜下部母线排进线，切换开关采用双投式刀开关。

图 2-31b 为自动投入方式的双电源切换柜主电路。两个电源均通过电缆引入到母线排，切换开关采用接触器。自动投入方式必须要有相应的控制电路，控制接触器的自动接通。当工作电源出现故障时，该回路上的断路器跳闸，启动控制装置，自动将另一个电源上的开关合上。

4. 母联柜主电路

当变电所低压母线采用单母线分段制时，必须采用开关来连接两段母线，使母线既可以分段运行，也可以将两段母线连接起来成为单母线运行。分段开关（母线联络开关，简称母联）在简单和要求不高的情况下可采用刀开关，如果要求设母线保护和备用电源自投，则采用低压断路器。图 2-32a 为采用断路器的母联柜主电路，断路器连接两段母线，虚线表示这种开关柜还可以左联母线。

图 2-32b 是母线转接用的开关柜主电路，它并非母联柜。这里将它画出是表达这样一层意思：不管是低压开关柜还是高压开关柜，它需要有各种各样的主回路方案供用户选择，并不是每台柜子中都有开关，例如 GCS 型低压开关柜有只装限流电抗器的柜子或只装电压互感器的柜子。

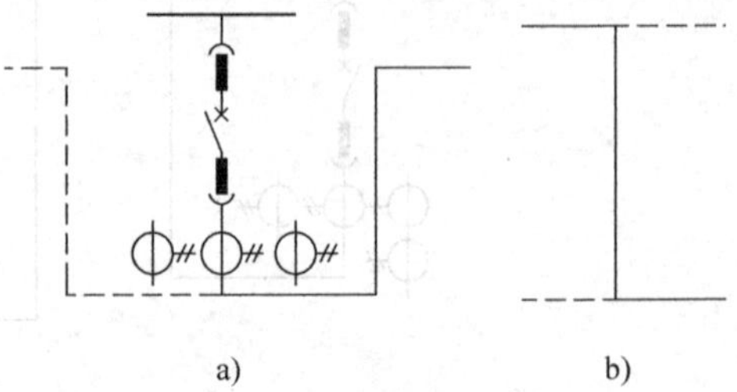

图 2-32　母联柜和母线转接柜

a) 母联柜　b) 母线转接柜

5. 电动机不可逆控制主电路

低压成套开关设备中有专门用来作为电动机集中控制的 MCC 柜（电动机控制中心）。此外，各种型号的低压开关柜也有用于电动机控制的方案。

图 2-33 是两种方案的电动机不可逆控制柜的主电路。配电电器（刀熔开关或断路器）、控制电器（接触器）、保护电器（热继电器）全部装在抽屉结构中。接触器用于控制电动机的起动和停止，热继电器作为电动机的过载保护，短路保护则由刀熔开关或断路器完成。

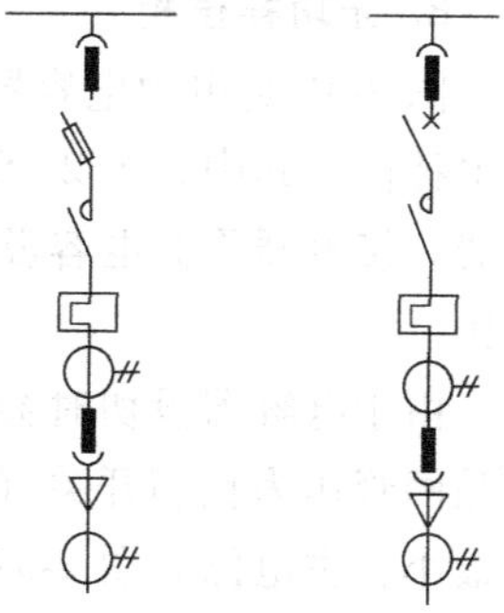

图 2-33 电动机不可逆
控制柜主电路

6. 电动机可逆控制主电路

电动机可逆控制就是控制电动机的正反转。对三相交流电动机，如果调换任意两相的接线，就会改变电动机运转的方向。图 2-34 是几种电动机可逆控制柜的主电路。每种电路中都有两台接触器，合上不同的接触器，电动机的运转方向就会改变。除零序电流互感器装在电缆终端头上外，其他所有的一次电器元件均装在抽屉部件中，配电电器可用断路器、刀熔开关或熔断器，它们都具有短路保护功能，热继电器作为电动机过载保护用。

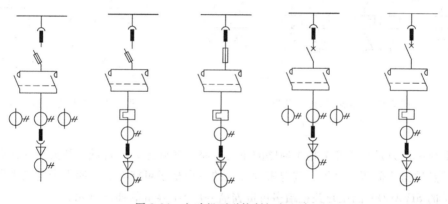

图 2-34 电动机可逆控制柜主电路

7. 电动机 Y—△ 起动控制电路

电动机Y—△起动控制电路如图 2-35 所示。除了配电开关和一次电器元件的安装方式（抽屉式结构或固定安装）不同外，主电路基本相同。

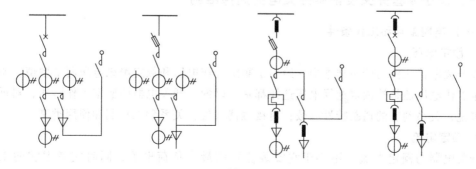

图 2-35 电动机Y—△起动控制电路

8. 无功补偿柜

图 2-36 是电力电容器无功功率补偿柜的主电路，它们集中安装在变电所中，作为低压集中补偿。其中，图 2-36a 是主屏，带有自动投切装置；图 2-36b 是辅屏，只能手动投切电容器。接触器作为电容器的投切开关，熔断器用于电容器的短路保护，避雷器用于抑制过电压。

由于电容器投切时会产生很大的浪涌电流，容易损坏投切开关，现在一些无功补偿柜采用晶闸管作为投切开关（TSC，即晶闸管投切电容器），可精确地控制投切时刻，使浪涌电流最小，主电路如图 2-37 所示。

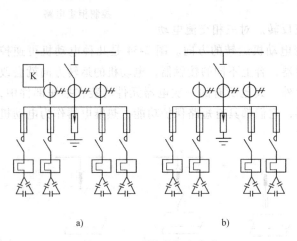

图 2-36　无功补偿柜主电路

a）主屏　b）辅屏

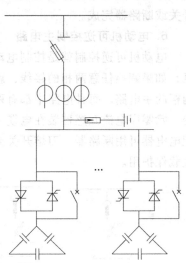

图 2-37　TSC 无功补偿柜主电路

以上介绍的只是低压开关柜主回路的单元电路。实际上，一台低压开关柜往往有多个回路，尤其是抽出式低压开关柜，装容密度最大的一台柜子可能有三、四十个电气主回路。例如西门子的 SIVACON 低压开关柜最多可以安装 40 个小容量的抽屉单元。

第八节　低压一次电器元件的选择

一、低压成套开关设备中开关电器选择准则

（一）电网条件和工作条件

1. 额定电压

在开关电器元件的产品样本中，给出了额定工作电压和额定绝缘电压两个数值。不论是按额定工作电压还是按额定绝缘电压选择都是可以的。开关电器的额定工作电压，对低压断路器来说，关系它的通断特性参数；对接触器来说，关系到工作制和使用类别。

2. 额定电流

开关电器的额定电流应不小于它安装位置的最大负荷电流，同时应考虑它的工作制（长期连续工作制、断续周期工作制、短时工作制）。

3. 额定分断能力

低压断路器的额定分断能力分为额定极限短路分断能力和额定运行短路分断能力两种。按 GB 14048.2—1994《低压开关设备和控制设备　低压断路器》规定：断路器的额定极限短路分断能力（I_{cu}）是按规定的试验条件和试验程序，不包括断路器继续承载其额定电流能力的分断能力；断路器的额定运行短路分断能力（I_{cs}）是按规定的试验条件和试验程序，包括断路器继续承载其额定电流能力的分断能力。

额定极限短路分断能力（I_{cu}）的试验程序为 O-t-CO，即：①试验电流调整到线路预期的短路电流值（例如 380V，50kA），被试断路器处于合闸位置，按下试验按钮，断路器通过 50kA 短路电流，断路器立即开断（O），断路器应完好；②经过间歇时间 t（一般为 3min），断路器再进行一次接通（C）和紧接着的开断（O），即 CO。断路器若能完全分断，则其极限短路分断能力合格。

额定运行短路分断能力（I_{cs}）的试验程序为 O-t-CO-t-CO。它比 I_{cu} 的试验程序多了一次 CO，经过试验，断路器若能完全分断、熄灭电弧，就认定它的额定运行短路分断能力合格。

由此可知，额定极限短路分断能力（I_{cu}）是低压断路器分断了断路器出线端最大三相短路电流后还可再正常运行并再分断这一短路电流一次，至于以后是否能正常接通及分断，断路器不予以保证；而额定运行短路分断能力（I_{cs}）是断路器在其出线端最大三相短路电流发生时可多次正常分断。

IEC 947-2《低压开关设备和控制设备 低压断路器》规定：A 类断路器（指仅有过载长延时、短路瞬动的断路器）的 I_{cs} 可以是 I_{cu} 的 25%、50%、75%和100%；B 类断路器（有过载长延时、短路短延时、短路瞬动三段保护的断路器）的 I_{cs} 可以是 I_{cu} 的 50%、75%和100%。

具有过载长延时、短路短延时和短路瞬动三段保护功能的断路器能实现选择性保护，大多数主干线（包括变压器的出线端）都采用它作主保护开关。不具备短路短延时功能的断路器（仅有过载长延时和短路瞬动二段保护）不能作选择性保护，只能使用于支路。

无论是哪种断路器，虽然都具备 I_{cu} 和 I_{cs} 这两个重要的技术指标，但是，作为支线上使用的断路器，仅满足额定极限短路分断能力即可。而对于干线上使用的断路器，不仅要满足额定极限短路分断能力的要求，同时也应该满足额定运行短路分断能力的要求，如果仅以额定极限短路分断能力 I_{cu} 来衡量其分断能力合格与否，将会带来安全方面的隐患。

4. 动、热稳定性

开关电器的额定短时耐受电流 I_{CW}（即热稳定电流）应满足下式：

$$I_{CW}^2 t \geqslant I_\infty^2 t_{ima} \tag{2-1}$$

式中　t——开关电器热稳定试验时间（s）；

I_∞——电网短路稳态电流（A）；

t_{ima}——等效短路时间，一般为实际短路时间加 0.05s。

动稳定性的校验条件是：开关电器的额定峰值耐受电流不小于短路冲击电流。

（二）通断任务和通断条件

低压开关电器肩负着下列通断任务：

（1）隔离　将电路分隔，使系统的某一部分或设备建立无电状态，以保证检修的安全。

（2）空载通断　在无电流状态下或电流很小的情况下，接通或断开电路。

（3）负载通断　接通或断开正常的负荷电流。

（4）电动机通断　通断电动机的开关应符合接通和断开各类电动机与各种工作制。

（5）短路通断　断路器是一种既能通断负载电流和过载电流，又能通断短路电流的开关电器。

交流接触器应根据其通断任务和通断条件来选择其使用类别，详见表 2-18。

表 2-18　交流接触器的使用类别

使用类别	典型的应用场合
AC-1	无感或低感负载、电阻炉
AC12	电阻负载和光耦合器输入回路中半导体负载的控制
AC-13	带变压器隔离的半导体负载的控制
AC-14	小容量电磁负载（最大 72V·A）的控制
AC-15	电磁负载（>72V·A）的控制
AC-2	绕线转子电动机的起动、停止
AC-3	笼型电动机的起动、停止
AC-4	笼型电动机的起动、反接制动、可逆控制、点动
AC-5a	气体放电灯的通断
AC-5b	白炽灯的通断
AC-6a	低压变压器的通断
AC-6b	电力电容器组的通断
AC-7a	家用电器和类似用途的微感负载
AC-7b	家用设备中的电动机负载
AC-8	压缩机中电动机的控制

（三）操作频率和寿命

操作频率与通断任务密切相关。允许的操作频率是以每小时的操作次数来表示的。在各种低压开关中，接触器允许频繁操作。

开关电器的机械寿命是用空载工作时（即无电流通过主电路时）达到的通断次数来表示的。它主要取决于触头的磨损。断路器是以较大的接触力工作的，因此机械寿命受到限制。

开关电器的电寿命是用直至触头报废的通断次数表示的。触头是在负载情况下通断，它既要承受接通过程中的负载，又要承受分断过程中的负载。在接通过程中，动触头可能发生振动，这时出现的接通烧损和分断时出现的电弧烧损，是触头烧损的主要原因。

（四）保护性能

低压系统中的保护主要是过载保护、短路保护和过热温度保护。低压保护电器主要有熔断器、断路器、热继电器、热敏电阻电动机保护电器等。

在一个具体的电路中，往往采用两种或两种以上的保护电器组合来完成保护功能，典型的组合方式如图 2-38 所示。

1. 熔断器-断路器

在低压开关柜的馈电、电动机和线路保护中，常采用熔断器与断路器配合（见图 2-38a），其保护特性如图 2-39 所示。这种组合适用于断路器的额定分断电流小于断路器安装处短路电流的场合。根据系统需要，在配电主电路中，保护方式有采用选择型的短路瞬时、短延时

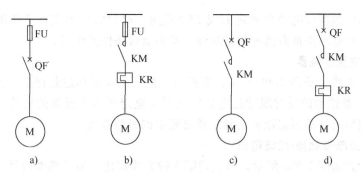

图 2-38　低压保护电器的组合方式

FU—熔断器　QF—断路器　KM—接触器　KR—热继电器

的二段保护和短路瞬时、短延时和长延时的三段保护。至于非选择型的断路器（如限流型）则可同时用于主电路和配电支路保护。

熔断器-断路器组合方式主要用于馈电、电容器控制或照明，在低压抽屉式开关柜主电路中用得较多。

2. 熔断器-交流接触器-热继电器

由于熔断器具有较高的分断能力和相对固定的 I^2t 值，以及限流式熔断器对巨大短路电流的有效限制能力，使熔断器在开关柜主电路中获得了广泛的应用，图 2-38b 是比较常用的组合。熔断器作短路保护，接触器操作电动机起、停；热继电器作电动机、电缆、接触器的过负荷保护。熔断器的最大允许额定电流取决于接触器规格和热继电器整定范围。其保护特性如图 2-40 所示。

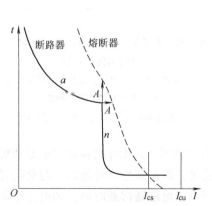

图 2-39　熔断器-断路器组合方式
的保护特性

a—反时限过电流脱扣器　n—瞬时过电流脱扣器
A—特性曲线的安全裕度　I_{cu}—额定极限短
路分断能力　I_{cs}—额定运行短路分断能力

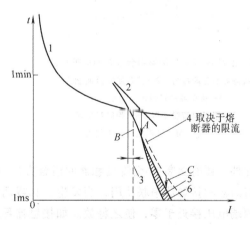

图 2-40　熔断器-交流接触器-热继电器组合方式的保护特性

1—热继电器跳闸曲线　2—热继电器损坏特性曲线
3—接触器的分断能力　4—接触器的轻微熔焊曲线
5—熔断器的熔化曲线　6—熔断器的熔断曲线
A、B、C—配合安全裕度

熔断器-交流接触器-热继电器组合方式，主要用于电动机可逆、Ｙ-△运行。可逆运行时，两接触器之间通过常闭辅助触头进行电气联锁，以取得足够长的切换间隔。Ｙ-△起动时由辅助触头完成接触器之间联锁。负责星形联结的接触器按电动机额定电流 33% 选用，负责三角形联结的接触器按电动机额定电流 58% 选用。此种组合形式在低压抽屉式开关柜主电路采用较多。根据不同负载选配的熔断器，均担负短路保护作用。

3. 断路器-交流接触器

在这种组合方式（见图 2-38c）中，断路器承担短路保护和过载保护，其保护特性曲线如图 2-41 所示。断路器的反时限性过电流脱扣器 a 整定到用电设备的电流，而瞬时过电流脱扣器 n 在一般情况下都固定地整定到断路器规定的短路电流。

4. 断路器-交流接触器-热继电器

这种组合方式如图 2-38d 所示。与上述第 3 种方式相比，多了热继电器，热继电器用于过载保护。在这种方式中，断路器不带反时限过电流脱扣器，在过载时由热继电器脱扣；或者对于电动机保护用的断路器的反时限过电流脱扣器整定在较高的值，在过载时由热继电器动作，其保护特性的配合如图 2-42 所示。

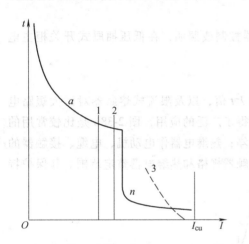

图 2-41　断路器-交流接触器组合方式的保护特性
1—接触器的分断能力　2—接触器的接通能力
3—接触器的轻微熔焊曲线
a—反时限过电流脱扣器　n—瞬时过电流
脱扣器　I_{cu}—额定极限短路分断能力

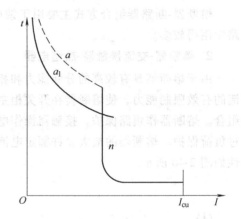

图 2-42　断路器-交流接触器-热继电器组合
方式的保护特性
a—断路器反时限过电流脱扣器的特性曲线
a_1—热继电器的特性曲线
n—断路器瞬时过电流脱扣器的特性曲线

此外，还有熔断器-交流接触器的组合方式（称 RGPT 配合）。此种组合常用于电动机保护。熔断器和接触器串联使用，当发生三相或两相短路时，熔断器熔体将熔断，与此同时接触器两端电压接近于零，使之释放。如接触器释放时间小于熔断器熔断时间，则由接触器切断短路电流，当接触器分断能力等于或大于短路电流周期分量有效值时，可以分断短路电流；反之，将造成接触器严重损坏，甚至扩大事故。因此，两者之间要进行项目试验，以实现较为理想的选配。

二、低压一次电器元件的类型与选择

适于低压成套开关设备选用的低压一次电器元件有以下几种。

1. 刀开关、隔离器、刀开关与熔断器组合电器

（1）刀开关、隔离器　刀开关可供通断电路使用，可用于成套设备中隔离电源，亦可

作为不频繁地接通和分断照明设备和在小型电动机电路使用。

隔离器主要在低压成套开关设备中起隔离作用。

刀开关和隔离器按极数可分为单极、双极和三极；按结构可分平板式和条架式；按操作方式可分为直接手柄操作、正面旋转手柄操作、杠杆操作和电动操作；按转换方式可分为单投式（HD）、双投式（HS）。双投的即为转换开关。

（2）刀开关熔断器组　刀开关熔断器组是由刀开关和熔断器串联构成的一个组合单元，型号有 QSA 和 HH 等几种。QSA 型的额定电流从 63A 至 3150A，适用于有高短路电流的配电电路和电动机电路中；HH30 型额定电流较小，最大至 63 A。它们均可用作手动不频繁的接通和分断负载电流，并具有线路的过载和保护功能，保护功能是由熔断器承担的。HH30 型有单极、双极、三极和四极等几种。

（3）刀熔开关　刀熔开关具有刀开关与熔断器的双重功能，主要型号有 HR3 系列，如图 2-43 所示。

2. 熔断器

主要有 RC1A 系列、RM10 系列、RT20 系列（额定分断能力达 120kA）、NT 系列（包括 NT00、NT0、NT1、NT2、NT3、NT4 六种型号）、RS（快速熔断器，主要用于晶闸管及其成套装置的过载保护）。

图 2-43　HR3 系列刀熔开关

3. 热继电器

主要有 T 系列，包括 T16、T25、T45、T85、T105、T170、T250、T370 等型号。此外还有电子式热继电器。

4. 接触器

主要有 CJ20 系列、B 系列（ABB 公司技术）、3TF 和 3TB 系列（西门子技术）。

对于电力电容投切用的接触器必须抑制浪涌电流，常用的接触器有 B30C、CJX4 等。原理如图 2-44 所示，当接触器线圈加上电压后，先是辅助触头接通，电阻 R 串入电路中起限流作用，可使浪涌电流大大减小。经过很短的时间后，主触头接通，串联的电阻 R 被短路。

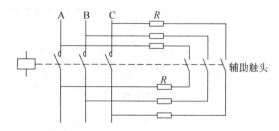

图 2-44　电容投切用接触器原理示意图

5. 断路器

（1）选型　低压断路器按整体结构分为框架式（又称万能式，简称 ACB）和塑壳式（简称 MCCB，微型断路器简称 MCB）两大类；按用途分，包括配电用、电动机保护用、照明用（适用于照明线路、家用电器）、漏电保护用（剩余电流保护）等类别；按保护性能分，有选择型（有短延时过电流脱扣器）和非选择型（无短延时过电流脱扣器）。低压断路器的选型参见表 2-19。

表 2-19 低压断路器选型

选型	框架式断路器（ACB）	塑壳式断路器（MCCB）	微型断路器（MCB）
参数	壳体额定电流 630~6300A 短路分断能力 50~150kA	壳体额定电流 63~1600A 短路分断能力 15~150kA	63A 及以下
型式	(1)电子式：长延时、短延时、瞬时、接地保护方式 (2)选择性联锁功能和单机控制功能	电磁式：长延时、瞬时二段保护 电子式：长延时、短延时、瞬时、接地四段保护	模块化结构：组合成二、三和四级
安装方式	固定式和抽屉式	固定式、插入式、抽出式 250A 及以下宜采用固定式和插入式	固定式、插入式
应用范围	变压器低压侧进线断路器、母联、800A 及以上馈出线断路器	630A 及以下线路用	末端线路

（2）动作值整定方法 低压断路器的保护功能包括用于过载保护的长延时过电流保护、用于短路保护的短延时过电流保护和瞬时过电流保护以及失电压、欠电压保护，其动作值（定值）的整定方法参见表 2-20。

表 2-20 低压断路器动作值整定方法

类　　别	动作值整定方法
变压器低压侧主断路器 （低压侧进线柜）	(1)长延时过电流保护 $$I_{r1} = k_1 I_e$$ 式中　k_1——可靠系数，取 1.1； 　　　I_e——变压器额定电流 (2)短延时过电流保护 $$I_{r2} = M k_2 I_e$$ 式中　M——过电流倍数，取 3~5； 　　　k_2——可靠系数，取 1.3； 　　　时限：取 0.4s (3)瞬时过电流保护 $$I_{r3} > 1.2 I_{d1}$$ 式中　I_{d1}——变压器低压出线端单相短路电流。 (4)接地保护 $$I_{r4} = (0.3 \sim 0.6) I_{r1}$$ 式中　I_{r1}——长延时过电流保护定值； 　　　时限：取 0.4s
配电用断路器 （低压配电线路保护）	(1)长延时过电流保护 $$I_{r1} = k_1 I_e$$ 式中　k_1——可靠系数，取 1.1； 　　　I_e——线路计算负荷电流。 　　　时限：取 12s (2)短延时过电流保护 $$I_{r2} = 1.2 I'_{r2}$$ 式中　I'_{r2}——下一级短延时过电流保护定值。 (3)瞬时过电流保护 $$I_{r3} = 1.1(I_e + k_{ah} k_{st} I_m)$$ 式中　I_e——线路计算负荷电流； 　　　k_{ah}——考虑电动机起动电流非周期分量系数，取 1.7~2； 　　　k_{st}——电动机起动电流倍数，取 5~7； 　　　I_m——最大一台电动机额定电流

（续）

类　　别	动作值整定方法
电动机保护用断路器	（1）长延时过电流保护 $$I_{r1} = I_e$$ 式中　I_e——电动机额定电流。 （2）瞬时过电流保护 $$I_{r3} = k_{sh} I_{st}$$ 式中　k_{sh}——电动机起动冲击系数，取 1.7~2； 　　　I_{st}——电动机起动电流
照明线路用断路器	（1）长延时过电流保护 $$I_{r1} = I_c$$ 式中　I_c——线路计算负荷电流。 （2）瞬时过电流保护 $$I_{r3} = 6 I_c$$

6. 电流互感器

低压电流互感器主要用于测量，主要产品有 BH-0.66 系列、LMZJ-0.4 系列等。低压电流互感器还有双变比电流互感器产品，也就是一次侧有两个抽头。另外还有作为接地保护的零序电流互感器。

7. 浪涌保护器

浪涌保护器简称 SPD，也叫电涌保护器，亦称为低压避雷器，其作用是对低压系统瞬间过电压（电涌）进行保护，把窜入电力线、信号传输线的瞬时过电压限制在设备或系统所能承受的电压范围内，或将强大的雷电流泄流入地，保护电气电子设备或系统不受冲击。

按工作原理分，SPD 可以分为电压开关型、限压型及组合型。

（1）电压开关型 SPD　也称为短路开关型 SPD，在没有瞬时过电压时呈现高阻抗；一旦响应雷电瞬时过电压，其阻抗就突变为低阻抗，允许雷电流通过。

（2）限压型 SPD　也称为钳压型 SPD，其核心元件为氧化锌压敏电阻，电流电压特性具有很强的非线性。限压型电涌保护器失效后有可能出现两类故障状况：一类是热击穿造成 L-N/PE 线间接地短路，其电流值可使后备过电流保护元件动作；另一类是由于接地故障电流小，过电流保护元件不动作，氧化锌压敏电阻因发热起火。因此必须在位于电涌保护器外部的前端装设后备保护元件，其作用是当浪涌保护器不能切断工频短路电流时，过电流保护电器动作，把浪涌保护器从并联线路中断开，使浪涌保护器不会引起过热而导致火灾、爆炸等事故，同时可保证电源的持续供电。

（3）组合型 SPD　由电压开关型组件和限压型组件组合而成，可以呈现为电压开关型或限压型或两者兼有的特性，这取决于所加电压的特性。

按用途分，SPD 可以分为电源线路 SPD 和信号线路 SPD 两种。对于电源线路 SPD，当有过电压出现时，SPD 将对地导通。对于不同的接地系统，SPD 的接线方法不一样，一般有对地法和 N-PE 法两种保护，如图 2-45 所示。除 TT 系统中 SPD 安装在剩余电流保护器的电源侧必须用 N-PE 法以外，一般均使用对地法。

信号线路 SPD 应连接在被保护设备的信号端口上，其输出端与被保护设备的端口相连，有串接和并接之分，一般是串联安装在信号线路上。因此，在选择信号 SPD 时，应选用插入损耗较小的 SPD。

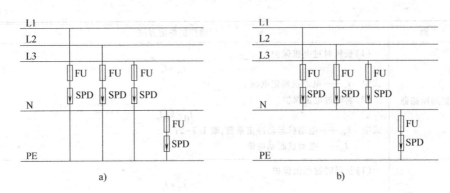

图 2-45　SPD 接线方法

a）对地法　b）N-PE 法

第九节　低压开关柜的辅助电路

低压开关柜中的辅助电路主要有断路器操作控制电路、测量（计量）电路、电动机（不可逆和可逆）控制电路、双电源互投控制电路等。

一、断路器控制电路

（一）断路器的操作方式与要求

低压开关电器除容量较大的断路器外，基本上都是在现场手动操作的。对于断路器，它也有多种合闸操作方式，包括直接手柄操作、杠杆操作、电磁操作、电动机操作和电动机储能操作。电磁操作、电动机操作和电动机储能操作属于电动操作，一般只有容量较大或要求远距离操作的断路器才采用电动操作方式。电动机储能操作除可实现远距离操作外，还可用于同步化。

完成断路器合闸、分闸任务的电气回路称为控制电路。控制电路按操作电源的种类，可以分为直流操作和交流操作两类。

断路器的型号很多，操动机构也多种多样，所以它的控制电路也有许多类型。但是，它们的基本要求是相同的：

1）能手动合闸、分闸，也能由继电保护与自动装置实现自动合闸、分闸。合闸、分闸操作完成后，应能自动切断合、分闸电路，以免烧坏分、合闸线圈。

2）能指示断路器合闸、分闸位置状态。断路器在合闸位置时，红色信号灯亮，在分闸位置时，绿色信号灯亮。闪光表示其自动合闸、自动分闸状态。控制电路应有熔断器保护。

3）能监视控制电路和电源的完好性。

4）具有机械或电气防跳闭锁装置。

5）接线力求简单、可靠。

（二）电磁操作控制电路

1. 具有防跳功能的交直流电磁铁合闸操作回路

图 2-46 为低压断路器交直流电磁铁合闸操作回路，适用于 200~600A 的 DW 型断路器。

当利用电磁合闸线圈 YO 进行合闸时，需按下合闸按钮 SB，使合闸接触器 KO 通电，闭合其主触头，使电磁合闸线圈 YO 通电，断路器合闸。但是，电磁合闸线圈 YO 是按短时大功率设计的，允许通电时间不得超过 1s，因此，断路器 QF 合闸后，应立即使 YO 断电。为此，特装设时间继电器 KT，利用其常闭延时触头 KT1-2 来实现这一要求。

在按下按钮 SB 时，不仅接触器 KO 通电，而且时间继电器 KT 也通电。这时，与 SB 并联的接触器自锁触头 KO1-2 瞬时闭合，保持 KO 线圈通电，即使按钮 SB 松开也能保持 KO 和 KT 通电，直到断路器 QF 合闸为止。而时间继电器触头 KT1-2 在 SB 按下、KT 和 KO 通电达 1s 时自动断开，使 KO 通电，从而保证电磁合闸线圈 YO 通电时间不超过 1s。

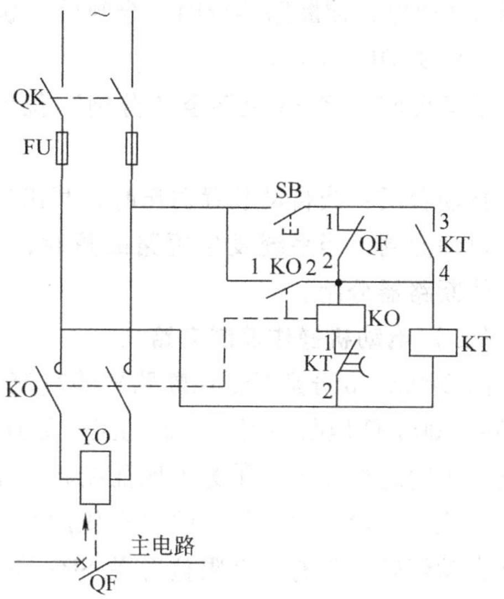

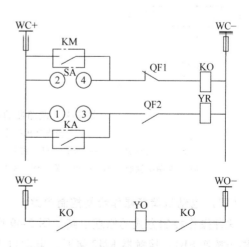

图 2-46　低压断路器交直流电磁铁合闸操作回路
QF—断路器　FU—熔断器　KT—时间继电器　SB—按钮
KO—合闸接触器　YO—电磁合闸线圈

时间继电器 KT 的常开触头是用来防止低压断路器在按钮 SB 的触头被粘住时多次重复合闸于永久性短路上，即防止断路器"跳跃"用的。

当 SB 被粘住，而低压断路器又闭合于永久性短路上时，其过电流脱扣器（图上未画出）瞬时动作，使断路器跳闸。这时，即使 SB 接通，并且断路器辅助触头 QF 闭合，但由于时间继电器 KT 的常开触头一直处于闭合状态，使得时间继电器 KT 的线圈一直通电，其延时断开触头一直保持断开，因此接触器 KO 的线圈无法再次通电，从而使断路器不会再次合闸，达到"防跳"的目的。

断路器的联锁触头 QF1-2 是用来保证磁操动机构在断路器合闸后不会再次动作。

2. 具有自动合闸功能的交直流电磁铁合闸操作回路

图 2-47 是采用电磁操动机构的控制电路。图中 SA 为控制开关，它带有自复机构，在断路器操作结束后，手柄会自动恢复到原来的中间位置。YR 和 YO 分别是电磁操动机构的分闸线圈和合闸线圈，KO 为合闸接触器。QF1 和 QF2 是断路器的辅助触头，KM 是自动装置的常开触头，KA 是保护出口继电器的常开触头。

手动合闸：将 SA 顺时针方向转至"合闸"位置时，SA2-4 接点接闭合，合闸接触器 KO 线圈得电，常开触头 KO 闭合，合闸

图 2-47　采用电磁操动机构的控制电路
WC—直流操作电源　WO—合闸电源　KO—合闸接触器
YO—电磁合闸线圈　SA—控制开关　KA—继电保护
常开触头　KM—自动装置常开触头　YR—电磁分闸线圈

线圈 YO 通电，使断路器合闸。合闸后，断路器的辅助常闭触头 QF1 断开，切断合闸电源，而常开触头 QF2 闭合。

手动分闸：将 SA 反转至"分闸"位置，SA1-3 闭合，分闸线圈 YR 通电，断路器正常分闸。

自动合闸：当自动装置动作时，其出口触头（KM）闭合，断路器自动合闸。

自动分闸：当系统发生短路故障时，继电保护动作，保护出口继电器 KA 常开触头闭合，使断路器分闸。

（三）电动机操作控制电路

图 2-48a、b 分别是低压断路器的直流电动机操作和交流电动机操作控制电路，适用于 1000~4000A 低压断路器。它们的工作原理与上述图 2-46 所示的电磁操作合闸控制电路大体相同，不同之处在于：①为了保证在断路器合闸过程中遇到电动机控制回路发生故障时断路器能够脱扣，设有一个特殊的失电压脱扣器 TS；②为了保证电动机在断路器合闸完毕后能准确自动停转，设有一个限位开关 SQ；③由于有了限位开关 SQ，图 2-46 中的时间继电器 KT 在这里可用中间继电器 KM 代替。

断路器合闸时，按下合闸按钮 SB，合闸接触器 KO 线圈通电，其主触头和辅助触头闭合，电动机通电运转，带动断路器合闸。断路器完成合闸后，行程开关（位置开关）SQ 断开，切断合闸电源。中间继电器 KM 起防跳作用。直流操作电源一般为 220V。

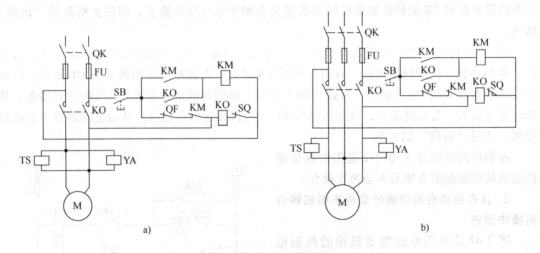

图 2-48　断路器的电动机操作控制电路

a）直流电动机操作　b）交流电动机操作

SQ—限位开关　FU—熔断器　SB—按钮　KM—中间继电器　QF—断路器辅助触头

KO—合闸接触器　SQ—行程开关　TS—失电压脱扣器　YA—制动电磁铁线圈　M—电动机

（四）电动机储能操作合闸控制电路

这种操作控制方式的原理电路如图 2-49 所示。电动机储能操作方式合闸过程分为两步：先操作按钮 SB1，接触器 KM2 接通，电动机 M 工作，带动弹簧储能；储能完毕，行程开关 SQ 接通，接触器 KM1 动作，KM1 常闭触头分断，断开电动机 M 回路，再操作 SB2，接触器 KM3 及弹簧释能装置线圈 FV 使弹簧机构释放能量，断路器合闸。合闸完成后，断路器辅助触头 QF3-4 断开，接触器 KM1、KM2、KM3 失压分断复原。

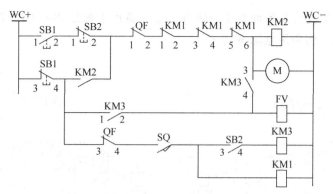

图 2-49　断路器的电动机储能操作控制电路

WC—控制电源母线　SB1、SB2—按钮　KM1、KM2、KM3—接触器触点

M—电动机　QF—断路器辅助触头　SQ—行程开关　FV—弹簧释能装置线圈

二、双电源互投控制电路

1. 基本原理

在要求供电可靠性较高的用户变电所中，通常设有两路及以上的电源进线。如果在作为备用电源的线路上装设备用电源自动投入装置（APD），则在工作电源线路突然断电时，利用失电压保护装置使该线路的断路器跳闸，而备用电源线路的断路器则在 APD 作用下迅速合闸，使备用电源投入运行，从而大大提高供电可靠性，保证不间断供电。

图 2-50 是说明备用电源自动投入（双电源互投）的原理电路图。假设电源进线 WL1 在工作，WL2 为备用，其断路器 QF2 断开，但其两侧刀开关是闭合的（图上未画出刀开关）。当工作电源 WL1 断电引起失电压保护动作使 QF1 跳闸时，其常开触头 QF1 3-4 断开，使原通电动作的时间继电器 KT 断电，但其延时断开触头尚未断开。这时 QF1 的另一常闭触头 1-2 闭合，从而使合闸接触器 KO 通电动作，使断路器 QF2 的合闸线圈 YO 通电，使 QF2 合闸，投入备用电源 WL2，恢复供电。WL2

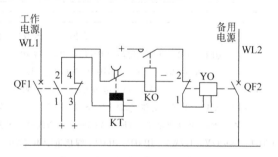

图 2-50　双电源互投原理电路图

QF1—工作电源进线　WL1—工作电源　QF2—备用电源进线

WL2—备用电源　KT—时间继电器　KO—合闸接触器

YO—QF2 的合闸线圈

投入后，KT 的延时断开触头断开，切断 KO 的回路，同时 QF2 的联锁触头 1-2 断开，防止 YO 长时间通电。

2. 实用电路

图 2-51 是一个采用 DW15 低压断路器的低压双电源互投控制电路。正常运行时，一路电源供电，另一路电源备用。例如 WL1 工作，WL2 备用时，首先合上 QK1、QK3，再合上 S1。如用自动，则将 S1 扳到自动位置；如用手动，则将 S1 扳到手动位置。然后按下按钮 SB1，则断路器 QF1 合闸，WL1 供电。合上 QK2、QK4，再合上 S2，并将 SA2 扳到自动位置，使断路器 QF2 作好自动合闸准备。当工作电源 WL1 停电时，其失电压保护使断路器

QF1 跳闸；同时利用其常闭辅助触头的闭合，接通备用电源断路器 QF2 的合闸回路，使备用电源断路器合闸，将备用电源 WL2 投入。

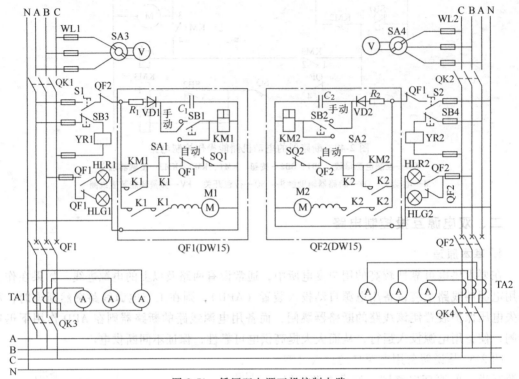

图 2-51　低压双电源互投控制电路

QF1、QF2—低压断路器（DW15-1000/3 或 DW15-1500/3）　S1、S2—组合开关（HZ10-10/2）

QK1~QK4—刀开关（HD13-1000/3 或 HD13—1500/3）　K1、K2—交流接触器（220V）

SA3、SA4—电压换相开关（LW5—15E0491/2）　S1、S2—限位开关

KM1、KM2—中间继电器（220V）　SA1、SA2—主令开关（LS2—3）SB1、SB2、SB3、SB4—按钮（LA2）

M1、M2—单相电动机　YR1、YR2—失压电压线圈（断路器自带，380V）　HLR1、HLR2—红色指示器

（XD7—220/12V，1.2W）　HLG1、HLG2—绿色指示器（XD7—220/12V，1.2W）　TA1、TA2—电流互感器（LMZJ1）

VD1、VD2—整流元件　A—电流表（1T1-A）　V—电压表（1T1—V，0~450V）

R_1、R_2—电阻　熔断器型号均为 RC1A-10/5A

三、测量与计量回路

1. 电流测量电路

电流测量电路如图 2-52 所示。图中 TA 为电流互感器，每相一个，其一次绕组串接在主电路中，二次绕组各接一只电流表。三个电流互感器二次绕组联结成星形，其公共点必须可靠接地。

2. 电压测量电路

采用一只转换开关和一只电压表测量三相电压的方式，测量三个线电压的电路如图 2-53 所示。工作原理是：当扳动转换开关 SA，使它的 1-2、7-8 触头分别接通时，电压表测量的是 AB 两相之间的电压 U_{AB}；扳动 SA 使 5-6、11-12 触头分别接通时，测量的是 U_{BC}；当扳动 SA 使其触头 3-4、9-10 分别接通时，测量的是 U_{AC}。

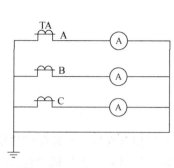

图 2-52　电流测量电路

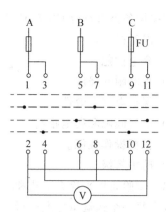

图 2-53　电压测量电路

3. 低压计量电路

低压电能计量柜通常安装有功电能表和电流表。有功电能表根据低压电网的形式有两种，一种是三相四线电能表，用于三相四线制线路；另一种是三相三线电能表，用于三相三线制线路。图 2-54 是低压三相四线制线路测量与计量电路，除电能计量功能外，还可以测量三相电流。

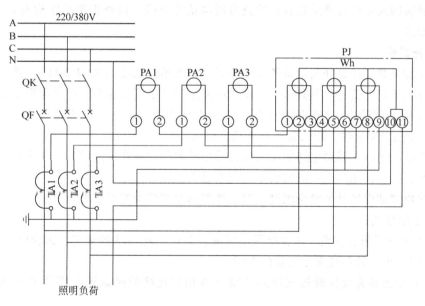

图 2-54　低压三相四线制线路测量与计量电路

TA1~TA3—电流互感器　PA1~PA3—电流表　PJ—三相四线有功电度表

第十节　低压成套开关设备的试验

一、概述

低压成套开关设备性能试验包括型式试验和出厂试验。型式试验是验证给定形式的低压成套开关设备是否符合 GB 7251.1—2013 标准的要求。型式试验包括下列项目：

1) 温升极限。

2) 介电性能。

3) 短路耐受强度。

4) 保护电路有效性。

5) 电气间隙和爬电距离。

6) 机械操作性能。

7) 防护等级。

出厂试验是用来检查工艺和材料是否合格的试验。出厂试验是在每一台装配好的成套设备上或在每一个运输单位上进行，在安装工地上不作另外的出厂试验。出厂试验包括：

1) 检查接线，必要时可进行通电操作试验。

2) 介电强度试验。

3) 防护措施和保护电路连续性检查。

二、型式试验

1. 一般检查

检查所装的元器件选择及安装；检查母线与绝缘导线；检查柜架的结构及外形尺寸等，是否符合要求。

2. 温升试验

温升试验是验证成套开关设备各部件的温升是否超过规定（见表 2-11），其方法是在所有电器元件上通以电流进行温升试验。每条电路通过的电流值应为额定电流乘以额定分散系数（见表 2-6）。试验持续的时间应足以使温度上升到稳定值（一般不超过 8h）。实际上当温度变化不超过 1K/h 时，即认为达到了稳定温度。

对于某些主电路和辅助电路额定电流比较小的封闭式成套开关设备，可用功率等效的加热电阻器来模拟，该加热电阻器安装在外壳中适当位置。

可用热电偶或温度计来测量温度。对于线圈的温度测量则采用电阻法。

3. 介电强度试验

（1）工频电压耐受试验　试验电压值应按表 2-12、表 2-13 的规定。试验电压应施加于：

1) 所有带电部件和裸露导电部件之间。

2) 在每个极和为此试验被连接到成套设备相互连接的裸露导电部件上的所有其他极之间。

开始施加的试验电压不应超过表 2-12、表 2-13 规定值的 50%，然后在几秒钟之内将试验电压增加到规定值并持续 1min。

如果没有击穿或放电现象，则此项试验可认为通过。

（2）冲击电压耐受试验　在规定的试验条件下，成套设备的电路应能承受规定的脉冲电压峰值。也可以按照协议，用工频电压或直流电压进行试验。试验电压的具体规定参照 GB 7251.1—2013。试验电压应施加于下列部位：

1) 成套设备的每个带电部件和连接在一起的裸露导电部件之间。

2) 主电路每个极和其他极之间。

3）在正常情况下不连接到主电路上的每个控制电路和辅助电路分别与主电路、辅助电路、裸露导电部件、外壳（或安装板）之间。

4）对于断开位置上的抽出式部件，穿过绝缘间隙，在电源侧和抽出式部件之间，以及在电源端和负载端之间。

若在试验过程中没出现破坏性放电，则认为此项试验通过。

（3）爬电距离验证　测量相与相之间，不同电压的电路导体之间及带电部件与裸露导电部件之间的最小爬电距离。爬电距离应符合表 2-8 的规定。

（4）短路耐受强度试验

低压成套开关设备应按其标准中电气参数所规定的额定短时耐受电流和额定峰值耐受电流进行试验，用以验证设备在短路时的机械和热应力的冲击下仍然正常工作。短路耐受强度验证的部分包括：

1）母线系统：水平母线、垂直母线、中性母线。

2）保护导体。

3）功能单元（含分支线）。

具体的试验要求与试验方法在 GB 7251.1—2013 中有详细的规定。并非所有的低压成套开关设备都必须进行短路耐受强度试验，GB 7251.1—2013 规定以下两种情况就不必进行短路耐受强度试验：

1）额定短路耐受电流或额定限制短路电流不超过 10kA 的成套设备。

2）采用限流器件保护的成套设备，该器件在额定分断能力下，分断电流不超过 15kA。

水平母线、垂直母线、中性母线试验后符合下述各项要求时，则认为试验合格：

1）柜架结构无任何变形。

2）母线允许有微小变形，但不得小于所规定的电气间隙和爬电距离。

3）母线绝缘支撑件无破裂现象。

4）所有连接部位的紧固件无松动。

5）检测器件不应指示出有故障电流发生。

6）仍应满足功能单元互换性要求。

保护导体经试验后符合下述各项要求，则认为试验合格：

1）保护导体的连续性不应破坏，测得的阻值不大于试验前所测得的电阻值。

2）功能单元抽插灵活。

功能单元经试验后符合下述各项要求，则认为试验合格：

1）短路电流经保护器件予以分断。

2）连接功能单元的分支线允许有微小变形，但不得小于所规定的电气间隙和爬出距离。

3）在试验过程中功能单元始终处于连接位置，试验后主开关应能进行正常操作。

4）所有隔板、覆板、盖板、门等都处于原来位置，没有明显变形，门的开闭灵活。

5）所有绝缘材料做成的零件无烧损现象。

6）联锁机构不因试验而损坏。

7）所有连接端子没有损坏，导线没有脱落，接触器和热继电器允许更换或维修。

8）仍应满足功能单元互换性要求。

9）检测器件不应指示出有故障电流发生。

4. 保护电路有效性（连续性）试验

应在保护电路进行短路耐受强度试验之前用压降法测出电阻值。短路耐受强度试验后再测一次电阻值，所测的电阻值应不大于规定值（0.01Ω）。

5. 功能单元互换性试验

用各种规格的功能单元在其相应规格的其他单元隔室中各抽插两次；在垂直母线短路耐受强度试验之后抽插一次；在功能单元短路耐受强度试验后抽插一次。功能单元在隔室内动作灵活，连接位置、试验位置、分离位置符合要求，则认为试验合格。

6. 功能单元机械操作试验

功能单元机械操作试验是验证单元应保证的机械性能。功能单元应在它的隔室中从连接位置到分离位置，然后再回到连接位置，以此作为一次，无载抽插至少 50 次。

试验后符合以下要求则为合格：

1）主电路隔离接插件与垂直母线接触部分应无明显机械损伤。

2）单元的抽插机构、定位机构应保持其原有的功能。

3）在分离位置主电路隔离接插件的带电导体与垂直母线的隔离距离应符合规定。

4）保护电路的连续性不应破坏。

7. 联锁机构操作试验

不同规格和类型的联锁机构都应进行操作试验。试验次数不低于 500 次。试验后联锁机构应仍能符合技术要求。

8. 电气间隙、爬电距离和隔离距离验证

电气间隙和爬电距离的测量数值不应不小于表 2-7、表 2-8 的规定。隔离距离测量值应不小于规定值（20mm）。

9. 防护等级试验

防护等级应按 GB 4208 规定的试验方法进行。

10. 机械、电气操作试验

设备在出厂时都需进行机械操作和电气操作试验以保证设备的装配质量和电路中元器件动作的正确性和接线的可靠性。设备中所有手动操作器件，如主开关的操作手柄、抽出式功能单元等都应操作 5 次而无异常现象出现。按设备的电气原理图要求，应进行模拟动作试验，试验结果应符合设计要求。

三、出厂检验

出厂检验是用来检查设备的工艺装配和材料是否合格。检验应在每一台装配好的设备上或在每一个运输单元上进行。出厂检验全部合格后，才能发放产品合格证明书。

出厂检验项目包括：

1）一般检查。

2）机械、电气操作试验。

3）介电强度试验。

4）保护电路连续性试验。

5）功能单元互换性试验。

第十一节 几种低压开关柜的技术特点

前面已对低压成套开关设备的结构与电气设计进行了介绍,本节将对一些典型的低压开关柜的技术特点予以概述。

一、GGD 型低压开关柜

1. 概述

GGD 型低压开关柜适用于发电厂、变电所、工矿企业等电力用户,作为交流 50Hz、额定工作电压 380V、额定工作电流至 3150A 、主变压器容量为 2000kV·A 以下的配电系统中,作为动力、照明及配电设备的电能转换、分配与控制之用。

GGD 开关柜具有分断能力高、动热稳定性好、电气方案灵活、组合方便、防护等级高等特点。符合 GB 7251 和 IEC 439 等标准。

2. 电气性能

（1）主要技术参数　GGD 开关柜主要技术参数见表 2-21。

表 2-21　GGD 开关柜主要技术参数

型号	额定电压 /V	额定电流 /A		额定短路开断电流/kA	额定短时耐受电流/kA	额定峰值耐受电流/kA
GGD1	380	A	1000	15	15	30
		B	600(630)			
		C	400			
GGD2	380	A	1500(1600)	30	30	63
		B	600(630)			
		C	400			
GGD3	380	A	3150	50	50	105
		B	2500			
		C	2000			

（2）主电路方案　GGD 柜主电路设计了 129 个方案,共 298 个规格（不包括辅助电路的功能变化及控制电压的变化而派生的方案和规格）。其中:

GGD1:49 个方案,123 个规格;

GGD2:53 个方案,107 个规格;

GGD3:27 个方案,68 个规格。

主电路增加了发电厂需要的方案。额定电流增加至 3150A,适合 2000kV·A 及以下的配电变压器选用。此外,为适应无功补偿的需要设计了 GGJ1、GGJ2 补偿柜,其主电路方案 4 个,共 12 个规格。

（3）辅助电路方案　辅助电路的设计分供用电方案和发电厂方案两部分。柜内有足够的空间安装二次元件。同时还研制了专用的 LMZ3D 型电流互感器,以满足发电厂和特殊用户附设继电保护时的需要。

（4）主母线　考虑到价格比和以铝代铜的可行性,额定电流在 1500A 及以下时采用铝母线，额定电流大于 1500A 时采用铜母线。母线的搭接面采用搪锡工艺处理。

（5）一次电器元件的选择

1）主开关电器选用 ME、DZ20、DW15 等。

2）专门设计了 HD13BX 和 HS13BX 旋转操作式刀开关，以满足 GGD 柜特殊结构的需要。

3）可根据用户的需要选用性能更优良的新型电器元件，GGD 柜具有良好的安装灵活性，一般不会因更新电器元件造成制造和安装困难。

4）为进一步提高主电路的动稳定能力，设计了 GGD 柜专用的 ZMJ 型组合式母线和绝缘支撑件。母线夹由高强度、高阻燃性 PPO 合金材料热塑成型。绝缘支撑是套筒式模压结构，成本低、强度高，爬电距离满足要求。

3. 结构特点

柜体采用通用柜的形式，构架用 8MF 冷弯型局部焊接组装而成。通用柜的零部件按模数原理设计，并有以 20mm 为模数的安装孔。柜体设计充分考虑了散热问题，柜体上下两端均有不同数量的散热槽孔，运行时柜内电器元件发热的热量经上端槽孔排出，而冷空气从下端槽孔不断补充进柜，达到散热目的。柜门用转轴式活动铰链与构架相连，便于安装、拆卸。装有电器元件的仪表门用多股软铜线与构架相连，整个柜子构成完整的接地保护电路。柜体面漆选用聚酯桔形烘漆，附着力强，质感好。柜体防护等级为 IP30，用户也可根据使用环境的要求在 IP20～IP40 之间选择。

二、GCK 系列低压抽出式开关柜

GCK 系列抽出式封闭开关柜有 GCK、GCK1、GCK1（1A）等型号，包括动力配电中心（PC）、电动机控制中心（MCC）和电容器补偿柜 3 类。PC 柜包括进线柜、母联柜、馈电柜等。

1. 电气性能

（1）主要技术参数

额定绝缘电压：660V、750V；

额定工作电压：380V、660V；

电源频率：50～60Hz；

额定电流：水平母线 1600～3150A，垂直母线 400～800A；

额定短时耐受电流：水平母线 80kA（有效值，1s），垂直母线 50kA（有效值，1s）；

额定峰值耐受电流：水平母线 175kA，垂直母线 110kA；

功能单元（抽屉）分断能力：50kA（有效值）；

外壳防护等级：IP30 或 IP40；

控制电动机容量：0.4～155kW；

馈电容量：16～630A；

操作方式：就地、远方、自动。

（2）主电路方案　GCK 型开关柜的主电路方案共 40 种，其中电源进线方案 2 种，母联方式 1 种，电动机可逆控制方案 4 种，不可逆控制方案 13 种，丫—△变换 5 种，变速控制 3 种，还有照明电路 3 种，馈电方案 8 种，无功补偿 1 种。

（3）一次电器元件 受电电路及大容量馈电电路主选 ME 系列、AH 系列或 M 系列断路器；抽屉单元馈电电路主选 TO、TG 系列及 CM1 系列塑壳断路器；电动机控制单元选 B 系列、3TB 系列以及 CJX 系列接触器；隔离开关及熔断器式隔离开关选 QSA 系列元件；熔断器主选 NT 系列元件。

（4）母线系统 母线采用三相五线制，即 3P（三相）+N（中线线）+PE（保护接地）。水平母线可采用 H 型挤压成型母线，也可用铜母线。母线机械强度高、散热性好。垂直母线采用镀锌板封闭（或用塑料罩），利用隔弧板限制电弧扩散。保护母线（PE）和中性母线（N）安置在柜底。还有两根垂直于框架的保护母线，一根作为引出线，一根作为门板和隔板的接地，因此接地保护的连续性可靠性高。

2. 结构特点

柜体为组合装配式结构，再按需要加上门、挡板、隔板、抽屉、安装支架以及母线和电器组件等，组成一台完整的柜子。它有如下特点：

（1）柜体 主结构骨架采用异型钢材，采用角板定位、螺栓连接。柜体骨架零部件的成型尺寸、开孔尺寸、功能单元（抽屉）间隔均以 $E = 20\text{mm}$ 为基本模数，便于装配组合。内部结构采用镀锌处理，门板、侧板经磷化处理后采用静电环氧喷涂。

柜体共分水平母线区、垂直母线区、电缆区和功能单元区（设备安装区）4 个相互隔离的区域。功能单元在设备区内分别安装在各自的小室内。

柜体上部设置水平母线，将成列的柜体连接成一个电气系统，同一柜体的功能单元连在垂直母线上。

开关柜外形尺寸：高度均为 2200mm；宽度有 600、800、1000 和 1200mm 4 种；深有 500（靠墙安装）、800 和 1000mm 3 种。

（2）功能单元 PC 柜组件室高度为 1800mm，每柜可安装 1~2 台 ME 型抽出式断路器。MCC 柜的功能单元区总高度为 1800mm，功能单元（抽屉）的高度为 300mm、450mm 和 600mm。相同的抽屉单元具有互换性。

功能单元隔室采用金属隔板隔开。隔室中的活门能随着抽屉的推进和拉出自动打开和封闭，因此在隔室中不会触及柜子后部（母线区）的垂直母线。功能单元隔室的门由主分关的操作机构对抽屉进行机械联锁，因此当主开关在合闸位置时，门打不开。

抽屉有 3 个位置：连接位置、试验位置和分离位置，分别以符号"■"、"↘┊"和"○"表示。功能单元中的开关操作手柄、按钮等装在功能单元正面。功能单元背面装有主电路一次触头、辅助电路二次插头及接地插头。接地插头可保证抽屉在分离、试验和连接位置时保护导体的连续性。

当抽屉门上装有 QSA 型刀熔开关的操作手柄时，只有在手柄扳向"○"位置时，门才可以开启；当手柄指向"■"时表示开关接通，此时抽屉门不允许打开。

当抽屉内装有 TG 型断路器时，它的操作手柄直接安装在断路器盖板上，并有联锁和锁定装置。操作手柄上有联锁机构的释放旋钮。如图 2-55 所示，当断路器处于合（ON）或自由脱扣（TRIP）位置时，如需开门，可使用该释放旋钮。因为有联锁功能，所以断路器处于合闸位置时，抽屉门不能打开。要开启抽屉门时，先分断断路器，将门锁旋至打开位置，再将处于"OFF"处的手柄逆时针旋至"RESET"再扣位置处，门就自行打开了。

三、GCS 抽出式低压开关柜

GCS 是原电力部和机械部两部联合设计组研制出的具有较高技术性能指标、能够适应电力市场发展并可与现有引进产品竞争的低压抽出式开关柜。

GCS 三个字母的含义是：G—封闭式低压开关柜；C—抽出式；S—森源电气系统。

GCS 开关柜适用于发电厂、石油、化工、冶金、纺织、高层建筑等行业的配电系统。在大型发电厂、石化系统等自动化程度高，要求与计算机接口的场所，作为额定电压为 380V 或 660V，额定电流为 4000A 及以下的发、供电系统中的配电、电动机集中控制、无功功率补偿使用。

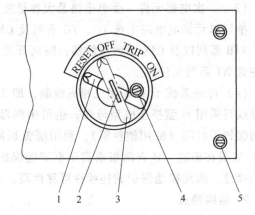

图 2-55　GCK 开关柜抽屉单元操作示意图
1—开门时手柄的位置　2—挂锁板　3—操作手柄
4—释放旋钮　5—门锁

GCS 的主要性能参数见表 2-1。

1. 结构特点

1）主构架采用 8MF 开口型钢，型钢的侧面有模数为 20mm 和 100mm 的 $\phi9.2mm$ 的安装孔。

2）主构架装配形式设计为两种：全组装式结构和部分（侧框和横梁）焊接式结构，供用户选择。

3）柜体空间划分为功能单元室、母线室和电缆室。各隔室相互隔离。

4）水平母线采用柜后平置式排列方式，以增强母线抗电动力的能力，是使开关柜的主电路具备高短路强度能力的基本措施。

5）电缆隔室的设计使电缆上下进出均十分方便。

6）开关柜通用柜体的尺寸系列见表 2-22。

表 2-22　GCS 开关柜通用柜体的尺寸系列　　　　　　　　　（单位：mm）

高（H）					2200				
宽（W）	400		600			800			1000
深（D）	800	1000	800	1000	600	800	1000	600	800	1000

2. 功能单元

1）抽屉层高的模数为 160mm，分为 1/2 单元、1 单元、3/2 单元、2 单元和 3 单元共 5 个尺寸系列。单元回路额定电流在 400A 及以下。

2）抽屉改变仅在高度尺寸上变化，其宽度、深度尺寸不变。相同功能的抽屉具有良好的互换性。

3）每台 MCC 柜最多能安装 11 个 1 单元的抽屉或 22 个 1/2 单元的抽屉。

4）抽屉进出线根据电流大小采用不同片数的同一规格片式结构的接插件。

5）1/2 单元抽屉与电缆室的转接采用背板式 ZJ-2 型转接件。

6）单元抽屉与电缆室的转接按电流分档采用相同尺寸棒式或管式结构 ZJ-1 接插件。

7）抽屉面板具有分、合、试验、抽出等位置的明显标志。

8）抽屉单元设有机械联锁装置。

3. 主要电器元件

1）电源进线及馈线单元断路器主选 AH 系列，也可选用其他性能更先进的或进口 DW45、M 系列、F 系列。

2）抽屉单元（电动机控制中心、部分馈电柜）断路器主选 CM1、FM1、TG、TM30 系列塑壳式断路器。部分选用 NZM-100A 系列。这些开关均有性能好、结构紧凑、短飞弧或无飞弧的特点。

3）刀开关或熔断器式刀开关选 Q 系列。该系列可靠性高，并可实现机械联锁。

4）熔断器主选 NT 系列。

5）交流接触器主选 B 系列、LC1-D、DSL 系列。

6）水平母线规格见表 2-23。

表 2-23　GCS 开关柜水平母线规格

额定电流/A	铜母线规格/mm²	PE、N 或 PEN 线/mm²
630,1250	2(50×5)	40×5
1600	2(60×6)	40×5
2000	2(60×10)	60×6
2500	2(80×10)	60×10
3150	2×2(60×6)	60×10
4000	2×2(60×10)	60×10

4. 性能特点

1）转接件的热容量高，降低了由于转接件的温升给接插件、电缆头、隔板带来的附加温升。

2）功能单元之间、隔室之间的分隔清晰、可靠，不会因某一单元的故障影响其他单元的工作，使故障限制在最小范围内。

3）母线平置式排列使开关柜的动、热稳定性好，能承受 80/176kA 的短路电流冲击。

4）MCC 柜单柜的回路数最多可达 22 个，充分考虑了大单机容量发电厂、石化系统等行业电机集中控制的需要。

5）开关柜与外部电缆的连接在电缆隔室中完成，电缆可以上下进出。零序电流互感器安装在电缆室内，安装维护方便。

6）同一电源配电系统可以通过限流电抗器匹配限制短路电流，稳定母线电压在一定的数值，还可降低对电器元件短路强度的要求。

7）抽屉单元有足够数量的二次接插件（1 单元以上为 32 对，1/2 单元为 20 对），可满足计算机接口和自控回路对接点数量的要求。

四、MNS 型低压开关柜

MNS 型低压开关柜是按照 ABB 公司转让技术制造的产品。适用于交流 50~60Hz，额定工作电压660V以下的低压配电系统。经过特殊处理后还可用在海上石油平台和核电站中。

1. 主要技术参数

MNS开关柜的主要技术参数如下：

额定绝缘电压：660V；

额定工作电压：380V，660V；

额定电流：水平母线（主母线）最大为5000A，垂直母线（配电母线）最大为1000A；

额定短时耐受电流（1s，有效值）：主母线为30~100kA，垂直母线为30~100kA；

额定峰值耐受电流：主母线为63~250kA（最大值）；垂直母线标准型为90kA（最大值），加强型为130kA（最大值）；

防护等级：IP30、IP40、IP54（与制造厂家协商）。

2. 结构特点

基本框架为组装式结构。柜架的全部结构件都经过镀锌处理（如采用敷铝锌板则无需再镀锌），通过自攻锁紧螺钉或8.8级六角螺钉紧固，互相连接成基本柜架。再按主电路方案变化需要，加上相应的门、封板、隔板、安装支架以及母线、功能单元等零部件，组装成一台完整的低压开关柜。开关柜内零部件尺寸、隔室尺寸实行模数化（模数单位 $E = 25mm$）。

（1）动力配电中心（PC柜）

1）PC柜内分成4个隔室：水平母线隔室（在柜的后部）、功能单元隔室（在柜前上部或柜前左部）、电缆室（在柜前下部或柜前右边）、控制回路隔室（在柜前上部）。其隔离措施是：水平母线隔室与功能单元隔室、电缆隔室之间用三聚氰胺酚醛夹心板或钢板分隔。控制回路隔室与功能单元隔室之间用阻燃聚氨酯发泡塑料模制罩壳分隔。左边的功能单元隔室与右边的电缆隔室之间用钢板分隔。

2）柜内安装的万能式断路器能在关门状态下，实现柜外手动操作，还能观察断路器的分、合闭状态并根据操作机构与门的位置关系，判断出断路器在试验位置还是在工作位置。

3）主电路和辅助电路之间采用分隔措施，仪表、信号灯和按钮等组成的辅助电路安装于塑料板上，板后用一个由阻燃型聚氨酯发泡塑料做成的罩壳与主电路隔离。

（2）抽出式电动机控制中心（抽出式MCC柜）

1）抽出式MCC柜内分成三个隔室，即柜后部的水平母线隔室、柜前部左边的功能单元隔室和柜前部右边的电缆隔室。水平母线隔室与功能单元隔室之间用阻燃型发泡塑料制成的功能壁分隔。电缆室与水平母线隔室、功能单元隔室之间用钢板分隔。

2）抽出式MCC柜有单面操作和双面操作两种结构（分别称为单面柜和双面柜）。

3）抽出式MCC柜有5种标准尺寸的抽屉，它们分别是 $8E/4$、$8E/2$、$8E$、$16E$ 和 $24E$。其中 $8E/4$ 和 $8E/2$ 两种抽屉的结构是用模制的阻燃型塑料件和铝合金型材组成（4个 $8E/4$ 或2个 $8E/2$ 可拼成一个 $8E$ 高度的间隔，$8E = 8×25 = 200mm$）。功能单元隔室的总高度为 $72E$。也就是说，一个柜子最多可安装36个 $8E/4$ 的抽屉。

4）5种标准尺寸的抽屉，一般有16个二次隔离触头引出。如果需要，除 $8E/4$ 抽屉外，其他4种抽屉可增加到32个触头。每个静触头的接线端头同时可接3根导线。

5）具有机械联锁装置，只有当主电路和辅助电路全部断开的情况下才可以移动抽屉。机械联锁装置使抽屉具有移动位置、分断位置和分离位置，并用相应的符号标出。机械联锁装置上的操作手柄和主断路器的操作手柄能同时被 3 把锁锁住。

（3）可移式 MCC 可移式 MCC 的柜体结构与抽出式 MCC 基本相同，不同点在于：①功能单元设计成可移式结构，功能单元与垂直母线的连接采用一次隔离触头，即使与其连接的电路是带电的，也可以从设备中完整地取出和放回该功能单元，另一端为固定式结构；②可移式 MCC 的功能单元分为 3*E*、6*E*、8*E*、24*E*、32*E* 和 40*E* 功能单元隔室，总高度也是 72*E*。

（4）抽屉单元 MNS 开关柜的抽屉有 8*E*/4、8*E*/2、8*E*、16*E* 和 24*E* 共 5 种。抽屉也具有机械联锁装置。8*E*/4、8*E*/2 抽屉共有 5 个位置：连接位置（合闸位置）、分断位置、试验位置、移动位置和分离位置，分别用如图 2-56 所示的符号表示。在连接位置，主电路和辅助电路都接通；在分断位置，主电路和辅助电路断开；在试验位置，主电路断开，辅助电路接通；在移动位置，主电路和辅助电路都断开，抽屉可以推进或拉出。抽屉拉出 30mm 并锁定在这个位置上，一、二次隔离触头全部断开，这就是分离位置。可见，在连接、分

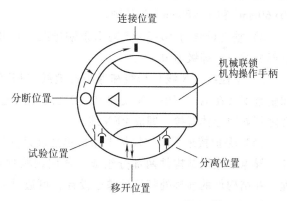

图 2-56 8*E*/4 和 8*E*/2 抽屉操作手柄示意图

断和试验位置，抽屉均处于锁紧状态，只有在可移动位置时，抽屉才可以移动。这两种抽屉主开关和联锁机构组成一体。图 2-56 中从分断位置到连接位置的箭头的含义是：先将操作下柄向里推进，再顺时针从分断位置旋到连接位置。分断时从连接位置转向分断位置，手柄自动弹出。

8*E*、16*E* 和 24*E* 3 种抽屉面板上装有主操作手柄和抽屉机械联锁操作手柄，如图 2-57 所示。由图可见，抽屉联锁操作手柄有 4 个位置：接通、试验、分离和移开位置。而主开关操作手柄只有在抽屉操作手柄处于接通位置时，才可以合闸或分闸。而当主开关处于合闸位置时，抽屉操作手柄被机械联锁装置锁住，因而不能再操作。只有当主开关操作手柄处于分闸位置时，抽屉操作手柄才可以转到其他几个位置。由此可见，这三种抽屉的两个操作手柄必须配合使用，否则会误操作，甚至损坏手柄。

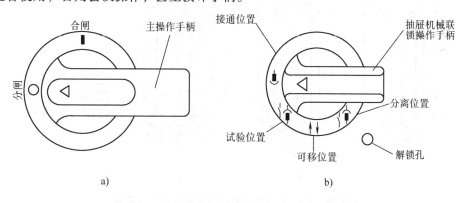

a)   b)

图 2-57 8*E*、16*E* 和 24*E* 抽屉操作手柄示意图

在图 2-57b 中，抽屉操作手柄下方有一个解锁孔，用塑料小盖盖住。这是门的解锁机构。当抽屉在接通工作位置时，如要开门，可将塑料小盖拔出，用螺钉旋具插入孔内向下移动锁扣即可开门。抽屉关门后必须将塑料小盖盖上。

（5）母线系统

1）水平母线安装于柜后独立的母线隔室中，它有两个可供选择的安装位置，即柜高 1/3 或 2/3 处。母线可按需要装于上部或下部，也可以上下两组同时安装，两组母线可单独使用，也可以并联使用。每相母线由 2 根、4 根或 8 根母线并联，母线截面积有 $10×30mm^2$、$10×60mm^2$ 和 $10×80mm^2$ 等几种。

2）垂直母线为 50×30×5 的 L 形铜母线，它被嵌装于用阻燃型塑料制成的功能壁中，带电部分的防护等级为 IP20。

3）中性线（N 线）母线和保护接地线（PE 线）母线平行地安装在功能单元隔室下部和垂直安装在电缆室中。N 线和 PE 线之间如用绝缘子相隔，则 N 线和 PE 线分别使用；两者之间如用导体短接，即成 PEN 线。

（6）保护接地系统　保护电路由单独装设并贯穿于整个排列长度的 PE 线（或 PEN 线）和可导电的金属结构件两部分组成。金属结构件除外表的门和封板外，其余都经过镀锌处理。在结构件的连接处都经过精心设计，可通过一定的短路电流。

3. 主电路方案

主电路有近百种方案（包括相同的主电路，但因规格、容量不同的方案）。在同一台柜中，功能单元的一般排列规律是小功能单元在上，大功能单元在下。功能单元（抽屉）的组合为 4 个 8E/4 或 2 个 8E/2 可组成一个 8E 安装单元，2 个 8E/4 和 1 个 8E/2 也可组成一个 8E 单元。

在每台 MCC 柜中需留有适当的备用功能单元，不作为长期运行的功能单元或不装功能单元的空格。

4. 外形尺寸与空间分配

图 2-58 是 MNS 型开关柜外形与空间分配的示意图，表 2-24 给出了 MNS 低压开关柜的外形尺寸。

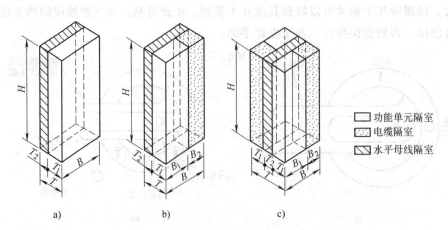

图 2-58　MNS 型开关柜外形与空间分配的示意图
a）PC 柜　b）单面操作 MCC 柜　c）双面操作 MCC 柜

表 2-24　MNS 低压开关柜外形尺寸　　　　　　（单位：mm）

H（高）	B（宽）	B_1	B_2	T（深）	T_1	T_2
2200	600			1000	750	250
2200	800			1000	750	250
2200	1000			1000	750	250
2200	1000	600	400	600	400	250
2200	1000	600	400	1000	750	250
2200	1000	600	400	1000	400	600
2200	1000	600	400	1000	400	200

五、TABULA 低压开关柜

丹麦 HOLEC A/S 公司的低压开关柜 TABULA，具有高性能、高可靠、高机械强度、结构轻盈独特、快速拆装、灵活多变且模数化等特点。它已在世界几十个国家和地区使用。以下对其结构特点与性能参数进行简介。

1. 柜架、底座和连接支架结构

TABULA 开关柜框架与底座结构均采用整体侧板式。该侧板即是开关柜柜体，它是由具有高抗腐蚀能力的铝、锌、硅三元合金表面镀层（行业称为 "ALUZINC"）的钢带制成。钢带厚度为 1.25mm，其边缘冲有模数化间距为 21mm 的矩形孔，并滚压、点焊，形成封闭式截面为 21mm×21mm 正方形的管状结构。侧板表面均预冲制出敲落孔。同时，为增强柜体的坚固性和快速拆装与分隔的灵活多变性，TABULA 开关柜还装有连接支架，该连接支架既可作横梁，也可作为中间竖柱使用。它也是由 1.25mm 厚的 "ALUZINC" 钢带制成，其上冲有模数化间距为 21mm 的矩形孔，并滚压、点焊形成封闭式矩形截面为 42mm×21mm 的管状结构。为了使连接支架与框架侧板和底座紧固，在该支架的两端装配有异形卡爪。

这种封闭式管状边缘整体侧板与管状连接支架独特的结构，比传统的开口型材立柱和横梁框架结构具有更高的机械强度、刚度和扭转稳定性。此外，开关柜门的安装借助于快速拆装的专用铰链。

2. 模数化的结构

TABULA 开关柜按基本模数制造，在 3 个方向的尺寸其基本模数 M 均为 126mm。开关柜的宽度、高度和深度皆是以 M 乘以所需的倍数。例如，某一开关柜高、宽、深分别选取 $18M$、$18M$ 和 $8M$ 时，其外形尺寸为：高度 $= 18M + 105mm$（底座高度）$= 2373mm$；宽度 $= 18M = 2268mm$；深度 $= 8M = 1008mm$。抽屉柜的标准宽度为 $3M = 378mm$，标准深度为 $4M = 504mm$。根据用户要求抽屉的高度可设计为 $1M$，$1.5M$，$2M$，$3M$，$4M$，$5M$，$6M$ 共 7 种。

3. 结构灵活多变，快速拆装，应用范围广，适应性强

TABULA 柜体结构内部适用于装国产的电器元件，也适合于装进口的电器元件或混装；既适合于选用普通的电器元件，也适合选用于智能化电器元件，更适用于带现场总线的通信接口的电器元件。TABULA 开关柜装有 30 对辅助触头，每对触头最大电流为 16A，最小电流可达 10mA。既可以装成固定式，也可以装成抽屉式或是固定与抽屉混合式；既可以装成落地式，也可以装成壁挂式；开关柜并柜组合可以成 "一" 字形，也可以是 "L" 形或 "U" 形；既可以现行使用，又可以方便拆装，满足容量增减、多变的要求。

4. 选材优异, 抗腐蚀性好

TABULA 开关柜的框架侧板、底座和连接支架均采用抗腐蚀材料制造, 这种材料为镀敷 "ALUZINC" 铝、锌、硅三元合金防腐表面处理层的高质量冷轧钢板, 它能在恶劣环境中使用, 具有 "自愈" 效应, 因此特别适用于沿海、石油化工基地等高腐蚀的环境中。

5. 高短路电流的承受能力

TABULA 开关柜采用独特的抽屉柜一次接插件和 C 形垂直母线系统, 如图 2-59 所示。当短路电流流过时, 产生的电动力可自动增加触头压力, 从而提高了承受短路电流的能力, 可达 50kA (1s)。每对接插件的主触头正常情况下可以通过 125A 电流。TABULA 开关柜的水平母线在中国已通过 194kA 峰值电流和 89kA (1s) 的短路电流试验; C 形垂直母线也通过 115kA 峰值电流和 55.4kA (1s) 的短路电流试验; 抽屉柜中的接插件也承受了短路分断能力达到 52.2kA (1s) 的试验。其优越的动、热稳定性已得到验证。

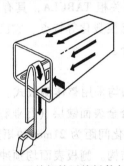

图 2-59　TABULA 开关柜抽屉接插件与 C 形母线连接

6. 主要技术数据

TABULA 开关柜的主要技术数据见表 2-25。

表 2-25　TABULA 低压开关柜的主要技术数据

额定电压/V		690
额定频率/Hz		50/60
额定绝缘电压/V(AC)		1000
介电强度	工频电压/V	3500(1min)
	脉冲电压/kV	12
额定电流/A	水平母线	250~7800
	垂直母线	225~1700
额定短时耐受电流/kA(1s)	水平母线	115
	垂直母线	91
额定峰值电流/kA	水平母线	253
	垂直母线	200
防护等级		IP20~IP54

第三章　高压开关柜

第一节　高压开关柜的类型

一、高压开关柜的类型

高压开关柜是3~35kV交流金属封闭开关设备的俗称，它是3~35kV电网中量大面广的配电设备。

高压开关柜按柜体结构可分为两大类：

1. 半封闭式高压开关柜（Unclosed High-voltage Switchgear Panel）

这种高压开关柜中离地面2.5m以下的各组件安装在接地金属外壳内，2.5m及以上的母线或隔离开关无金属外壳封闭。半封闭式高压开关柜母线外露，柜内元件也不隔开。图3-1是国内较早生产的GG-1A（F）型半封闭式高压开关柜的结构示意图。

半封闭式高压开关柜因其结构简单、制造容易、价格低廉、柜内检修空间大等优势曾获得广泛应用，在电网中安装量占很大比例。但由于母线敞开式结构、防护性能差等，威胁电网安全运行，因此这种产品已经逐步淘汰。

2. 金属封闭式高压开关柜（Metal-enclosed Switchgear Panel）

制造厂根据用户对高压线路一次接线的要求，将高压断路器、负荷开关、熔断器、隔离开关、接地开关、避雷器、互感器以及控制、测量、保护等装置和内部连接件、绝缘支撑件和辅助件固定连接后安装在一个或几个接地的金属封闭外壳内（只有进出线除外），这样的成套配电装置称为金属封闭开关设备。

3~35kV金属封闭开关设备全称是"金属封闭式高压开关柜"，相应的国家标准是GB 3906《3~35kV交流金属封闭开关设备》。

金属封闭式高压开关柜以大气绝缘或复合绝缘作为柜内电气设备的外绝缘，柜中的主要

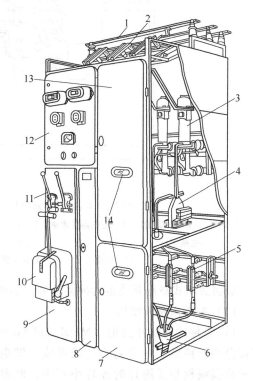

图 3-1　GG-1A（F）型半封闭式高压
开关柜结构示意图

1—母线　2—母线隔离开关　3—少油断路器　4—电流
互感器　5—线路隔离开关　6—电缆头　7—下检修门
8—端子箱门　9—操作板　10—断路器手动操动机构
11—隔离开关的操动机构手柄　12—仪表继电器屏
13—上检修门　14—观察窗口

组成部分都安放在由隔板相互隔开的各小室内，隔室间的电路连接通过套管或类似方式完成。图3-2是KYN系列金属封闭式高压开关柜的结构示意图。

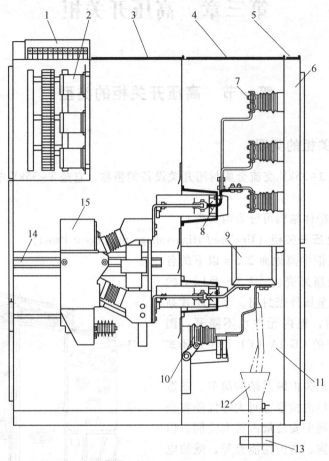

图3-2　KYN系列金属封闭式高压开关柜的结构示意图
1—小母线室　2—继电器仪表室　3—手车室排气　4—母线室排气门　5—电缆室排气门
6—电缆室排气通道　7—主母线　8—一次隔离触头　9—电流互感器　10—接地开关　11—电缆室
12—电缆　13—零序电流互感器　14—导轨　15—断路器手车

金属封闭式高压开关柜的种类较多，结构差异较大，可按以下方式来分类：

（1）按柜内整体结构

1）铠装式高压开关柜（Metal-clad Switchgear Panel）。铠装式高压开关柜中的主要组成部分如断路器、电源侧的进线母线、馈电线路的电缆接线处、继电器等都安放在由接地的金属隔板相互隔开的各自小室内，断路器安装在可移动的手车上，断路器室的静触头活门均采用金属板材作隔离。隔室间的电路连接通过套管或类似方式完成，如上述的KYN28A型。

2）间隔式高压开关柜（Compartmented Switchgear Panel）。某些组件分设于单独的隔室内（与铠装式高压开关柜一样），但具有一个或多个非金属隔板，隔板的防护等级应达到IP2X~IP5X（或者更高）的要求，如JYN型。

3）箱式高压开关柜（Cubicle Switchgear Panel）。除铠装式和间隔式以外的金属封闭式高压开关柜统称为箱式金属封闭高压开关柜。它的隔室数量少于铠装式和间隔式甚至不分隔室，一般只有金属封闭的外壳，如 XGN 型。

以上 3 种类型的高压开关柜中，间隔式和铠装式均有隔室，但间隔式的隔室一般用绝缘板，而铠装式的隔室用金属板。用金属板的好处是可将故障电弧限制在产生的隔室内。若电弧触及金属隔板，即可通过接地母线引入地内。而在间隔式中，电弧有可能烧穿绝缘隔板，进入其他隔室甚至窜入其他柜子，造成"火烧连营"。箱式柜结构简单、尺寸小、造价低，但安全性、运行可靠性远不如铠装式和间隔式。

（2）按柜体的形成方式

1）焊接式。柜体是焊接而成的，劳动强度大，易变形。

2）组装式。将金属板根据柜体尺寸，剪裁成各种板块并带组装螺孔，再用螺栓和拉铆螺母紧固而成。其误差较小，互换性好。

以前多用焊接式，现在基本上全部采用组装式。

（3）按柜内主要电器元件固定的特点

1）固定式（G）。柜内所有电器元件都是固定安装的。该方式结构简单，价格较低。

2）移开式（Y）。又叫手车式，柜内主要电器元件（如断路器、电压互感器、避雷器等）安装在可移开的小车上，小车中的电器与柜内电路通过插入式触头连接。

移开式开关柜由柜体和可移开部件（简称小车）两部分组成，根据小车所配置的主电器的不同，小车可分为断路器小车、电压互感器小车、隔离小车和计量小车等。

移开式开关柜具有检修方便，恢复供电时间短的优点。当小车上的电器设备（如断路器）出现严重故障或损坏时，可方便地将小车拉出柜体进行检修，也可换上备用的小车，推入柜体内继续工作，大大缩短了线路的停电时间。

移开式开关柜又分为落地式和中置式（Z）两种形式。

采用落地式移开式开关柜的小车本身落地，在地面上推入或拉出。而采用中置式的小车装了柜子中部，小车的装卸需要专用装载车，图 3-2 所示的 KYN28A 开关柜就是中置式的。图 3-3 是 JYN6-10 型移开式交流金属封闭式高压开关柜的结构示意图，其断路器小车是落地式的。

与落地式开关柜相比，中置式开关柜具有更多的优点。由于中置式小车的装卸在装载车上进行，小车在轨道上推拉，这样就避免了地面质量对小车推拉的影响。中置式小车的推拉是在门封闭的情况下进行的，给操作人员以安全感。中置柜的柜体下部分空间较大，方便电缆的安装与检修，还可安置电压互感器

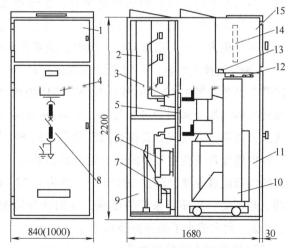

图 3-3　JYN6-10 型移开式交流金属封闭式
高压开关柜的结构示意图

1—继电仪表板　2—母线室　3—触头座　4—观察窗
5—防护帘板　6—电流互感器　7—接地开关　8—一次线
路模拟牌　9—电缆室　10—手车　11—手车室
12—行程开关　13—照明灯　14—继电器屏
15—继电仪表室

和避雷器等，以充分利用空间。所以，移开式高压开关柜大都采用中置式小车。

（4）按母线形式

1）单母线柜。

2）双母线柜。

3）双母线带旁路母线柜。

4）单母线分段带旁路母线柜。

3~35kV供配电系统的主接线大都采用单母线，因此高压开关柜大都是单母线柜。但有的3~35kV供配电系统的主接线采用双母线或单母线带旁路母线，以提高供电可靠性，这就要求开关柜中有两组主母线，因此母线室的空间较大。图3-4是XGN66-10-11型开关柜的主回路，它有两组主母线（主母线与旁路母线）。

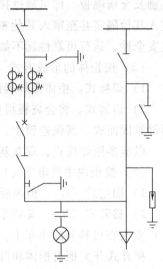

图3-4　双母线高压开关柜

（5）按安装场所　分为户内式和户外式。户外式开关柜的技术特点是封闭式、防水渗漏、防尘。

从使用环境看，对于高原（G）、高寒、重污秽地区使用的开关柜，其电气间隙和爬电比距应加大，就12kV开关柜而言，相间和相对地空气绝缘距离应达到180mm，柜内采用大爬距的绝缘子（或套管）。

（6）按柜内绝缘介质

1）空气绝缘柜。空气作为开关柜导电回路的相间、相对地绝缘介质，当相间、相对地净距达不到要求时，可使用热缩绝缘套、绝缘罩或绝缘挡板，母线系统可为间隔式或贯通式。以空气绝缘的金属封闭开关设备由于受到大气绝缘性能的限制，占地面积和空间都较大。另外，柜内各种电器暴露在大气中，绝缘性能受环境的影响较大。

2）SF_6气体绝缘柜。采用绝缘性能优良的SF_6气体代替空气作为绝缘的全封闭式金属封闭开关设备。其中12~40.5kV的SF_6气体绝缘金属封闭开关设备采用柜形箱式结构，称为箱式气体绝缘金属封闭开关设备（Cubicle type Gas Insulated Switchgear, C-GIS），简称为充气式开关柜。充气式开关柜的真空断路器或SF_6气体断路器、隔离开关（或三位置开关）母线等电器元件安装在气密的非导磁金属容器中，内充SF_6气体，作为相间、相地、三位置开关断口间绝缘介质，SF_6气体压力一般为0.02~0.05MPa。SF_6气体绝缘高压开关柜的最大特点是不受外界环境条件的影响，可用在环境恶劣的场所。另外，由于使用性能优良的SF_6绝缘，大大缩小了柜体的外形尺寸。

（7）按柜内主元件的种类

1）断路器柜。主开关元件为断路器的成套金属封闭开关设备，也叫通用柜。

2）F-C回路柜。主开关元件采用高压限流熔断器（Fuse）—高压接触器（Contactor）组合电器。

3）环网柜。主开关元件采用负荷开关或负荷开关—熔断器组合电器，它们常用于环网供电系统，故通常称为环网柜。

二、高压开关柜的型号

我国老系列高压开关柜全型号由下述格式构成，其含义是：

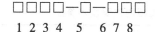

第1位：分类代号，即产品名称，G—高压开关柜；

第2位：形式特征，G—固定式，C—手车式，B—半封闭式，F—封闭式；

第3位：设计序号；

第4位：补充说明，A—改进型，F—防误型，J—计量用；

第5位：额定电压（单位kV）；

第6位：断路器操动机构：S—手力式，D—电磁式，T—弹簧式；

第7位：主回路（一次线路）方案编号。

我国新系列高压开关柜全型号由如下格式表示，其含义如下：

　　　　□□□□—□—□□□
　　　　1234　5　678

第1位：高压开关柜，K—铠装式，J—间隔式，X—箱式，H—环网柜；

第2位：形式特征，G—固定式，Y—移开式（用字母Z表示中置式）；

第3位：安装场所，N—户内式，W—户外式；

第4位：设计序号（由1位、2位或3位数字或字母构成）；

第5位：额定电压（单位kV），有的在这一位后的括号中说明主开关的类型，如用Z表示真空断路器，F表示负荷开关；

第6位：主回路（一次线路）方案编号；

第7位：断路器操动机构，D—电磁式，T—弹簧式；

第8位：环境代号，TH—湿热带，TA—干热带，G—高海拔，Q—全工况。

表3-1列出了国产高压开关柜的部分产品型号。

表3-1　国产高压开关柜部分产品型号

类　型	主　要　型　号
通用柜、铠装式、移开式	KYN1-12、KYN2-12（VC）、KYN6-12（WKC）、KYN23-12（Z）、KYN18A-12（Z）、KYN18B-12（Z）、KYN18C-12（Z）、KYN19-10、KYN27-12（Z）、KYN28A-12、KYN18B-12、KYN54-12（VE）、KYN28A-12（GZS1-12）、KYN29A-12、KYN44-12、KYN55-12（PV双层）、KYN10-40.5、KYN41-40.5、KYN61-40.5
通用柜、间隔式、移开式	JYN2-12、JYN2D-12、JYN6-12、JYN7-12、JYN□-27.5、JYN1-40.5
通用柜、铠装式、固定式	KGN□-12
通用柜、箱式、固定式	XGN2-12、XGN15-12、XGN66-12、XGN17-40.5、XGN□-40.5、XGN12-24、XGN2-12Q（Z）
F—C柜	KYN1-12、JYN2-12、KYN3-12、KYN3C-12、KYN8-7.2、KYN14-7.2、KYN19-12、KYN23-12（Z）、KYN24-7.28BK30
环网柜	HXGN-12、XGN18-12（ZS8）、HXGN2-12、HXGX6-12、HXGN15-12、XGN35-12（F）、XGN35-12（FR）

三、高压开关柜的主要技术参数

高压开关柜的主要技术参数有以下几项：

1）额定电压。

2）额定绝缘水平：用1min工频耐受电压（有效值）和雷电冲击耐受电压（峰值）表示。

3）额定频率。

4）额定电流：指柜内母线的最大工作电流。

5）额定短时耐受电流：指柜内母线及主回路的热稳定度，应同时指出"额定短路持续时间"，通常为4s。

6）额定峰值耐受电流：指柜内母线及主回路的动稳定度。

7）防护等级。

表3-2是KYN12-10高压开关柜的主要技术参数。

表3-2　KYN12-10高压开关柜的主要技术参数

项　目		数　据		
额定电压/kV		3.6	7.2	12
额定绝缘电压/kV	1min工频耐受电压（有效值）	42	42	42
	雷电冲击耐受电压（峰值）	75	75	75
额定频率/Hz		50		
额定电流/A		630、1000	1250、1600	2 000、3000、3150
额定短时耐受电流(1s,rms)/kA		20 、31.5	31.5、40	40
额定峰值耐受电流(0.1s)/kA		50	50、80	100
防护等级		IP4X（柜门打开时为P2X）		

第二节　高压开关柜的基本结构

高压开关柜类型较多，不同类型的开关柜其结构不同，尤其是固定式开关柜和移开式（手车式）开关柜的结构差异较大，而不同型号的固定柜之间和不同型号的手车柜之间的基本结构却是大同小异。下面先介绍一种手车柜和一种固定柜的基本结构，然后对高压开关柜的各组成部件进行介绍。

一、固定式高压开关柜的基本结构

图3-5为12kV XGN系列户内箱式固定式高压开关柜结构示意图。它采用金属封闭箱式结构，柜体骨架用角钢焊接而成，柜内分为断路器室、母线室、电缆室、继电器仪表室。室与室之间用钢板隔开。真空断路器的下接线端子与电流互感器连接，电流互感器与下隔离开关的接线端子连接。断路器上接线端子与上隔离开关的接线端子相连接。断路器室设有压力释放通道，若产生内部故障电弧，气体可通过排气通道将压力释放。

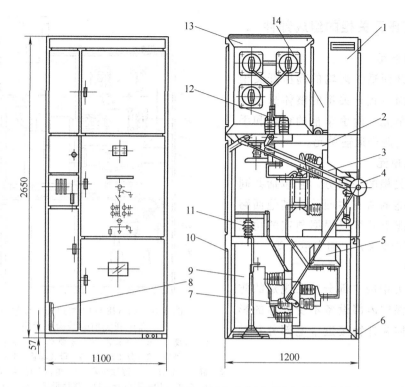

图 3-5　12kVXGN 系列户内箱式固定式高压开关柜结构示意图

1—继电器仪表室　2—断路器室　3—真空断路器及其操动机构　4—操动机构联锁
5—电流互感器　6—接地母线　7—下隔离开关及传动机构　8—二次电缆安装槽　9—电缆室
10—支柱绝缘子（或带电显示装置）　11—避雷器　12—上隔离开关及传动机构
13—母线室　14—压力释放通道

二、移开式高压开关柜的基本结构

图 3-6 为 KYN28A-12 型户内铠装移开式高压开关柜的结构示意图。它分为柜体和可移开部件（简称小车或手车）两部分。手车为中置式，根据小车所配置的主回路电器的不同，小车可分为断路器小车、电压互感器小车、隔离小车和计量小车，小车由运载车装入柜体。断路器小车的结构外形如 3-7a 所示。主要的电器元件有断路器（装在小车上）、电流互感器、主母线、接地开关和隔离静触头座等。

柜体由型钢、薄钢板弯制焊接或由薄钢板构件组装而成，柜内由接地的薄钢板分隔成 4个独立的隔室：母线室、手车室、电缆室、继电仪表室。柜体的后下侧称为电缆室，安装有电缆和电流互感器。其上为主母线室。隔室之间由隔板隔开，以保障检修时的安全。柜体前面是继电器室和小车室。依靠推进机构使装有断路器等的小车在导轨上前后运动。向内推入能使断路器上下两个隔离动触头插入隔离静触头座完成电路连接；反之，当断路器开断电路后，将小车向外拉出，隔离动、静触头分开，形成明显的隔离间隙，相当于隔离开关的作用。利用专用的运载车，如图 3-7b 所示，可将装有断路器的小车方便地推入或拉出柜体。

当断路器出现严重故障或损坏时，同样可使用专用的运载车将断路器小车拉出柜体进行检修。也可换上备用的断路器小车，推入柜体内继续工作。

三、高压开关柜的组成部件

1. 运输单元

不需拆开而适于运输的高压开关柜的一部分。固定式开关柜的整体只能作为一个运输单元，而手车柜的柜体和手车则可以作为两个运输单元。

2. 功能单元

高压开关柜的一部分，它包括共同完成一种功能的所有主回路及其他回路的元件。功能单元可以根据预定的功能来区分，如进线单元、馈出单元等。

3. 外壳

高压开关柜的一部分，在规定的防护等级下，保护内部设备不受外界的影响，防止人体和外物接近带电部分和触及运动部分。

4. 隔室

高压开关柜的一部分，除互相连接、控制或通风所必要的开孔外，其余均封闭。

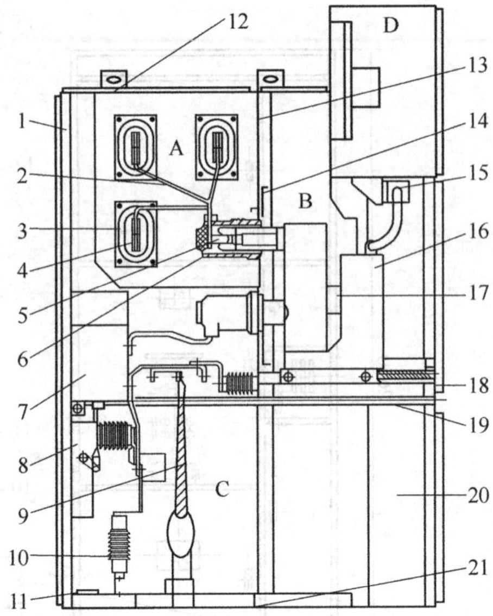

隔室可以用内装的主要元件命名，

图 3-6　KYN28A-12 型户内铠装移开式
高压开关柜的结构示意图

A—母线室　B—手车室　C—电缆室　D—继电器仪表室
1—外壳　2—分支母线　3—母线套管　4—主母线
5—静触头装置　6—静触头盒　7—电流互感器　8—接地开关
9—电缆　10—避雷器　11—接地母线　12—可卸式隔板
13—隔板（活门）　14—泄压装置　15—二次插头　16—断路器手车　17—加热装置　18—可抽出式水平隔板　19—接地开关操动机构　20—控制小线槽　21—底板

如断路器隔室、母线隔室等。隔室之间互相连接所必需的开孔，应采用套管或类似的方式加以封闭。母线隔室可以通过功能单元联通而无需采用套管或类似的其他措施。

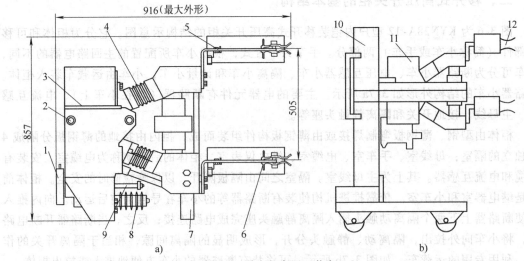

图 3-7　手车与专用运载车

1—固定部分　2—滚轮　3—接地体　4—真空断路器　5—上隔离动触头　6—下隔离动触头
7—支架　8—氧化锌避雷器　9—推进杆　10—运载车　11—手车　12—隔离静触头

5. 充气隔室

充气式高压开关柜的隔室形式，通过可控压力系统、封闭压力系统或密封压力系统来保持气体压力。几个充气隔室可以互相连接到一个公共的气体系统（气密性装配）。

6. 元件

高压开关柜的主回路和接地回路中完成规定功能的主要组成部分，如断路器、负荷开关、接触器、隔离开关、接地开关、熔断器、互感器、套管、母线等。

7. 隔板

高压开关柜的一部分，它将一个隔室与另一个隔室隔开。

8. 活门

高压开关柜的一部分，具有两个可转换的位置。在打开位置，它允许可移开部件的动触头插入静触头；在关闭位置，它成为隔板或外壳的一部分，遮住静触头。

9. 套管

它是具有一个或多个导体通过外壳或隔板并使导体与外壳或隔板绝缘的一种结构，包括其固定的附件。

10. 可移开部件

能够从高压开关柜中完全移开并能替换的部件，主回路带电时（但不带负荷）也不例外。

11. 可抽出部件

它也是一种可移开部件，它可以移动到使分离的触头之间形成隔离断口或分隔，此时，仍与外壳保持机械联系。

12. 分隔

导体的一种布置方式，即将接地的金属板插在导体与导体之间，使得破坏性放电只能发生在导体对地之间。

分隔可以建立在导体与导体之间，也可以建立在开关的同极触头之间。

13. 工作位置（接通位置）

它是可移开部件（手车）与柜体处于完全接触的位置，些时主电路和控制电路接通。

14. 接地位置

可移开部件的一种位置。在此位置，可操动接地开关，使主回路短路并接地。

15. 试验位置

可抽出部件的一种位置。在此位置，主回路形成一个隔离断口或分隔，控制回路是接通的。

16. 断开位置

可抽出部件的一种位置。在此位置，主回路形成一个隔离断口或分隔，并与外壳保持机械联系（辅助回路可以不断开）。

17. 移开位置

可移开部件的一种位置。可移开部件在外壳外面并与外壳脱离了机械联系和电气联系。

18. 主回路

高压开关柜中，用来传输电能的所有导电部分。连接到电压互感器的连接线不作为主回路考虑。

19. 辅助回路

高压开关柜中除主回路外的所有控制、测量、信号和调节回路的导电部分。

第三节　高压开关柜设计的基本技术要求

一、一般要求

1) 高压开关柜的设计，应使得正常运行、监视和维护工作能安全方便地进行。维护工作包括：元件的检修、试验、故障的寻找和处理。

2) 对于额定参数和结构相同而需要替代的元件应能互换。

3) 对于具有可移开部件的高压开关柜，如果可移开部件的额定参数和结构相同则应能互换。如果可移开部件具有几种额定参数，且在高压开关柜中是可以互换的，那么可移开部件与固定部分的任何组合，都应具有该设备固定部分的额定绝缘水平。

4) 装在外壳内的元件，除应符合它们各自的标准外，在高压开关柜的设计中，应考虑到下列因素的影响：

① 外壳应有足够的机械强度，使得装在外壳内的开关、操动机构及其他元件具有它们原来的机械特性和电气性能。

② 如果外壳内装有油浸式变压器等类似元件，当发生故障时，它不应影响相邻设备，在运行中也应便于巡视、检查。

二、外壳

(一) 总则

外壳必须是金属的（通风窗、排气口除外），不得用网状编织物或类似的材料制造，外壳必须满足 GB 1022《高压开关设备和控制设备标准的共用技术要求》规定的一种防护等级。

地板可作为外壳的一部分，但如果有电缆沟连通或电缆进入，则必须封闭，且应满足 GB 11022 所规定的一种防护等级。但房子的墙壁不能作为外壳的一部分。

充气隔室应能耐受在使用中遇到的正常的和瞬态的压力。这些隔室在使用中承受持续压力时，与压缩空气的容器和类似的压力容器是不同的，这些不同的条件是：

1) 充气隔室封闭了主回路，不仅防止接触到带电部分和运动部分，而且结构要求在最小功能压力时具有额定的绝缘水平。

2) 充气隔室通常充以干燥、稳定、惰性的无腐蚀气体。为了保证开关设备的可靠运行，已采取措施使得满足上述条件的气体仅有很小的压力波动。又由于隔室内壁不会遭受腐蚀，故在确定隔室的设计时无需考虑这些因素。

3) 运行时的气体压力，相对来说比较低。

对户外高压开关柜，在设计时应考虑到气候条件的影响。

(二) 充气隔室的设计

1. 设计温度和设计压力

充气隔室的设计温度是周围空气温度的上限加额定电流流过时气体的温升。如果太阳的辐射有明显影响，也应予以考虑。

外壳的厚度和结构的计算方法可按压力容器设计规定选择。

外壳的设计压力，至少应是在设计温度下外壳能够出现的压力的上限。还要考虑以下问题：

1）在隔室的壁或隔板的两边可能出现的最高压力差，包括可能采用充气过程的抽真空工艺；

2）具有不同运行压力的相邻隔室之间的意外泄漏所引起的压力；

3）产生内部故障的可能性。

为了确定外壳在型式试验和出厂试验的压力，设计压力的最大值由下式表达：设计压力最大值 MPa（表压）=［额定充气压力（表压）+0.1］×1.3-0.1。

2. 充气隔室的密封

制造厂应说明充气隔室采用的是何种压力系统和充气隔室允许的漏气率。根据用户要求，需要进入封闭压力系统、可控压力系统的充气隔室，穿越隔板气体允许的漏气量也应由制造厂说明。

最小工作气压超过 0.1MPa（表压）的充气隔室，当周围空气为 20℃，压力下降到低于最小工作气压时，要给出指示。

充气隔室与充有液体的隔室（例如电缆盒、电压互感器）之间的隔板不应有影响到相互间两种介质的绝缘性能的任何泄漏。

3. 充气隔室的压力释放

压力释放的设计应使操作者在正常操作时，由于压力释放出来的气体和蒸气可能遭受到的危险是最小的。

压力释放应做到即使电弧在外壳某些指定的点上燃烧，被烧穿的孔使所产生的压力能够被释放。

（三）盖板和门

当盖板和门是外壳的一部分时，应由金属制成，当它们关闭后应具有与外壳一样的防护等级。

盖板和门不应采用网状编织物、拉制的金属网以及类似的材料制造。

根据需要进入高压隔室的不同情况，对盖板或门分成两类：

1）对在正常操作和维护时不需要打开的盖板（固定盖板），若不使用工具，此类盖板应不能打开、拆下或移动。

2）对在正常操作和维护时需要打开盖板（可移动的盖板、门），打开或移动此类盖板时，应不需要使用工具。为了保证操作者的安全应装设联锁或备有锁定装置。

在铠装式或间隔式高压开关柜中，其盖板或门仅当该隔室内可触及的主回路部分不带电时才能打开。对于箱式开关设备，也应采取措施（插入安全隔板或其他方式）使操作者不会触及带电部分。

（四）观察窗

观察窗应达到外壳所规定的防护等级。观察窗应使用机械强度与外壳相近的透明阻燃材料遮盖，并应有足够的电气间隙或静电屏蔽等措施防止危险的静电电荷的形成（如在观察窗的内侧加一合适的接地编织网）。观察窗布置的位置，应便于观察内部运行中的设备。主回路带电部分与观察窗之间可触及的表面的绝缘，应能耐受住 GB 11022 规定的对地试验电压。

（五）通风窗、排气口

通风窗和排气口的布置，应使它们具有与外壳相同的防护等级。通风窗可以使用网状编织物或类似的材料制造，但应具有足够的机械强度。通风窗和排气口的布置，还应考虑到压力作用下排出的油气和蒸气不致危及操作者。

（六）外壳的温升

为了保证操作者不致被灼伤，对于可触及的外壳和盖板（包括充气隔室可触及的部分）的温升，应限制在人能够耐受的程度。对于设备在正常运行中无需触及的外壳或盖板，可适当增加。

对于不可能触及的外壳的部位，其温升应限制在外壳内部的绝缘材料的温升不超过容许值。

三、隔板和活门

（一）总则

隔板和活门应达到 GB 11022 所规定的一种防护等级。隔板和活门可以是金属的，也可以是非金属的。若用绝缘材料制造，应满足下列要求：

1）主回路带电部分与绝缘隔板、活门的可触及表面之间，应能承受 GB 11022 规定的对地试验电压。

2）绝缘材料除应具有一定的机械强度外，还应能承受规定的工频试验电压。

3）主回路带电部分与绝缘隔板、活门的内表面之间，至少应能承受 1.5 倍的额定电压。

4）如果有泄漏电流能经过绝缘表面的连续途径，或经过仅被小的气隙或油隙所隔断的途径达到绝缘隔板和活门的可触及表面，则在规定的试验条件下，此泄漏电流不应大于 0.5mA。

外壳和隔板上若有供可移开部件触头进入的开口，其开口应有可靠的活门遮盖，以确保人身安全。若具有多组触头，如果需要检修其中一组不带电的静触头时，其余组静触头应锁定在关闭位置或插入安全隔板。通过金属隔板的导体，可以用套管或类似的方法绝缘，而开口可以由套管或绝缘的活门来提供。

（二）隔板

铠装式高压开关柜的隔板，由金属制成并接地。

间隔式和箱式高压开关柜，如果在接地位置、试验位置、断开位置、移开位置都不会成为外壳的一部分，则隔板可以是非金属的；如果在上述任一位置隔板要成为外壳的一部分，则隔板应由金属制成并接地，且具有与外壳相同的防护等级。

两个充气隔室之间或者一个充气隔室与另一个隔室之间的隔板，如果它们不成为外壳的一部分，则可以用绝缘材料制造。绝缘隔板应能保证当相邻隔室在正常的气体压力时具有足够的机械强度。

（三）活门

高压开关柜的活门可以由金属或绝缘材料制成。如果活门是绝缘材料制成的，则不能成为外壳的一部分。如果活门是金属制成的，则应接地。如果活门要成为外壳的一部分，它必须是金属制成的，并完全遮盖住带电体和绝缘体且应接地，同时还应具有与外壳相同的防护等级。

如果在接地位置、试验位置、断开位置和移开位置中的任一位置设置有能够关闭的门，则门后的活门不认为是外壳的一部分。若高压开关柜的可抽出部件处在试验位置或断开位置时，如果活门是打开的，这时分两种不同情况：

1）可抽出部件的主回路的导体是不可触及的，此时隔离断口的设计应是同相的两固定触头与活动触头之间组成的串联断口；

2）可抽出部件的主回路导体有可能被触及，此时隔离断口的设计，应是固定触头与活动触头之间。

高压开关柜的可抽出部件，处在试验位置或断开位置时，如果活门是关闭的，此时可抽出部件与固定部分之间，不要求具有防护等级。

四、绝缘板与绝缘件

（一）绝缘板

在高压开关柜中，为了提高相间和相对地间的绝缘水平加设的绝缘板，应有足够的机械强度和电气强度，并具有良好的抗老化性能和阻燃性（可采用某些涂料来实现）。它的设置应保证相间和相对地间有较大的空气距离（例如：额定电压为 10kV 时，空气净距离不小于 60mm，相间绝缘板应设置在中间位置），否则，由于电场强度的影响，将使绝缘板很快破坏。

（二）绝缘件的爬电比距

对于主回路元件，为了保证相间、相对地间的绝缘，都装有各种不同的绝缘结构件，这些绝缘件除了应满足相应的绝缘水平外，还应具有一定的爬电比距。对于正常环境条件使用的 10kV 高压开关柜，推荐的爬电比距为：

1）瓷绝缘：爬电比距不小于 12mm/kV。

2）有机绝缘：爬电比距不小于 14mm/kV。

五、隔离开关（一次隔离触头）和接地开关

隔离开关和一次隔离触头是提供高压导体之间隔离断口的装置。它们的操作位置应能判定，如果能达到下列条件之一，则认为是满足的：

1）隔离断口是可见的。

2）可抽出部件相对于固定部分的位置是清晰可见的，并且对于接通和断开位置应具有标志。

3）隔离开关（一次隔离触头）或接地开关的位置由可靠的指示器显示。

任何可移开部件与固定部分的接触，在正常使用条件下，特别是在短路时，不会由于电动力的作用而被意外地打开。

六、主回路

各功能单元主回路的导体（包括主母线和分支母线）和串联的元件（不包括由熔断器连到电压互感器或变压器的短连接线），应考虑该回路各元件参数的配合和该功能单元应能

通过所规定的额定电流和动、热稳定电流。

在考虑母线的允许温度或温升时，应根据触头、连接和与绝缘材料接触的金属部分的温度或温升的情况而定。

七、联锁

高压开关柜应具有"五防"功能：防止带负荷分、合隔离开关（一次隔离触头）；防止误分、误合断路器、负荷开关、接触器（允许提示性）；防止接地开关处在闭合位置时关合断路器、负荷开关等开关；防止在带电时误合接地开关；防止误入带电隔室。

（一）移开式高压开关柜的联锁要求

1）当断路器、负荷开关或接触器处在分闸位置时，手车才可以抽出或插入。

2）只有当手车处在工作位置、试验位置、断开位置、接地位置、移开位置时，断路器、负荷开关接触器才可以进行分、合闸操作。

3）只有当接地开关处在分闸位置时，手车才可进入到工作位置。

4）只有手车抽出到试验位置及以后时，接地开关才允许合闸。

（二）固定式高压开关柜的联锁要求

1）只有当断路器、负荷开关、接触器处在分闸位置时，隔离开关才可以进行分、合闸操作。

2）如果隔离开关本身带有接地开关，则要有联锁保证它们动作的程序性，同时还要考虑它们在运动过程中能否满足绝缘水平的要求。

3）只有当断路器、负荷开关、接触器两侧的隔离开关均处于合闸、分闸或接地状态（如果有的话）的情况下，断路器、负荷开关、接触器才可以进行操作。

（三）对联锁的其他要求

1）只有当隔室的元件不带电并且接地（如果有的话）的情况下，隔室的门、盖板才能开启，若安装联锁不方便允许使用挂锁。

2）若接地开关的短路关合能力小于该回路的额定动稳定电流，可采取与有关的隔离开关之间加装联锁的措施。

3）对于那些因误操作可能引起损坏，或用于建立保证检修工作安全的隔离断口的主回路元件，应装设锁定装置。

4）在设计时，应优先考虑机械联锁。

八、接地

（一）接地部位

1）每个外壳都应与接地导体相连接，除主回路和辅助回路外，凡指定要接地的所有金属部件，也应直接或通过金属构件与接地导体相连接。

2）可触及的各主回路元件的金属外壳和构架应接地，但不包括可触及的可移开部件和可抽出部件，因为它们已从主回路中断开（不包括装有电容器的可移开部件）。

3）为了保证功能单元内骨架、门、盖板、隔板或其他结构间的电气连通，可采用螺钉连接或焊接的方法，隔室的门应采用软导线（截面积不小于 4mm^2）通过接地端子与骨架连通。

4）可抽出部件应接地的金属部件，在试验位置、断开位置以及当辅助回路未完全断开的任一中间位置时，应保持接地连接。

5）断路器、负荷开关、接触器如果由于隔离开关的分断，使得该元件和主回路完全断开，并有接地的隔板使得该隔室具有与外壳相同的防护等级，则该隔室内元件的维护，可不必再进行接地连接。但如果该隔室内还有主回路与该隔室内的元件相连，则主回路必须接地。

（二）对接地导体的要求

接地导体应能满足该回路动、热稳定电流的要求。如果是铜质的，其电流密度在规定的接地故障发生时不应超过 200A/mm²，其截面积不得小于 30mm²。该接地导体应设有供与接地系统相连的接线端子。如果接地导体不是铜质的，也应满足相同的热稳定和动稳定要求。

当通过的电流引起热和机械应力时，应保证接地系统的连续性。接地导体（裸导体）截面积的选择应根据短时持续电流的热效应来计算，下式是从持续时间为 0.2~5s 的电流热稳定性要求得出的。

$$S = \frac{I}{a}\sqrt{\frac{t}{\Delta\theta}} \tag{3-1}$$

式中　S——导体截面积（mm²）；

I——电流有效值（A）；

t——电流通过时间（s）；

$\Delta\theta$——温升，以开尔文（K）表示，对裸导体取 180K，如果时间超过 2s 但小于 5s，则 $\Delta\theta$ 可增加到 215K；

a——系数，铜取 13，铝取 8.5，铁取 4.5，铅取 2.5。

九、内部故障

由于高压开关柜本身的缺陷，或异常的工作条件，或误操作等原因，造成外壳内部的故障，可能引起内部电弧。当产生内部电弧时，不应伤及人，同时也不应影响相邻的高压开关柜的运行。要采取必要的防护措施，保证人身安全。但最重要的是应避免上述电弧的发生，就是万一发生也能够限制它的持续时间和后果。

第四节　高压开关柜的手车

一、概述

高压开关柜按主元件的安装方式分类有两种结构形式：固定式和移开式（手车式）。移开式开关柜把主元件安装在一个可移开的小车（手车）上，维修和更换主电器元件时，可以把备用的通用手车投入运行，因此具有停电时间短、供电可靠性高的优点。

根据手车所配置的主电器元件的不同，手车可分为断路器手车、电压互感器手车、隔离手车、计量手车、接地手车、避雷器手车、变压器手车、电容器手车等类型。

按照手车在开关柜中所处的位置不同，它分为落地式和中置式两类。中置式手车处在开关柜高度方向的中间位置而得名。除了落地手车式开关柜的特点外，中置式开关柜还具有以下优点：

1）手车体积小，质量小，空间尺寸也比较小，因此尺寸容易控制，精度高，手车互换性好。

2）手车推进和拉出由丝杆传动，且在专用导轨上移动，因此操作轻巧，传动精密。

3）手车拉出后由专用运载车承载，且运载车高度可根据地面和导轨的高度调节，因此手车进出不受地面高低和平整度的影响。

4）由于手车处在柜体中间位置，柜体下部空间均可作为电缆宝，因此柜体安装以及电缆连接的空间宽裕，操作方便。

5）由于电缆室在柜前和柜后是贯通的，因此中置式开关柜可以靠墙安装。

二、落地式手车

1. 手车室

图3-8是KYN12-12型铠装移开式高压开关柜的结构总体布置示意图。其手车是落地式结构，手车室占据较大空间。

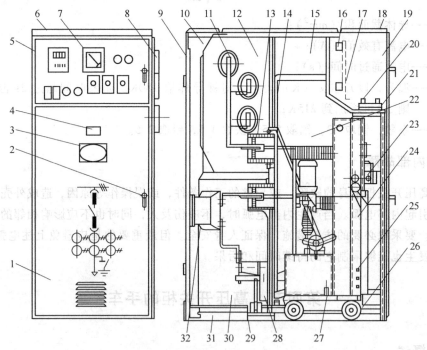

图3-8　KYN12-12型铠装移开式高压开关柜的结构总体布置示意图

1—手车室门　2—门锁　3—观察窗　4—铭牌　5—安装式铰链　6—装饰条　7—继电器仪表室门
8—母线支撑套管　9—电缆室　10—电缆室排气通道　11—主母线　12—母线室
13—一次隔离触头盒　14—金属活门　15—手车室排气通道　16—减振器　17—继电器安装板
18—小母线室　19—继电器仪表室　20—端子排　21—二次插头　22—手车室　23—手车推进机构
24—断路器手车　25—识别装置　26—手车导轨　27—手车接地触头　28—接地开关
29—接地开关联锁　30—电缆室　31—电缆室底盖板　32—电流互感器

　　手车室上部分空间是排气通道，顶盖上设有压力释放活门，若出现内部故障，压力释放活门自动打开，及时释放气体，防止事故扩大。

　　手车室底板上安装有接地母线，手车底部安装有弹簧式接地触头，当手车推入柜体后，手车底部的弹簧式接地触头压紧在接地母线上，保证接地的连续性。

　　手车室底部安装有手车导轨、导向角板、手车推进到位的勾板以及指示手车位置的开关（行程开关）。同样，在手车上装有相应的导向部件。手车室底板上还安装有手车定位槽板，槽板上设有工作位置和试验位置定位孔，用于将手车可靠地锁定在工作位置或试验位置，防止手车滑动。手车借助蜗轮推进机构，沿导轨推入或拉出手车室。

2. 手车

　　图 3-9 是 KYN12-10 型铠装移开式高压开关柜的落地式手车结构示意图。它们均是断路器手车，其中图 3-9a 所示手车上安装额定电流为 1250A 的 SN10-10 型少油断路器；图 3-9b 所示手车上安装额定电流为 2000A 或 3000A 的 SN10-10 型少油断路器；图 3-9c 所示手车上安装额定电流为 1250 的 ZN-10 型真空断路器。

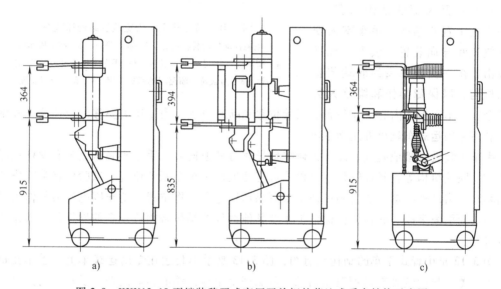

图 3-9　KYN12-10 型铠装移开式高压开关柜的落地式手车结构示意图

3. 手车锁定装置

　　图 3-10 是落地式手车锁定装置的结构原理图。当手车从柜的正面推入柜内时，首先到达试验位置，锁定轴销自动插入试验位置定位孔，使之锁定。此时，手车室底部的试验位置开关（行程开关）动作。然后接通二次插头，即可对断路器、继电保护等进行动作试验。

　　当手车需进入工作位置时，脚踏锁定机构，使锁定轴销拨出试验位置的定位孔；同时自动带动脱扣器，使断路器分闸，保证手车未被锁定前始终处于分闸状态。然后，摇动蜗轮推进机构的手柄使手车进入工作位置，锁定轴销自动插入工作位置的定位孔使之锁定。此时，工作位置开关动作，可通过操作机构对断路器进行合闸操作。

　　当手车需退出工作位置时，应脚踏锁定机构，使锁定轴销拨出工作位置的定位孔，然后摇动蜗轮推进机构使手车退到试验位置并锁定，试验位置开关动作，工作位置开关复位。当手车需退出手车室前，应首先解脱二次插头，以防损坏电器。

手车未到达工作位置或试验位置时，手车位置开关是断开的，且锁定轴销未插入定位孔，此时断路器不能合闸。手车到达工作位置或试验位置，且断路器合闸后，脚踏锁定机构被图 3-10 中的联锁装置 8锁住，从而防止由于误拉手车而使断路器跳闸。在紧急情况下，可以向外拉手车上的紧急分闸手把，使断路器分闸。

三、中置式手车

图 3-11 是 KYN28A-12 型铠装移开式高压开关柜的结构示意图。其手车是中置式结构。手车室内安装有轨道和导向装置，供手车推进和拉出。在一次静触头的前端装有活门机构，以保障操作和维修人员

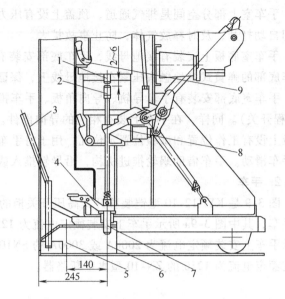

图 3-10　落地式手车锁定装置结构原理图
1—电磁操动机构脱扣铁心　2—脱扣顶杆　3—推进操作棒
4—脚踏板　5—手车试验位置　6—手车工作位置　7—锁定
轴销　8—防误拉合断路器的联锁装置　9—紧急分闸装置

的安全。手车在柜体内有工作位置、试验位置和断开位置，当手车需要移出柜体检查和维护时，利用专用运载车就可方便地取出。

手车中装设有接地装置，能与柜体接地导体可靠地连接。手车室底盘上装有丝杆螺母推进机构、联锁机构等。丝杆螺母推进机构可轻便地使手车在断开位置、试验位置和工作位置之间移动，借助丝杆螺母的自锁可使手车可靠地锁定在工作位置，防止因电动力的作用引起手车窜动而引发事故。联锁机构保证手车及其他部件的操作必须按规定的操作程序操作才能得以进行。

图 3-12 是中置式手车的结构示意图；图 3-13 是手车装运在专用运载车上。手车在柜内的移动、侧壁导向装置都采用滚动轴承，可保证手车与柜体的精确配合。手车上的推进、联锁机构集推进与联锁于一体，能可靠互锁。

四、一次隔离触头

一次隔离触头用于手车与柜体的主电路连接，它由动触头和静触头两部分构成。图3-14 是 JYN 系列落地式手车柜的一次隔离触头结构示意图。一次隔离触头动触头安装在手车上，由若干组触片与导电杆组成一体；静触头装于隔板上，由绝缘触头盒罩和装于其上的静刀片组成。触头罩内设有带锁扣的活门，当手车推入到试验位置时，活门的锁扣解除。手车推入到工作位置时，动触头顶开活门，并与静触头触合。当手车拉出手车室外时，触头罩内的活门被锁扣锁住，使带电部分被绝缘活门可靠地隔离起来，保证检修的安全。

图 3-15 所示是 KYN28A-12 型中置式手车柜的一次隔离触头结构示意图，图中的"挑帘"是活门的俗称。

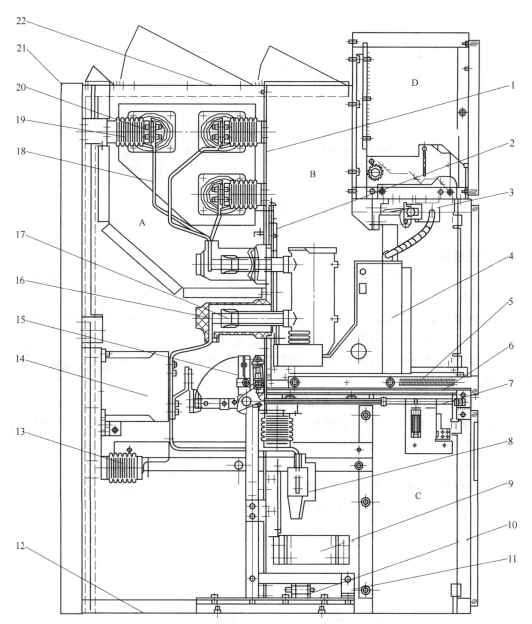

图 3-11　KYN28A-12 型铠装移开式高压开关柜的结构示意图

A—母线室　B—断路器室　C—电缆室　D—继电器仪表室

1—可拆卸隔板　2—活门　3—二次线插头　4—断路器手车　5—手车操动丝杆
6—可拆卸水平隔板　7—接地开关操动机构　8—阻燃护套　9—加热板　10—电缆固定装置
11—接地母线　12—底板　13—传感器　14—电流互感器　15—接地开关　16—触头盒
17——次隔离触头　18—分支母线　19—支持绝缘子　20—主母线　21—外壳　22—压力释放活门

五、手车的操作与联锁

为了保证开关柜内手车及相关部件按正确程序操作，开关柜应设置可靠的联锁。具体要求如下：

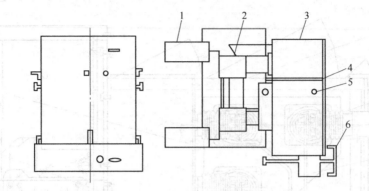

图 3-12　中置式手车结构示意图

1—绝缘套筒　2—真空断路器　3—手车骨架　4—导向装置　5—定位轮　6—推进、联锁装置

1. 活门联锁

当手车处于试验位置和移开位置时，活门应自行关闭，把上、下静触头盒遮挡住，以防止工作人员触及带电部分。

2. 断路器手车机械联锁

1）断路器处于分闸状态下，手车才可以推进或拉出。

2）断路器处于合闸状态下，手车不可移开工作位置或试验位置。

3）只有当手车处于工作位置、试验位置、移开位置三者之一时，断路器才可以进行分合操作。

4）当断路器处于工作位置与试验位置之间时，断路器不能进行分合操作。

3. 断路器手车与接地开关之间的联锁

1）手车处于工作位置时，接地开关不能进行合闸操作。

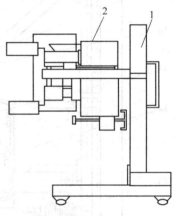

图 3-13　中置式手车在运载车上

1—专用运载车　2—中置式手车

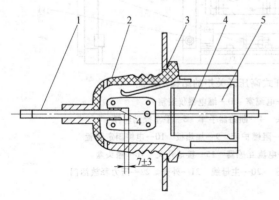

图 3-14　JYN系列落地式手车柜
一次隔离触头结构示意图

1—静触片　2—触头罩　3—活门　4—动触头　5—锁扣

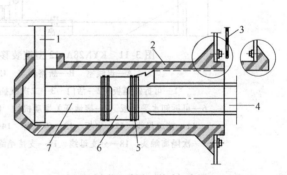

图 3-15　KYN28A-12型中置式手车柜一
次隔离触头结构示意图

1—铜排　2—静触头盒　3—挑帘　4—动触头臂
5—弹簧　6—梅花触头　7—静触头

2）手车处于试验位置时，接地开关可以进行分、合闸操作。

3）接地开关处于分闸状态时，手车可以从试验位置推进到工作位置。

4）接地开关处于合闸状态时，手车不能从试验位置推进到工作位置。

4. 断路器手车与控制回路插头的联锁

手车处于工作位置或试验位置时，插头不能被拔出。

图 3-16 是断路器手车的联锁装置示意图。

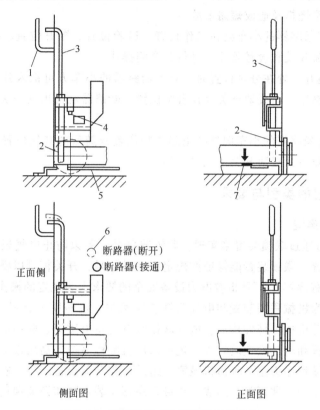

图 3-16　断路器手车的联锁装置示意图

1—把手　2—联锁装置销钉　3—联锁装置的操作杆　4—联锁装置开关　5—底板　6—升降轴　7—位置显示标板

第五节　高压开关柜的"五防"设计

一、"五防"的基本内容

"五防"是电力系统中防止五种电气误操作的简称。据统计，电力系统的误操作事故有 80%以上属于五种误操作，即误分、误合断路器，带负荷操作隔离开关，带电挂接地线或合接地开关，带接地线开关合闸，误入带电间隔。因此，各种开关设备间必须有一定的操作顺序，否则就会造成严重后果甚至出现事故。为此，高压开关柜应具有"五防"功能，即：

1）防止带负荷分、合隔离开关和隔离插头。

2）防止误分、误合断路器，负荷开关和接触器。

3）防止接地开关处在合闸位置时关合断路器、负荷开关等。

4）防止带电时误合接地开关。

5）防止误入带电隔室。

对于移开式高压开关柜还应做到：

1）只有当断路器、负荷开关或接触器处在分闸位置时，一次隔离触头方可抽出或插入，否则便会出现隔离触头开断或关合负荷电流或短路电流，在触头间产生电弧使触头及附近的其他零部件严重烧损及造成短路事故。

2）只有当装有断路器的小车处在工作位置、试验位置、断开位置、接地位置和移开位置时，断路器、负荷开关和接触器才能进行分合闸操作。

3）只有当接地开关处在分闸位置时，装有断路器的小车方可推入到工作位置。否则断路器一旦进行合闸操作，而接地开关尚在合闸位置，断路器就会出现一次没有必要的关合短路操作。

4）只有当装有断路器的小车向外拉出到试验位置或随后的其他位置，即隔离触头间形成足够大的绝缘间隙后，接地开关才允许合闸。

二、联锁装置的类型与要求

1. 联锁装置的类型

"五防"功能可通过联锁装置来实现。联锁装置是一种以防止电气误操作而在高压开关柜中装设的一种装置。联锁装置能保证按规定程序操作时，开关柜可以操作；否则，开关柜不得操作。所谓"程序操作"是指按电力设备安全的要求人为规定的操作顺序。

联锁装置可分为机械联锁装置和电气联锁装置两类。机械联锁装置全部采用传动杠杆、连杆、挡扳、滑块等机械零部件构成。电气联锁装置是指电磁锁、联锁电路等。

除机械联锁装置和电气联锁装置外，还可采用机械程序锁、高压带电显示装置等方法防止电气误操作。机械程序锁是一种由机械零件组成，与开关设备配用，能满足程序操作要求的锁具，一般由锁体和钥匙两部分组成。机械程序锁安装在隔离开关和接地开关的操作手柄上以及开关柜门上。

联锁装置可分为强制性和非强制性两种。强制性联锁装置使得各种操作只能按规定的程序进行操作，否则无法进行。非强制性联锁装置是一种提示性措施，如命令牌（红绿翻牌）、高压带电显示装置。其实，命令牌也有强制性和非强制性两种。使用三功能钥匙和命令牌，则构成强制性方式；而采用命令牌和普通控制开关则构成非强制性方式。

在上述"五防"中，只有误分误合断路器、接触器、负荷开关可采用非强制性联锁装置，其他均必须采用强制性联锁。

2. 对联锁装置的要求

高压开关柜的联锁装置应符合 GB 3906《3~35kV 交流金属开关设备》和原能源部标准 SD 318《高压开关柜联锁装置技术条件》规定的要求。具体内容如下：

1）除防止"误分、误合断路器"可采用提示性的措施外，其他四防应采用强制性联锁。

2）联锁装置应保证规定的程序操作，并确保操作开关柜时的人身安全。

3）联锁装置应尽可能采用机械联锁，应简单、可靠、操作维护方便。

4）联锁装置采用的各种元件均应符合 GB 3906 的要求。

5）开关柜中装设的接地桩头应有明显的标志，其接地面积应符合开关柜的要求。

6）高压带电显示装置应符合 SD 334《高压带电显示装置技术条件》的要求，其支柱绝缘子式的传感器和显示器应同高压开关柜一起进行绝缘耐压试验。安装在高压开关柜上的显示装置在 65% 的额定相电压时应正常发光，它所采用的强制联锁应动作可靠。

7）联锁装置采用的机械程序锁应开启灵活、可靠，钥匙插拔自如，无卡涩现象。试图进行非程序操作时，开关柜不得操作。

8）联锁装置应符合开关柜程序操作的要求，装置的锁定位置应与开关柜被联锁的操动机构的实际位置一致；当未完成规定的程序操作，不能继续进行操作；进行非程序操作时，操作应自动地无法进行。

9）采用电气联锁方案时，联锁元件的电源应与继电保护回路分开。联锁回路和接点应满足联锁要求，布线应合理，联锁元件的外壳应可靠接地。

10）各种联锁装置均应有专用的解锁工具，在紧急情况下可以解除联锁。但非专用工具不得解锁。

11）与操动机构直接连接的联锁装置的机械试验应与开关柜的机械操作试验同时进行；如与开关柜机构无机械上直接连接，可在开关柜机械操作试验后期或以后进行，并按规定的次数进行程序操作和非程序操作。程序操作应顺利，操动机构和联锁元件不得卡涩和失灵。非程序操作时施加正常操作力，装置应能可靠联锁，试验后，装置不得变形、损坏。

三、机械联锁装置设计举例

（一）固定式开关柜的机械联锁

1. 防止带负荷分、合隔离开关

防止带负荷分、合隔离开关的措施是隔离开关与断路器（或接触器、负荷开关）之间实现联锁，其联锁关系是：只有当断路器处于分闸状态才能操作隔离开关；断路器处于合闸状态时，隔离开关不能进行分、合操作。

如图 3-17 所示，限位板通过拉杆与断路器主轴联动控制联锁杆，进而控制弹簧锁插销。要操作隔离开关必须拔出弹簧锁插销，因为它卡住了隔离开关的操作手柄。断路器处于合闸状态时，由于限位板阻挡，弹簧锁插销不能拔出，因此不能操作隔离开关。只有当断路器分闸后，才允许对隔离开关进行分、合操作。

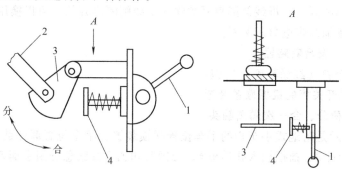

图 3-17　隔离开关与断路器之间的机械联锁

1—隔离开关操作手柄　2—拉杆　3—限位板　4—弹簧锁插销

2. 防止误入带电间隔

防止误入带电间隔有多种措施，例如安装高压带电显示装置提示，开关柜柜门与开关之间联锁（不断开开关，门是打不开的）等。当开关柜有前、后门时，前门与后门之间必须安装联锁装置，如图 3-18 所示。安装后满足如下条件：

1）后门关闭后才能关前门。

2）开了前门才能开后门。

若开关柜只有前门而没有后门，则必须安装隔离开关与前门之间的联锁装置。安装后满足下列操作程序（见图 3-19）：

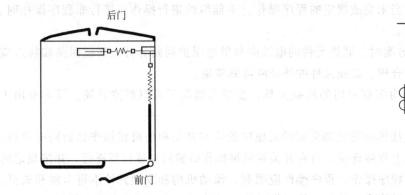

图 3-18　前后门联锁示意图

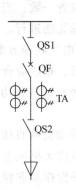

图 3-19　开关操作程序

QS1—母线侧隔离开关　QS2—母线侧隔离开关
QF—断路器　TA—电流互感器

1）母线侧隔离开关处于合闸时，前门不能开启。

2）前门未关闭好时，母线侧隔离开关合不上。

3）若需要时（例如带电测温）可以人工解除联锁开启前门。

4）只有合上母线侧隔离开关，才能合上出线侧隔离开关。

5）只有分断出线侧隔离开关后，才能分断母线侧隔离开关。

3. 防止带电挂接地线和防止带接地线合闸

若固定式开关柜不装接地开关，而采用在柜内右下门处加焊简易接地桩端，作为停电检修时挂接地线用，可装带电显示装置，提示带电部位，因为前门安装了锁门机构，只有当母线侧隔离开关分闸后才可以挂接地线，故可以防止带接地线合闸。当采用电缆进线时，下隔离开关作为进线隔离开关，母线侧隔离开关作为出线侧隔离开关，可以换用下进线联板实现联锁功能，但必须加装带电显示装置。

4. 防止误分、误合断路器

一般采用命令牌（红绿翻牌）措施。

（二）移开式开关柜的机械联锁装置

1. 防止带负荷分、合一次隔离触头

如图 3-20 所示是落地式手车柜的手车位置联锁装置。手车位置联锁装置由定位插杆 1、脚踏板 2、掣动锁杆 3、摇把插入孔挡板 6、分闸脱扣轴 7 及紧急分闸手柄 5 组成。当手车处于运行位置，断路器合闸时，由断路器主轴上的拐臂将掣动锁杆 3 压出，它伸出在脚踏板上部，使脚踏板无法踏下，定位插杆 1 无法提起，紧插在底部定位孔内，同时挡板 6 挡住了蜗

轮推进机构摇把操作孔，使手车无法移动，防止了带负荷抽出一次隔离触头（移动手车）。

当手车处于试验位置，且断路器已合闸时，若要将手车推至工作位置，必须压下紧急分闸手把5使断路器分闸，否则脚踏板被掣动锁杆3挡住，无法提起定位插杆移动手车。只有在断路器分闸后，才能踏下脚踏板提起插杆1，联动挡板让开推进机构摇把插入孔，插入摇把后，便可操作蜗杆机构，使小车向前推进。并且，在到达工作以前，定位插杆一直被柜底定位件抬起，脱扣板使合闸机构解列，这时即使送入合闸命令，也不能使断路器合闸。这就使得手车从试验位置进至工作位置的过程中，断路器只能处于分闸状态，有效地防止了带负荷插入一次隔离触头。

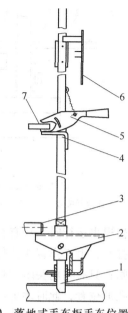

图 3-20　落地式手车柜手车位置联锁装置
1—定位插杆　2—脚踏板　3—掣动锁杆
4—脱扣板　5—紧急分闸手柄　6—推进机构摇
把插入孔挡板　7—断路器操动机构分闸脱扣轴

2. 防止带电合接地开关

如图 3-21 所示，该联锁装置主要由接地开关操作轴1上的挡块2来实现。当接地开关合闸时，挡块2处于水平位置，正好挡住处于试验位置的手车底盘，使手车不能进至工作位置，消除了接地开关未断开时送电的可能性，即防止了带电合接地开关。

当接地开关分开后，挡块2转至垂直位置。此时，手车可行进到工作位置，并可以关合断路器送电。从试验位置行进到装置工作位置的过程中，挡块2被手车底卡住，这样，接地开关操作轴不能转动，使接地开关不能合闸，从而防止了带电合接地开关的误操作事故。

3. 防止误入带电间隔（接地开关与柜门联锁）

如图 3-22 所示是为防止误入带电间隔而在接地开关与开关柜后门之间进行机械联锁的装置。该联锁装置主要由接地开关操作轴1后端上的凸轮拐臂5、轴承座3上的滑块4和后门上的钩板6组成。当后门关闭，接地开关处于分闸位置时，后门上的钩板6被凸轮拐臂挂住，后门无法开启。当接地开关合闸后，凸轮拐臂已旋转90°，让开了钩板，此时后门才可自由开启。当后门开启后，原来被钩板6压入的滑块4自动弹出，闩住了凸轮拐臂5，使操作轴不能转动，处于合闸位置的接地开关便不能分开。只有将后门关紧后，使滑块被压入，让开凸轮拐臂，这时接地开关才能被操动分闸，从而防止工作人员误入带电间隔。

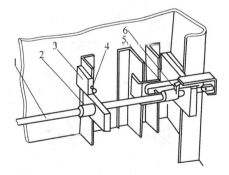

图 3-21　接地开关与手车联锁
1—接地开关操作轴　2—挡块　3—限位块
4—限位调节螺栓　5—合闸定位板
6—限位挡板

图 3-23 所示是中置式开关柜中接地开关与电缆室门之间的机械联锁装置。它满足的联锁关系是：接地开关合闸后，电缆室门才可以打开；电缆室门关闭后，接地开关才能分闸。

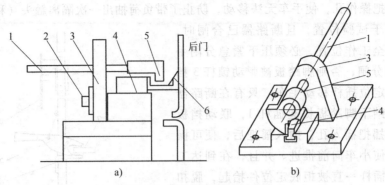

图 3-22 接地开关与后门联锁

a）接地开关已分闸，后门关闭 b）接地开关合闸，后门已开启

1—接地开关操作轴 2—压簧导向螺钉 3—轴承座 4—滑块 5—凸轮拐臂 6—钩板

当开关柜退出运行时，只有在接地开关合闸后，联锁件脱离了对门的限制，门才可以打开。一旦门打开，由于弹簧 4 的作用，挡板 3 遮住了接地开关的操作孔，因此无法操作接地开关使其分闸；只有在门关闭到位后，顶杆 1 克服弹簧 4 的拉力，顶开挡板 3，使其离开接地开关操作孔的位置，此时才可以操作接地开关并使其分闸。

4. 二次插头与手车之间的联锁装置

如图 3-24 所示，该装置主要由转轴 3、压板 2、挡块 4 组成。当手车处于试验位置时，可移开压板 2（此时与它同轴的挡块正好能通过手车侧壁上的开孔而转动），插入二次插头。当手车处于工作位置时，因挡块被手车侧壁卡住，转轴不能转动，使压板无法掀开，阻止了在工作位置时拔出二次插头。

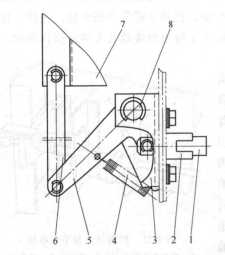

图 3-23 接地开关与电缆室门之间的机械联锁装置

1—顶杆 2—凹槽 3—挡板 4—弹簧 5、6—拉杆
7—电缆室门 8—接地开关操作孔

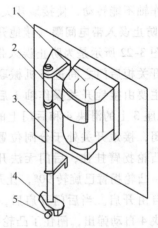

图 3-24 二次插头与手车之间的联锁装置

1—二次插头 2—压板 3—转轴
4—挡块 5—调节螺钉

四、防止误分、误合断路器的措施

防止误分误合断路器、接触器或负荷开关等，可采用非强制性联锁。一般是采用命令牌

（红绿牌），其操作程序是：

（1）停电操作程序

1）根据操作命令，从模拟板上取下操作命令牌（红牌）。

2）到对应的控制开关位置对换命令牌后，操作控制开关，使断路器分闸。

3）从控制开关手柄上取下钥匙，插入手车室内锁孔，打开手车室。

4）将手车退至试验位置。

5）关上手车室门，取出钥匙，插入控制开关手柄内，并将对换下的命令牌交值班室。

（2）送电操作程序

1）根据操作命令取下命令牌（绿牌）。

2）到对应的控制开关位置对换命令牌，取下三功能控制开关锁孔中的钥匙。

3）打开手车室门，将手车推至工作位置。

4）关上手车室门；取下钥匙，插入控制开关锁孔；操作控制开关手柄，使断路器合闸，此时开始送电。

5）将对换后的命令牌交回值班室。

当采用红绿翻牌和普通的控制开关时，手车室门锁采用各柜通用钥匙，此时手车室门与控制开关间不存在强制性联锁关系，但停、送电程序基本相同。当采用强制性联锁方式时，各柜门的锁应该使用共同的紧急解锁钥匙，或有紧急解锁的可能性。

五、电气联锁装置

联锁装置的结构应尽量简单、可靠、操作维修方便，尽可能不增加正常操作和事故处理的复杂性，不影响开关的分、合闸速度和特性，也不影响继电保护及信号装置的正常工作。为此，要优先采用机械联锁装置。当机械联锁难以实现时，则考虑采用电气联锁。采用电气联锁装置时，其电源要与继电保护、控制、信号回路分开。

以下介绍一些用于开关柜中的电气联锁装置和电路。

（一）电磁锁联锁装置

图 3-25a 所示为电磁锁的构造图，主要部件为锁 1 和电磁钥匙 2。电磁锁的工作原理如图 3-25b 所示。

电磁锁是利用锁芯 3 在弹簧压力作用下，插进操动机构上的小孔内，使操动机构的手柄不能转动。锁固定在隔离开关的操动机构上，电磁钥匙 2 是可以取下的。电磁钥匙 2 上有一个线圈 7 和一对插头 6，在锁上有固定插座 5。当断路器在断开位置时，其操动机构上的常闭辅助触点接通，给插座 5 加上直流操作电压。如需将隔离开关断开，首先应将电磁钥匙插头 6 插入插座 5 内。于是有直流电流流过线圈 7，产生电磁场，在电磁力作用下，锁芯 3 被吸出，锁被打开，然后利用操作手柄将隔离开关拉闸。如果操作之前，断路器是在闭合状态，则由于断路器的常闭辅助触点是断开的，电磁锁插座上直流电源被切断，此时即使电磁钥匙的插头插入插座，锁芯也无法被吸出，锁仍然不能打开，手柄无法转动，隔离开关仍无法进行分闸操作。

当隔离开关在断开状态时，锁芯进入操作手柄下面的小孔内，使隔离开关在锁未打开时不能进行合闸。当断路器处在开断位置时，锁才能被打开，方可进行隔离开关合闸操作。

图 3-26 为馈电开关柜的隔离开关联锁电路图。图示中 XS1 和 XS2 分别为隔离开关 QS1

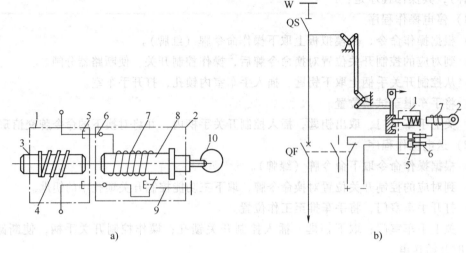

图 3-25　电磁锁

a）构造图　b）工作原理

1—电锁　2—电磁钥匙　3—锁芯　4—弹簧　5—插座　6—插头　7—线圈

8—电磁铁　9—解除按钮　10—钥匙环

和 QS2 的电磁锁插座。

（二）高压带电显示装置

高压带电显示装置又叫电压抽取装置，它由高压传感器和显示器两个单元组成。它不但可以提示高压回路带电状况，而且还可以与电磁锁配合，实现强制联锁开关手柄和开关柜柜门，防止带电关合接地开关和误入带电间隔，从而提高防误性能。

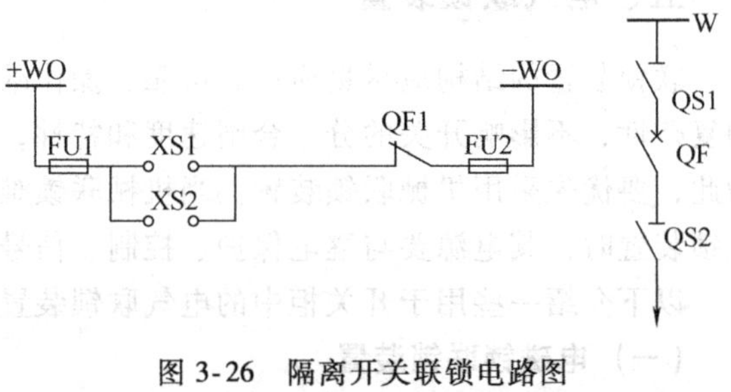

1. 传感器

带电显示装置的等值电路如图 3-27

图 3-26　隔离开关联锁电路图

XS1、XS2—电磁锁插座　QF1—断路器的辅助

触点　WO—直流操作电源

所示。U 为母线电压（有效值），C 为绝缘子电容，R 为氖灯电阻。由图可得显示器的电流 I 为

$$I = \frac{U}{\sqrt{\left(\frac{1}{\omega C}\right)^2 + R^2}} \tag{3-2}$$

由于 $1/(\omega C) \gg R$ ，所以

$$I = U\omega C, P = UU_R\omega C \tag{3-3}$$

由式（3-3）可见，传感器的作用在于提供电容 C，C 越大，提供的电流及功率越大。

一般 10kV 支柱式瓷绝缘子本体电容量为 4~9pF，由于电容太小，直接使用氖灯发光微弱，无法监视。为加大绝缘子本体电容，可选择两种传感器，其中一种为 CG2-10Q/145 型，其结构如图 3-28 所示。

传感器由上固定法兰 1、抽压芯子（电容）2、接线柱 3、下固定法兰 4 等组成，整体用环氧树脂浇注成一体。

另一种传感器为瓷质的，为加大电容量，把瓷柱做成如图 3-29 所示的形状，上、下凹进去的表面镀银，构成电容器的两个"极板"。由于电极面积加大，且极间距变小，因此电容量成倍地增大，可满足要求。

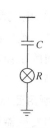

图 3-27 带电显示装置等值电路

2. 显示器

为了保证带电显示器的可靠性，应采用无外加电源的显示器，显示方式分为长明显示和闪光显示两种。

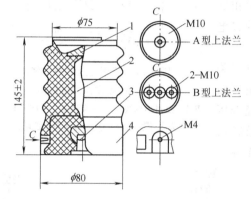

图 3-28 CG2-10Q/145 型传感器结构

（高度有 125mm、130mm、145mm 3 种）

1—上固定法兰 2—抽压芯子（电容）

3—接线柱 4—下固定法兰

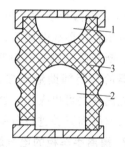

图 3-29 大电容瓷传感器

1—上电极 2—下电极 3—瓷柱

显示器接线方案，可分为 1 型和 2 型。1 型只有一组显示器；2 型有两组显示器，可分别安装在开关柜两个不同侧面。显示器中的氖灯用以显示传感器设置处电压存在状况。图 3-30 是 SZ1 型显示器原理接线图。

图 3-31 是闪光显示器原理接线图。该电路利用 NH-220 氖管伏安特性的下降特性，以及电容充放电原理（高压电源经绝缘子电容 C 对电容 C_1 充电，再由电容 C_1 经电阻 R_1 向氖管 R 放电），将一定时间内经过绝缘子微弱电流的电荷先储存在电容 C_1 中，当 C_1 上电压达到氖管电压峰值后快速向氖管放电。这样可以使氖管闪烁发光，具有足够的发光强度。当电压为 4% 额定电压（10kV）时，氖灯可以起辉，每分钟闪烁 10 次；当电压为 15% 额定电压时，每分钟可闪烁 60 次。

按规定，高压带电显示装置在额定相电压的 15%～65% 时，显示器应能指示；在额定相电压的 65%～100% 时，应满足发光亮度的要求，且其闪光频率应达到 60～100 次/min。

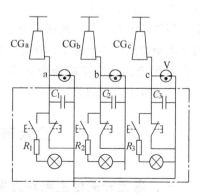

图 3-30 SZ1 型显示器原理接线图

（三）电气联锁回路

电气联锁回路就是在开关的操作控制回路中实现开关之间的联锁功能。这种回路主要是用于防止带负荷操作隔离开关。以下介绍两例电气联锁回路。

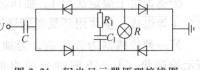

图 3-31　闪光显示器原理接线图

1. 所用变压器柜的电气联锁回路

所用变压器柜中的隔离开关只能分、合 320kV·A 及以下空载变压器。因此，只有在断开了变压器所有低压负载情况下，才能操作隔离开关。其防误操作控制接线图如图 3-32 所示。

控制开关 SA 在运行位置时，其接点 SA1-2 接通低压侧总开关（低压断路器）的欠电压脱扣器（如低压侧无总开关则接通所有低压断路器的欠电压脱扣器），此时低压断路器可合闸供电。

SA 在检修位置时，其接点断开低压侧总开关的欠电压脱扣器线圈回路，低压侧总开关失电压而跳闸，断开低压侧所有负载；同时，SA3-4 经低压断路器的常闭辅助触点接通信号指示灯（绿灯），表示隔离开关可以操作。这时，可取下程序锁钥匙，可对隔离开关进行分闸操作。

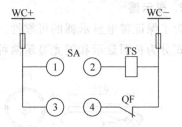

图 3-32　所用变压器柜电气联锁防误操作控制接线图

WC—控制小母线　SA—控制开关　TS—低压断路器失电压脱扣器　QF—低压断路器辅助触点

2. 隔离手车柜的电气联锁回路

由于隔离手车不能带负荷从线路中退出工作，因此隔离手车与相应断路器之间设置有电气联锁装置。其原理电路如图 3-33 所示。

当要使隔离手车退出工作位置时，可通过隔离手车柜的手车操作棒解除机械联锁，使隔离手车的电气联锁常开触点 G 闭合，断路器跳闸线圈 YR 接通，断路器跳闸。这时，开关柜仪表面板上的白色指示灯 HLW 亮，表示可操作隔离手车。当隔离手车在工作或试验位置时，应转动隔离手车柜的操作棒，使手车锁定，电气联锁常闭触点 G 闭合，然后才能操作相应的断路器。这时，仪表板上白灯熄灭。

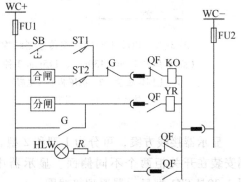

图 3-33　隔离手车柜电气联锁原理电路

WC—控制小母线　SB—按钮　ST1、ST2—位置开关　HLW—白色指示灯　KO—合闸接触器　YR—跳闸线圈　G—隔离开关辅助触点　QF—断路器辅助触点

第六节　高压开关柜的主电路

一、高压开关柜主电路方案类别

高压开关柜的主电路也叫一次线路，它是根据电力系统和供配电系统的实际需要而确定的，每种型号的高压开关柜的主电路方案少则几十种，多则上百种，而且制造厂家还可以根据用户的特殊需要，设计非标的主电路方案。

每种型号的高压开关柜的主电路方案，按照其用途，通常包括以下类别：

（1）进、出线　用于高压受电和配电。

（2）联络柜　包括用于变电站单母线分段主接线系统的分段柜（母联柜）、柜与柜之间相互连接的联络柜等。

（3）电压测量柜　安装有电压互感器，其接线方案有 V/V、Y_0/Y_0、$Y_0/Y_0/L$（除电压测量外，还用于绝缘监视）等。

（4）避雷器柜　用于防止雷电过电压。

（5）所用变柜　柜中安装有小容量（通常为 30、50、$80kV \cdot A$）的干式变压器以及高、低压开关，用于变电所（站）自用电系统的供电，图 3-34a 所示就是这种高压开关柜的主电路。

（6）计量柜　用于计量电能消耗量（见图 3-34b）。

（7）隔离柜　柜中主元件仅为隔离开关（固定柜）或隔离小车（手车柜），用于检修时隔离电源（见图 3-34c）。

（8）接地手车　配有接地小车的移开式开关柜，当推入接地小车时，将线路或设备接地（见图 3-34d）。

（9）电容器柜　安装有高压（6.3kV 或 10.5kV）电容器，用于高压电动机等高压用电设备的分散就地无功补偿（见图 3-34e）。

（10）高压电动机控制柜　安装在高压电动机现场，用于高压电动机的配电与起动、停止（见图 3-34f）。

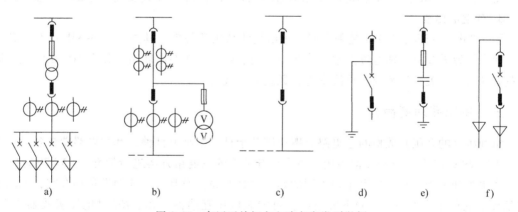

a)　　　　　b)　　　　　c)　　　　d)　　　e)　　　f)

图 3-34　高压开关柜主电路方案类别举例

a）所用变柜　b）计量柜　c）隔离柜　d）接地手车　e）电容器柜　f）高压电动机控制柜

每个类别的主电路方案又根据回路电流规格、主元件、进出线方案的不同，包括若干个主电路方案，尤其是以进出线柜的主电路方案较多。

二、进出线与柜间连接方式

高压开关柜的进出线有母线连接、电缆进出线、架空线进出线 3 种方式。

1. 母线连接

高压开关柜的柜上部空间母线（柜顶母线）是开关柜的主母线，大多数开关柜都有这一母线，它贯通各开关柜，构成变电站的系统母线。

　　相邻柜之间的连接可以采用柜下部母线（柜底母线），图 3-34b 和图 3-34c 就是采用这种进出线的高压开关柜。图中实线画出的柜底母线表示本开关柜通过柜底母线与右侧开关柜的联络，虚线表示也可以与左边的开关柜柜底母线联络。

　　有的开关柜的柜顶母线并不与柜内电气回路连接，它仅起过渡母线的作用，用于贯通开关主母线。如图 3-35a 所示的高压开关柜进出线方案就是这样的，其柜顶母线并不与柜底母线以及电缆进出线连接。

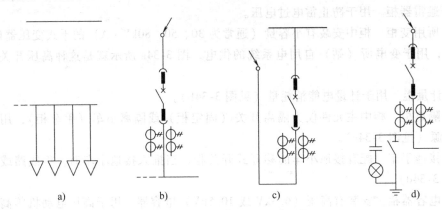

图 3-35　高压开关柜进出线方案

2. 电缆进出线

图 3-34a、3-34f、3-35a 就是采用电缆进出线的高压开关柜。电缆安装在开关柜的电缆室中。

3. 架空进出线

图 3-35b、3-35c、3-35d 是采用架空进出线的高压开关柜。其中，图 3-35b 没有柜顶母线，如果作为进线柜，则通过架空进线受电，通过柜底母线左右联络。如果用作出线柜，则由左右联络的开关柜从系统主母线受电，通过架空线馈电。

三、主电路功能简介

　　每种型号的高压开关柜的主电路方案少则几十种，多则上百种，其主电路功能各异。以下以 KYN29A-12 型高压开关柜为例，对高压开关柜的主电路方案进行简介。KYN29A-12 是中置式手车开关柜，与其他手车柜不同的是，这种开关柜设有一个辅助设备小车室，如图 3-36 所示，它位于中置小车室的下方空间，可安装电压互感器小车、RC 过电压吸收器小车、避雷器小车等，充分地利用了开关柜的空间，使得每种主电路方案的开关柜都有较多的功能。另外，其主母线室分为上、中、下 3 种方案。

　　这种型号的开关柜的主电路方案多达 158 种，见表 3-3，下面分类进行介绍。

1. 方案 1～12

　　这 12 种主电路方案的开关柜均为隔离柜，除中置式隔离手车外，还安装有电压互感器辅助小车或"电压互感器 + 避雷器"辅助小车。其主母线有左右联络或只能左联络或只能右联络 3 种形式，主母线室设在开关柜的上部空间。这些主电路方案中，有些方案形式完全一样，只是主回路的额定电流不一样。

2. 方案 13～36

　　这 24 个主电路方案基本形式一样，都是进出线柜，主元件为断路器，采用电缆作为进出线，主母线室位于开关柜中部,安装有电压互感器辅助小车或"电压互感器+避雷器"辅助小车。

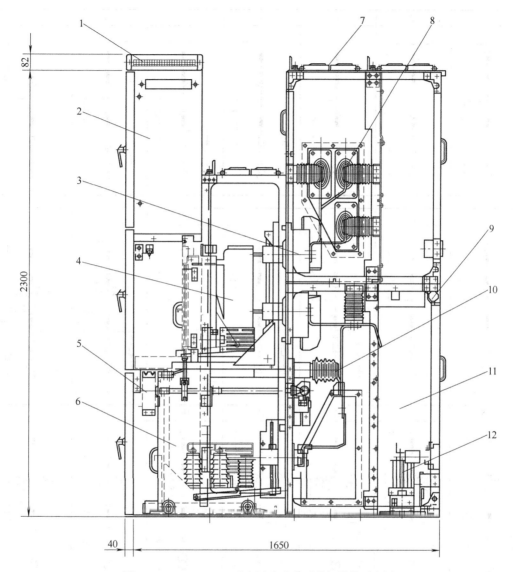

图 3-36 KYN29A-12 型中置式手车开关柜结构示意图

1—小母线室 2—继电仪表室 3——次隔离静触头座与电流互感器 4—中置小车室
5—接地开关操作机构 6—辅助设备小车室 7—压力释放活门 8—主母线室(分上、
中、下方案) 9—照明灯 10—接地开关 11—电缆室 12—加热板(防潮发热器)

　　电缆室中安装有电流互感器,有的方案为两相不完全星形联结(V 形联结),有的为三相 Y 联结。在 3~35kV 电网中,系统中性点采用小电流接地方式,测量和过电流保护用的电流互感器采用两相不完全星形联结即可,为了实现电缆线路的接地保护(零序电流保护),可安装零序电流互感器(25~27、31~33 号方案)。三相 Y 联结电流互感器既可用于测量和过电流保护,又可用于电缆线路的零序电流保护。

3. 方案 37~42

　　进出线柜,主母线室位于开关柜下部。

表 3-3　KYN29A-12 型高压开关柜的主电路方案及其组合示例

（续）

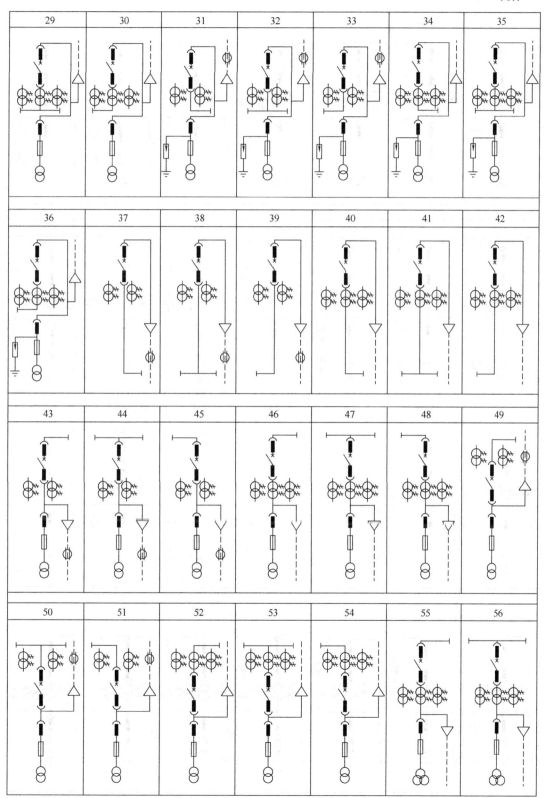

（续）

57	58	59	60	61	62	63

64	65	66	67	68	69	70

71	72	73	74	75	76	77

78	79	80	81	82	83	84

（续）

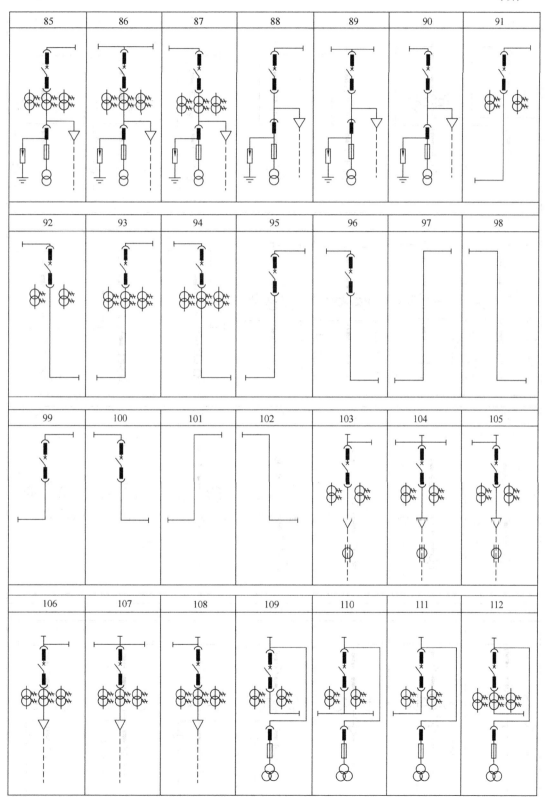

（续）

113	114	115	116	117	118	119

120	121	122	123	124	125	126

127	128	129	130	131	132	133

134	135	136	137	138	139	140

（续）

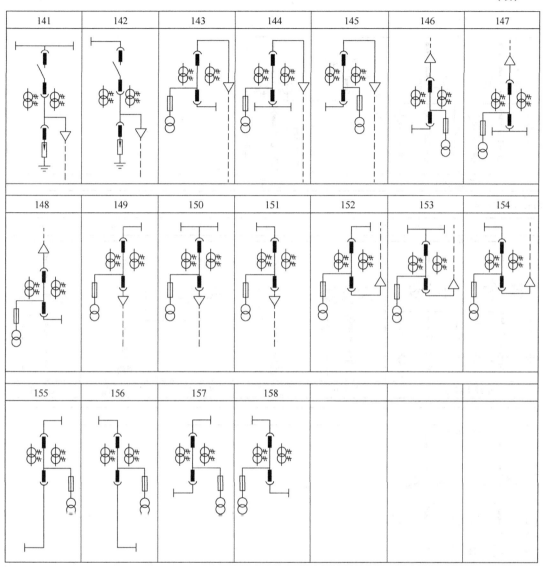

组合方案示例 1

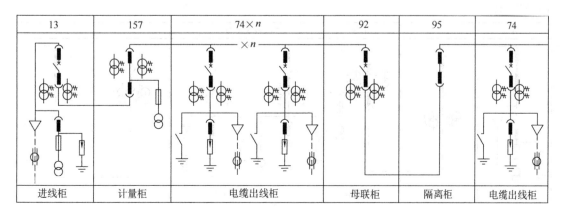

（续）

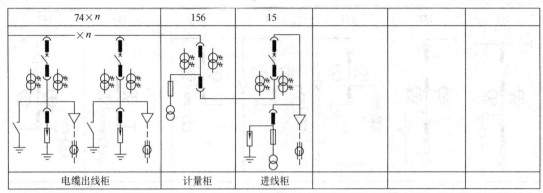

74×n		156	15			
电缆出线柜		计量柜	进线柜			

组合方案示例 2

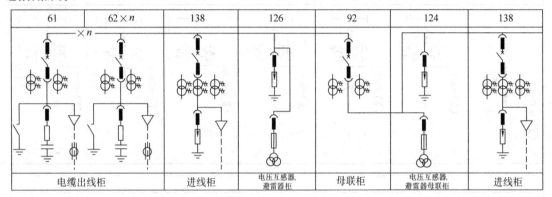

61	62×n	138	126	92	124	138
电缆出线柜		进线柜	电压互感器,避雷器柜	母联柜	电压互感器,避雷器母联柜	进线柜

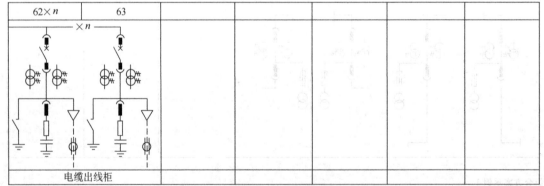

62×n	63					
电缆出线柜						

组合方案示例 3

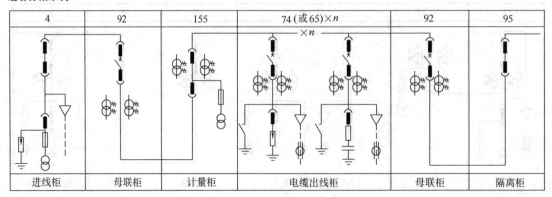

4	92	155	74 (或65)×n		92	95
进线柜	母联柜	计量柜	电缆出线柜		母联柜	隔离柜

（续）

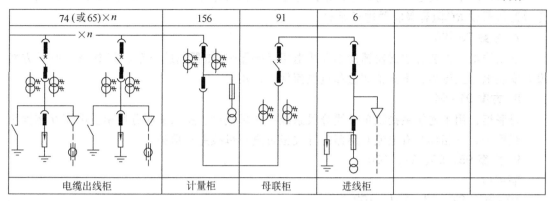

74（或 65）×n	156	91	6		
电缆出线柜	计量柜	母联柜	进线柜		

组合方案示例 4

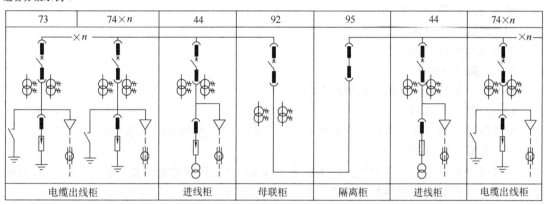

73	74×n	44	92	95	44	74×n
电缆出线柜		进线柜	母联柜	隔离柜	进线柜	电缆出线柜

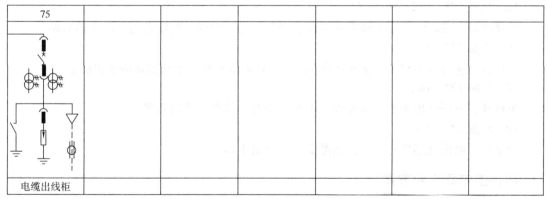

75						
电缆出线柜						

4. 方案 43~54

进出线柜，主母线室位于开关柜上部，并安装有电压互感器辅助小车，电压互感器为两相 V 形联结。

5. 方案 55~60

进出线柜，主母线室位于开关柜上部，并安装有电压互感器辅助小车，电压互感器为三相 $Y_0/Y_0/L$（开口三角）联结。

6. 方案 61~72

安装有中置式断路器手车和 RC 过电压吸收器辅助设备小车，以及安装有接地开关，适于作为高压电容器组投切、高压电动机和电弧炉的切合等用途。

电力系统中的过电压分为雷电冲击过电压和内部过电压（工频过电压），后者可采用氧化锌避雷器或 RC 阻容吸收器进行保护。

7. 方案 73~90

进出线柜，安装有避雷器辅助小车或电压互感器+避雷器辅助小车。其中 88~90 号方案没有安装电流互感器，不具备测量和过电流保护作用。

8. 方案 91~94

母联柜，用于连接主接线单母线分段系统中的母线段，所以又叫分段柜。电流互感器用于母线保护，三相都装有电流互感器的开关柜可进行母线差动保护。

9. 方案 95、96、99、100

隔离柜。

10. 方案 97、98、101、102

母线过渡（转接）柜。

11. 方案 103~108

单母线带旁路的进出线柜。

12. 方案 109~114

联络柜，带有电压互感器辅助小车。

13. 方案 115~117

单母线带旁路母线，主母线室设在开关柜上部，避雷器与电压互感器柜。

14. 方案 118~123

单母线带旁路母线，有中置式断路器手车和 RC 过电压吸收器辅助设备小车，以及有接地开关，适于作为高压电容器组投切、高压电动机和电弧炉的切合等用途。

15. 方案 124~126

单母线带旁路母线，主母线室分别设于开关柜上、中部，避雷器与电压互感器柜。

16. 方案 127~130

单母线（主母线室设在开关柜中部），安装有避雷器与电压互感器的进出线柜。

17. 方案 131~142

单母线，有断路器手车的电缆进出线柜，带有接地开关或避雷器。

18. 方案 143~158

计量柜，电流互感器和电压互感器安装在计量小车上。

四、主电路组合方案

开关柜主电路方案组合要考虑的问题包括：①根据一次系统图及其各一次回路工作电流大小以及控制、保护、测量等要求，选择相应主电路方案的开关柜；②进出线类型以及开关柜之间的连接。

以下给出 KYN29A-12 型高压开关柜的主电路方案组合示例（见表3-3），它们均由电源进线柜、出线柜（馈电柜）、母联柜、隔离柜等组合构成单母线接线的一次系统。

第七节　高压一次电器元件的选择

高压开关柜内一次电器元件类型较多，同一类型的电器元件可选的品种也很多，且形式多样，在设计开关柜主电路方案和选用一次电器元件时，要综合考虑开关柜的性能要求、结构与安装布置、操作维护、通用性和电器元件的技术条件、性能参数、外形与安装尺寸等因素。以下分别对一次电器元件的型号、特点以及选择原则进行介绍。

一、断路器

高压开关柜可选用的断路器包括少油断路器、真空断路器和 SF$_6$ 断路器 3 类。少油断路器曾经一段时期在高压开关柜中占统治地位，但随着用户对开关电器无油化要求的日益增强，少油断路器已经基本淘汰。真空断路器具有体积小、重量轻、动作快、防火、防爆、触头开距短等特点，并且燃弧时间较短，一般只需要半个周波即可，待熄弧后可以快速地恢复触头间隙介质，维修次数较少。SF$_6$ 断路器具有噪声小、磨损小、开断能力强、开断次数较多、火灾危险系数小等特点，由于其断口电压设计的承受能力较高，因此允许的开断次数比其他断路器都高，属于免维修断路器，但价格相对较高。目前在高压开关柜中，真空断路器是主流。近年来，生产出了体积更小、安全可靠性更高的固封式真空断路器。固封式真空断路器有别于敞开式真空灭弧室或用绝缘筒罩着灭弧室的真空断路器，它的主要特点是将真空灭弧室及导电端子等零件用环氧树脂通过 APG 工艺包封成极柱，然后与机构组装成断路器。

值得注意的是，真空断路器产品有用于固定柜和手车柜之分，例如 ZN28A 型作为悬挂式配固定柜，ZN28 型作为断路器手车配手车柜。

表 3-4 列出了国内生产的高压开关柜用的 12kV、40.5kV 真空断路器的主要型号。

表 3-4　12kV、40.5kV 真空断路器的主要型号

型　　号	额定电流/A	额定开断电流/kA	备注
ZN18-12(VK、CK)	630~3150	20,31.5,40	
ZN28-12、ZN28A-12	630~4000	20,25,31.5,40,50,63	
ZN63A-12(VS1)	630~3150	25,31.5,40	
ZN65-12	630~4000	25,31.5,40	
ZN65A-12	630~4000	25,31.5,40,50,63	
ZN96(VEP)-12	630~3150	31.5,40,50	
VD4(12、40.5kV)	630~4000	16,20,25,31.5,40,50	
3AF(上海西门子)	800~3150	40	
3AH3(上海西门子)	800~3150	40	
3AH5(上海西门子)	800~1250	25	
ZN67-12(VPR)	630~3150	25,31.5,40	采用固封绝缘技术
VSm-12	1250	31.5	采用固封绝缘技术
ZND-40.5	1250~2000	25,31.5	
W-VAC(西屋公司)	630~2000	25,31.5	

二、隔离开关与接地开关

高压开关柜内使用的隔离开关品种较少。在 10kV 级，早先使用的产品 GN6、GN8、GN10 系列已被 GN19-10、GN19-10D（D 表示附带接地开关功能）所取代。GN19 是一种改进型产品，其特点是采用整体铸造的纯铜静触头结构。改进型产品还有 GN23、GN24。目前使用较多的 GN30-10、GN30-10D 型旋转式隔离开关，采用环氧树脂浇注来实现导电闸刀的对地和相间绝缘。其中，GN30-10 有一个接地端，GN30-10D 有两个接地端，如图 3-37 所示。

GN30-10D 是旋转式的双断口隔离开关，它在分断位置时旋转导体接地，即将带电体（如主母线）和被隔离导体（如断路器）之间形成"金属分隔"（即两个对地断口）。这时，带电体只可能发生相间或相对地放电，而不致波及被隔离的导体，从而保证了检修人员的安全。

35kV 开关柜安装的隔离开关主要是 GN2-40.5 型。

接地开关是在检修电气设备时为确保人身安全而用来接地的一种装置。高压开关柜中使用的接地开关有两类，一类是附装在隔离开关本体上，如上述的 GN19-10D、GN30-10D；另一类是独立式结构，目前主要有 JN12-12、JN15-12、ES1、JN□-35 等型号。

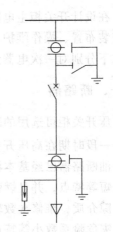

图 3-37　GN30 隔离开关在开关柜中的应用

接地开关的选择要考虑的电性能除额定电压、额定绝缘水平、额定短时耐受电流、额定峰值耐受电流外，还要考虑短路关合能力。

三、负荷开关

高压负荷开关可用于负荷开关柜和环网柜（负荷开关-熔断器组合电器柜）中，用来开断正常负荷电流和过负荷电流，并具有一定的短路关合能力。它通常与熔断器配合使用，负荷开关用于控制和过负荷保护，熔断器用于短路保护。

目前，高压负荷开关主要有产气式负荷开关、压气式负荷开关、SF_6 负荷开关和真空负荷开关 4 类。它们都可用于高压开关柜中。国内生产的负荷开关的主要产品有：

1）产气式负荷开关：FN5、FN7、FN8、FN15。

2）压气式负荷开关：FN11、FN12、FN14、FN18（LK）。

3）SF_6 负荷开关：FN24、FN26、SFL/FLN、FLN43-12D（D 表示附带接地开关）。

4）真空负荷开关：ZFN、FN16、FN20。

高压负荷开关中有些型号的是三工位负荷开关，如上述的 ZFN、FLN43-12D。三工位是

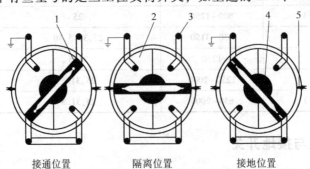

接通位置　　　　　　隔离位置　　　　　　接地位置

图 3-38　三工位负荷开关操作原理

1—动触头　2—灭弧室　3—静触头　4—传动轴　5—触头盒

指接通位置、隔离位置和接地位置，其操作原理如图 3-38 所示。开断时，灭弧室先开断，接着完成隔离与接地；关合时，从接地位置返回。

四、限流熔断器

高压限流式熔断器利用过载和短路电流将熔体熔化后，由石英砂吸收弧能，冷却、熄灭电弧。其熔体材料为纯铜或纯银，额定电流较小的用线状熔体，额定电流较大的用带状熔体。

限流熔断器可以单独使用，也可以与高压负荷开关、高压接触器组合使用，取代某些场合用的断路器。但与负荷开关配合使用的熔断器，必须带撞击器。这是为了防止熔断器单相熔断时设备非全相运行，由负荷开关配合动作，负荷开关在熔断器撞击器的作用下脱扣跳闸，完成三相电路的开断。熔断器打击撞击器的方法有 3 种：炸药、弹簧和鼓膜。

熔断器的熔管有 3 种形式：①形式 A，不带指示器，不带撞击器；②形式 B，带指示器；③形式 C，带撞击器。图 3-39 是一种高压限流熔断器的结构。熔体的支撑是一个横截面为星形的绕线体，石英砂填充熔管和熔体之间的空腔。撞击器装在熔体支架内。当熔断器熔断时，它动作并承担脱扣功能。当熔断器熔断时，它同时作为可见指示器。

国内生产的限流熔断器有 RN1 ~ RN6、XRNT1/SBLAJ、XRNT1/SFLAJ、XRNT2/FFLAJ、XRNT2、XRNT3、XRNM1/WDF、XRNM1/WFF、XRNP、CEF12、SKDAJ、SFLAJ 等。其中，RN2 专用于保护电压互感器。

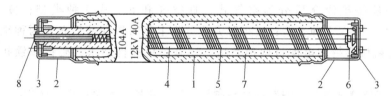

图 3-39　高压大容量限流熔断器的结构

1—熔管　2—接触帽　3—封盖　4—熔体支架　5—熔体　6—接线端子　7—石英砂　8—撞击器

五、负荷开关-限流熔断器组合电器

高压开关柜中，负荷开关和限流熔断器可以配合使用，即负荷开关-熔断器组合电器，如图 3-40 所示。当选用这两种电器组合使用时，必须解决它们之间的开断特性配合问题。

熔断器与负荷开关的配合可按开断电流大小划分成 4 个区域：

（1）区域 I　开断正常负荷电流范围，开断电流 $I<I_{nk}$。I_{nk} 为组合电器的额定电流，它小于熔断器的额定电流 I_{nHH}。这一区域由负荷开关单独完成，负荷开关三相开断，三相熄弧。

（2）区域 II　开断过负荷电流范围，$I_{nHH}<I<3I_{nHH}$。在此范围内，熔断器承受超过额定电流的过电流。约从 $2I_{nHH}$ 起，熔体动作，但熔断器尚不能熄弧。熔断器的撞击器触发，使负荷开关动作，三相开断并熄弧。在这里，熔体动作的含义是所有主熔体至少在一处金属断开。这就是说，在过负荷范围内，由负荷开关三相开断并熄弧。

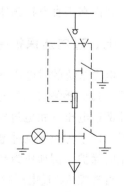

图 3-40　负荷开关-熔断器组合电器

（3）区域Ⅲ　转移电流 I_{TC} 范围。约从 $3I_{nHH}$ 起，熔断器动作后亦可熄弧。在三相电路中，三相熔断器之一首先动作，触发撞击器并熄弧。负荷开关熄灭另两相中的电流，其他两个熔断器可能也动作，但负荷开关有时动作更快，在它们之前熄灭电弧。因此，在转移电流区域，熔断器与负荷开关配合共同完成开断任务。转移电流是负荷开关在不同功率因数下所能开断的最大电流，它介于 $5I_{nHH}$（小型熔断器）～$15I_{nHH}$（大型熔断器）之间。

（4）区域Ⅳ　限流范围。当故障电流更大时（约从 $20I_{nHH}$ 起），熔断器在电流的第一个半波就已经动作，并将故障电流的峰值限制到它的允通电流值。这时熔断器开断大于转移电流 I_{TC} 的电流，负荷开关在撞击器作用下虽动作，但不开断电流。

在负荷开关-熔断器组合电器中，对负荷开关提出了转移电流与交接电流的要求。转移电流是指熔断器与负荷开关转移开断职能时的三相对称电流值。当小于该值时，首相电流由熔断器开断，而后两相电流就由负荷开关开断。交接电流为熔断器不承担开断、全部由负荷开关开断的三相对称电流值。小于这一电流时，熔断器把开断电流的任务交给带脱扣器触发的负荷开关承担。

六、高压接触器

高压接触器是一种高压控制电器，主要用于对高压电动机、变压器、电容器等电气设备进行控制和频繁操作。高压接触器频繁操作性能很好，最高的可达 200 万次。

高压接触器按绝缘介质分为空气式、真空式和 SF_6 式 3 种类型；按电压等级分 3.6kV、7.2kV、12kV 3 种类型；按布置方式分为上下布置和前后布置两种结构；按合闭保持方式分为机械保持和电保持两种类型。还有采用高性能永久磁铁作锁扣的，称永磁保持。

高压真空接触器和 SF_6 接触器具有寿命长、操作频繁、安全可靠、体积小、质量小、不污染环境、价格低和良好的开断性能等一系列优点。

真空或 SF_6 接触器与高压限流熔断器等元件构成的组合单元（F-C 回路）在冶金、化工、煤炭、港口等许多需要频繁操作的场所大量采用。由于在不降低要求的情况下采用 F-C 回路比使用高压真空断路器、SF_6 断路器至少节约一次性投资 30% 以上，节约长期性投资更可观，有明显的经济效益，为用户所青睐，故众多制造商都在将高压接触器，特别是高压真空接触器用于 F-C 回路开关柜中。

国内高压真空接触器主要有 JCZ□ 和 CKG□ 两个系列。

七、过电压保护装置

电力系统的过电压分为内部过电压（包括操作过电压、弧光接地过电压、铁磁谐振过电压、真空断路器截流过电压、真空灭弧室重燃过电压、断线谐振过电压、工频过电压）和外部过电压（雷电过电压）两大类。高压开关柜根据其用途，应配置相应的过电压保护装置，用于防止雷电过电压的高压开关柜，可配氧化锌避雷器（压敏电阻避雷器）；内部过电压的保护，例如作为高压电容器组投切、高压电动机和电弧炉的切合等用途的高压开关柜，可选配 RC 过电压吸收器、氧化锌避雷器等。

RC 过电压吸收器（如 LG 型等）是电阻与电容串联电路，用电容 C 削平过电压波，用电阻 R 吸收能量。

氧化锌避雷器既能保护雷电过电压，又能保护内部过电压。它分为有串联间隙和无间隙两类。串联间隙氧化锌避雷器因其不需靠间隙灭弧来切断续流，间隙数量减少为 3~10kV 只有 1 个，35kV 仅有 3 个，间隙数量少，动作无时延，故有阀型避雷器和无间隙氧化锌避雷器的一切优点。

串联间隙氧化锌避雷器又分为两种：

1）二功能串联间隙氧化锌避雷器：只有陡波及雷电保护功能。

2）三功能串联间隙氧化锌避雷器：有陡波、雷电及操作过电压保护功能。

防雷保护可用二功能或三功能串联间隙氧化锌避雷器；操作过电压保护可用三功能串联间隙氧化锌避雷器。

串联间隙氧化锌避雷器主要参数选择如下：

1）持续运行电压：即在运行中允许持续施加在避雷器两端的工频电压有效值。35kV 及以下电网，选择氧化锌避雷器的持续运行电压按电网最大相电压考虑，而不是线电压。这主要是考虑在线电压运行时间不到全年的 1%，且是断续的。

2）额定电压：即正常运行时端部的最大工频电压的有效值。据我国避雷器使用导则，氧化锌避雷器的额定电压应按照电网中单相接地条件下健全相的最大暂态工频电压选取。

3）参考电压（kV）：包含工频参考电压和直流参考电压。参考电压不宜选取过低，以免单相接地时出事故，一般取 1.5~2.5 相电压。

4）标称放电电流：即冲击波形为 $8/20\mu s$ 的一定大小的放电电流峰值。在 3~35kV 电网中，流过避雷器的雷电流均不超过 5kA，标称电流可选取 5kA 系列。

5）残压（kV）：即避雷器流过标称电流时的端电压。残压是绝缘配合的基础，因氧化锌避雷器要承受一定程度的弧光接地和谐振过电压，幅度降低有困难，一般取配合系数为 1.4。

此外，高压开关柜中使用的过电压保护装置还有一种将氧化锌避雷器与 RC 过电压吸收器并联的复合式过电压保护器，RC 过电压吸收器对操作过电压防范有利，能解决高频振荡过电压，还能弥补氧化锌避雷器反应速度过慢的特性，而氧化锌避雷器具备承受大的冲击电流和保护 RC 回路的作用。

八、互感器

高压开关柜中的互感器包括电压互感器、电流互感器和零序电流互感器。

零序电流互感器用于电缆线路的对地绝缘监视（单相接地保护），可选 LJ-φ75 型，它是电缆式的，可配 DD11/0.2 继电器。

对于测量和保护用的电流互感器，型号较多，可选 LA、LZZB、AS12 系列等。

电压互感器根据其接线方式可选相应型号的产品。35kV 高压开关柜，尤其是手车柜中的电压互感器要求外形尺寸小，质量小，环氧树脂浇注全封闭，目前有 JDZ8-35、JDZJ8-35、JDZX8-35 等型可供选择。

九、高压带电显示装置

本章第五节已述及高压带电显示装置的原理。目前有 GSN 型、DSN 等型号可供选择。

第八节　高压开关柜的辅助回路

高压开关柜的辅助回路是指高压开关柜中除主回路外的所有控制、测量、信号和调节回路内的导电回路。它包括断路器等开关元件的操作控制电路、测量回路、信号回路、继电保护回路、绝缘监视回路等。断路器的操作控制电路类型较多，将在下一章专门讨论。

一、电能计量专用柜二次回路

每种型号的高压开关柜都有电能计量专用柜，图3-41是一种10kV电网中使用的电能计量专用柜的二次电路。它有3个仪表：有功电能表、无功电能表和一个电压表，并有一个电力定量器（DSK）。DSK的原理与功率表类似，它由供电部门设置一个最大功率值，当用户的负荷超过设定的最大功率值时，这一装置即报警，并延时一定时间后使电源进线上的开关跳闸，切断电源。

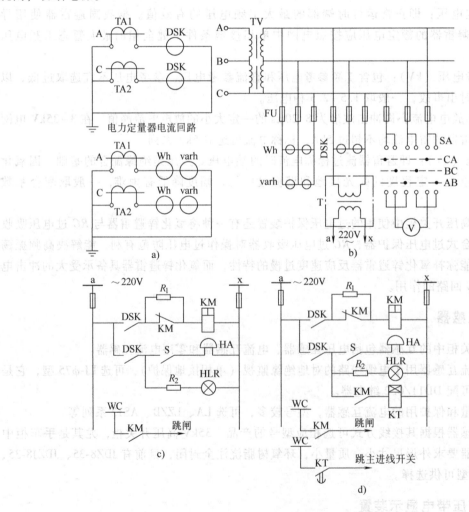

图3-41　10kV电能计量专用柜的二次电路

a）电流回路　b）电压回路　c）保护控制回路方案一　d）保护控制回路方案二

由于 3~35kV 电网属于小电流接地系统（系统中性点不接地或经消弧线圈接地），因此使用三相两元件电度表，其原理接线如图 3-42 所示。

表 3-5 是这一电路中主要元件的型号规格。

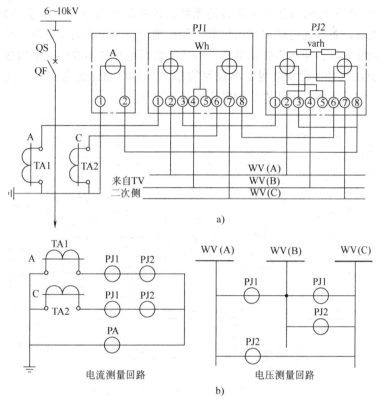

图 3-42　10kV 电网电气测量仪表原理电路

表 3-5　电能计量专用柜主要元件的型号规格

名　称	符号	型　号　规　格	数量
电流互感器	TA	LQJ-10,5A	2
电压互感器	TV	JDJ-10,10000/100A	2
有功电能表	wh		1
无功电能表	varh		1
电力定量器	DSK	DSK1、2,100V,5A	1
中间变压器	T	BK400,100/220V	1
钮子开关	S	KN,3A	1
中间继电器	KM	DZ-52/~220V	1
时间继电器	KT	JS-10,~220V,24min	1
电铃	HA	UC4-2,φ75mm,~220V	1
电阻	R	ZG11-15,3kΩ	1
红色指示灯	RD	XD5,~220V	1
熔断器	FU	R1-10,5A	1
切换开关	SA	LW2-5.5/F4-X	1
电压表	V	1T1-V,10/0.1kV	1

二、电压测量与绝缘监视回路

每种型号的高压开关柜都有电压互感器（PT）柜，它用于母线的电压测量和系统的绝缘监视。我国3~35kV电网属于小电流接地系统，即系统中性点不接地或经消弧线圈接地，当电力线路或电气设备对地绝缘损坏而导致一相接地时，系统接地相电压为零，完好的两相对地电压升高到线电压，并产生接地电流。由于系统线电压并不改变，所以按规定系统还可以运行2h。但此时必须由保护装置发出报警信号。图3-43所示的电路就是这种装置，称为绝缘监视装置，它反应不对称相电压的零序电压而动作。

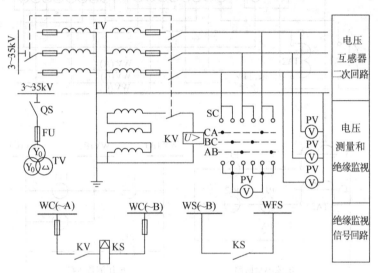

图3-43　电压测量与绝缘监视原理电路

PV—电压表　KV—电压继电器　KS—信号继电器

WC—控制小母线　WS—信号小母线　WFS—预告信号小母线

三、防凝露加热装置

电气设备柜体内壁表面温度下降到露点温度以下时，内壁表面会发生水珠凝结现象。凝露是否发生取决于室内温度、柜内温度、相对湿度以及露点温度。如果温度较高且湿度较大的空气遇到温度较低的物体，其表面温度低于该空气的露点温度，则会发生凝露现象，在温度较低的物体表面上产生液态水。在一定的温度条件下，空气中的相对湿度越高，结露的温度越接近环境温度，即环境温度越接近露点温度，凝露就越容易发生。以下环境中电气设备产生凝露的可能性非常大：

1）高湿度地区，环境温度变化大，电气设备机柜底部潮湿，有的电缆沟甚至有积水。

2）电气机柜在地下室，湿度比较大，柜内温度特别接近地面的温度，低于环境温度。

3）设备处于暂时停运状态，机柜内温度比周围环境温度低，内部器件表面极易形成凝露，在这种情况下，一旦送电投运，就可能发生电气事故。

电气设备产生凝露后，很容易发生放电，引起短路事故。因此，电气设备运行时应设法消除凝露。要想防止凝露的发生，只要保持柜体内部的温度始终高于外部环境温度即可。不管环境温度如何，形成结露的露点温度始终低于环境温度。

防凝露有两种方法：

（1）温度控制法　即相对湿度控制法，主要是利用加热电阻直接提高柜内温度，或者利用保温材料增加机柜的热阻，提高柜内温度。这两种方法的目的都是保持设备表面和环境的合适温差，降低电气设备附近环境的相对湿度，破坏凝露形成的温差条件，达到阻止凝露形成的目的。对于相对封闭的设备柜体空间，如果能使柜内温度始终处于露点温度之上，则凝露不会发生。

（2）湿度控制法　湿度控制法即绝对湿度控制法，通过增加机柜的密封性，减少水蒸气的进入，利用干燥剂吸收除去机柜内的水分，通过降低绝对湿度来控制相对湿度。此方法的目的在于降低空气中的绝对湿度，减少空气中水蒸气的含量，从而阻止凝露的发生。此方法一般通过结构及工艺措施来实现。另外，增加设备表面涂层也可以起到一定的防护作用。

现在高压开关柜一般都采用电加热方式，并结合防凝露控制器来达到除湿、防凝露的目的，以杜绝绝缘事故发生。常用的柜内加热除湿措施有以下几种：

（1）方式1　柜内电缆室、断路器室各安装一个铝合金加热板，采用空气散热方式。其中，电缆室用100W型；断路器室因空间小，用50W型。由用户根据环境状态自行决定加热板的投切。加热板工作时表面温度130~140℃，人手不可触碰，该种梳状铝合金加热板连续不间断加热时寿命较短。

（2）方式2　柜内电缆室、断路器室各安装一个铝合金加热板，空气散热方式，另外安装一个自动加热除湿控制器，利用湿度传感器自动启动加热板，也可手动投入加热，并具有加热板断线监测功能。

（3）方式3　柜内电缆室、断路器室各安装一个薄板防烫型加热板，加热板散热面紧贴固定在柜体敷铝锌板上，加热板另一面上浇铸了一层硅橡胶，利用柜体的敷铝锌板散热，要求用户在开关柜分支运行电流低于1600A时，将加热板全天候不间断投入运行。加热板工作时表面温度不超过80℃，且人手可触碰，该种薄板式加热板连续不间断加热时寿命较长，可达15~20年。

第九节　通用型高压开关柜的技术特点

前面已对高压开关柜的结构和主电路进行了详细介绍，本节将选取一些典型的产品，对其技术特点进行剖析。

一、KYN28A-12型中置式手车柜

以KYN28A-12（GZS1）型中置式手车柜为例，对10kV电网中使用的中置式手车柜的技术特点进行剖析。

（一）性能参数

KYN28A-12型开关柜主要技术参数见表3-6。

（二）结构

KYN28A-12是铠装式金属封闭开关设备，整体是由柜体和中置式手车两大部分组成，其主要技术参数见表3-6。

表 3-6　KYN28A-12 型开关柜主要技术参数

项　目		数　据
额定电压/kV		3.6,7.2,12
额定绝缘水平	1min 工频耐受电压/kV	42/49
	雷电冲击耐受电压/kV	75/85
额定频率/Hz		50
主母线额定电流/A		630,1250,1600,2000,2500,3150,4000
分支母线额定电流/A		630,1250,1600,2000,2500,3150,4000①
4s 短时额定耐受电流/kA		16,20,25,31.5,40,50
额定峰值耐受电流/kA		40,50,63,80,100,125
防护等级		外壳为 IP4X,隔板、断路器室门打开时为 IP2X

① 采用强风冷却措施。

柜体分 4 个单独的隔室,外壳防护等级为 IP4X,各小室间和断路器室门打开时防护等级为 IP2X。具有架空进出线、电缆出线及其他功能方案,经排列、组合后能成为各种方案形式的配电装置。可以从正面进行安装调试维护,因此它可以背靠背组成双重排列或靠墙安装。

1. 外壳

外壳采用敷铅锌薄钢板经 CNC 机床加工,并采取多重折边工艺,这样使整个柜体不仅具有精度高、强的抗腐蚀与抗氧化作用,而且由于采用组装式结构,用拉铆螺母和高强度的螺栓联接而成。这样使加工生产周期短,零部件通用性强,便于组织生产。

2. 手车

手车骨架采用薄钢板经 CNC 机床加工后组装而成。手车与柜体的绝缘配合、机械联锁安全、可靠、灵活。根据用途不同,手车分断路器手车、电压互感器手车、计量手车、隔离手车。各类手车按模数、积木式变化设计,同规格手车可互换。

手车在柜体内有断开位置、试验位置和工作位置,每一位置都分别有定位装置,以保证联锁可靠。各种手车均用蜗轮、蜗杆摇动推进、退出,其操作轻便、灵活。

断路器手车上装有真空断路器及其他辅助设备。当手车用运载车运入柜体断路器手车室时,便能可靠锁定在断开位置或试验位置,而且柜体位置显示灯显示其所在位置。只有完全锁定后,才能摇动推进机构,将手车推向工作位置。手车到工作位置后,推进手柄即摇不动,其对应位置显示灯显示其所在位置。手车的机械联锁能可靠保证手车只有在工作位置或试验位置时,断路器才能进行合闸;只有断路器在分闸状态时,手车才能移动。

3. 隔室

主要一次电气元件都有其独立的隔室,即:断路器手车室、母线室、电缆室、继电器仪表室,各隔室间防护等级达到 IP2X。除继电器室外,其他隔室都分别有泄压通道。由于采用了中置式,电缆室空间大大增加,因此可接多路电缆。

(1) 手车室　隔室两侧安装了轨道,供手车在柜内移动。静触头盒的活门安装在手车室的后壁,当手车从断开位置/试验位置移动到工作位置过程中,上、下静触头盒上的活门与手车联动,同时自动打开。当反方向移动时,活门则自动闭合,直到手车退至一定位置而完全覆盖住静触头盒,形成有效隔离。同时,由于上、下活门不联动,在检修时,可锁定带电侧的活门，从而保证检修维护人员不触及带电体。在手车室门关闭时，手车同样能被操作，通过上门观察窗，可以观察隔室内手车所处位置、分合闸显示、储能状况。

在手车室的门上设置了手动操作紧急按钮，当电气操作出现异常情况时，可在门关闭状态下，通过按钮对断路器进行手动合、分操作。

（2）母线室　主母线通过分支母线和静触头盒固定。主母线和联络母线为矩形截面的铜排，大负荷电流（>2000A）时，则采用两根 D 形铜管母线以平面对平面拼成外观为圆形的母线。支母线通过螺栓联接于静触头盒和主母线，不需要其他支撑。对于特殊需要，母线可用热缩套和联接螺栓绝缘套和端帽覆盖。相邻开关柜母线用套管固定，这样联接母线间所保留的空气缓冲，在万一出现内部故障电弧时，能防止其贯穿熔化，套管能有效把事故限制在本柜内而不向其他柜蔓延。

（3）电缆隔室　电缆室空间较大。电流互感器、接地开关装在隔室后壁上，避雷器安装于隔室后下部。将手车和可抽出式水平隔板门移开后，施工人员就能从正面进入柜内安装和维护。电缆室内的电缆连接导体，每相可并联 1~3 根单芯电缆，必要时每相可并接 6 根单芯电缆。连接电缆的柜底配制开缝的可卸式非金属板或不导磁金属封板，确保了施工方便。

（4）继电器仪表室　继电器仪表室内可安装继电保护元件、仪表、带电显示装置指示器以及特殊要求的二次设备，控制线路敷设在足够空间的线槽内，并有金属盖板，可使二次线与高压室隔离。其左侧线槽是为控制母线的引进和引出预留的，开关柜自身内部的二次线设在右侧。在继电器仪表室的顶板上还留有便于施工的小母线穿越孔。接线时，仪表室顶盖板可供翻转，便于小母线的安装。若小母线采用次圆形铜棒小母线，则不能超过 10 路控制小母线；若小母线用电缆连接，则可敷设 15 路控制小母线。

4. 联锁装置

开关设备内装有安全可靠的联锁装置，满足五防要求。

1）仪表室门上装有提示性的按钮或者 KK 型转换开关，以防止误合、误分断路器。

2）断路器手车在试验或工作位置时，断路器才能进行合分操作，而且在断路器合闸后，手车无法移动，防止了带负荷误推拉断路器。

3）仅当接地开关处在分闸位置时，断路器手车才能从试验/断开位置移至工作位置；仅当断路器手车处于试验/断开位置时，接地开关才能进行合闸操作（接地开关可附装带电显示装置），这就防止了带电误合接地开关及防止了接地开关处在闭合位置时关合断路器。

4）接地开关处于分闸位置时，下门及后门都无法打开；当接地开关处于合闸时，若下门或后门没有关上，接地开关不能分闸，防止了误入带电隔室。此外，还可以在接地开关操作机构上加装电磁锁定装置以提高可靠性。

5）断路器手车确实在试验或工作位置，而没有控制电压时，仅能手动分闸，不能合闸。

6）二次插头与手车的位置联锁。柜体上的二次线与断路器手车上的二次线的联络是通过手动二次插头实现的。二次插头的动触头通过一个尼龙波纹伸缩管与断路器手车相连，二次静触头座装设在开关柜手车室的右上方。断路器手车只有在试验/断开位置时，才能插上和拔出二次插头。断路器手车处于工作位置时由于机械联锁作用，二次插头被锁定不能拔出，断路器手车在二次插头未接通之前仅能进行分闸，所以无法使其合闸。

5. 泄压装置

开关柜从设计上已经考虑到开关柜内部故障电弧防护。在断路器手车室、母线室和电缆室的上方均设有泄压装置，当断路器或母线发生内部故障电弧时，伴随电弧的出现，开关柜内部气压升高，装设在门上的特殊密封圈把柜前面封闭起来，顶部装设的泄压金属板自动打开，释放压力和排泄气体，以确保操作人员和开关柜的安全。

6. 带电显示装置

开关柜内设有带电显示装置，它由高压传感器和显示器两个单元组成，不但可以提示高压回路带电状况，而且还可以与电磁锁配合，实现强制锁定开关手柄，达到防止带电关合接地开关，防止误入带电间隔。

7. 防止凝露和腐蚀

为了防止在高湿度或温度变化较大的气候环境中产生凝露带来危险，在手车室和电缆室内分别装设加热器和凝露自动控制器，防止凝露和腐蚀。

8. 接地装置

在电缆室内设有 $10×40mm^2$ 的接地铜排，此铜排能贯穿相邻各柜，并与柜体良好接触。由于整个柜体用敷铝锌板相拼联，这样使整个柜体都处在良好接地状态之中，确保运行操作人员的安全。

二、KYN61-40.5 型落地式手车柜

以目前国内应用较广的 KYN61-40.5 型落地式手车柜为例，对 35kV 电网中使用的手车柜的技术特点进行剖析。

（一）性能参数

KYN61-40.5 型开关柜主要技术参数见表 3-7。

表 3-7　KYN61-40.5 型开关柜主要技术参数

项　　目		数　　据
额定电压/kV		40.5
额定绝缘水平	1min 工频耐受电压/kV	95
	雷电冲击耐受电压/kV	185
额定频率/Hz		50
主母线额定电流/A		1250,1600,2000,（2500）
额定短路开断电流/kA		20,25,31.5
额定短路关合电流/kA		50,63,80
4s 短时额定耐受电流/kA		25,31.5
额定峰值耐受电流/kA		50,63,80
防护等级		外壳 IP4X；隔板、断路器室门打开时为 IP2X

（二）结构

KYN61-40.5 型是铠装式金属封闭开关设备由柜体和手车两大部分组成，如图 3-44 所示，具有电缆进出线、架空进出线、联络、计量、隔离及其他功能方案。

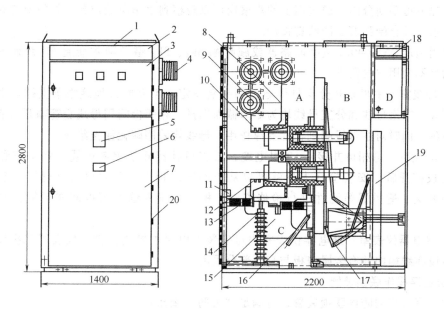

图 3-44 KYN61-40.5 型手车柜结构示意图

A—母线室 B—手车室 C—电缆室 D—继电器仪表室

1—柜体 2—小母线盖板 3—仪表室门 4—母线套管 5—一次模拟图 6—铭牌 7—手车室门
8—主母线 9—支母线 10—触头盒 11—照明灯 12—电流互感器 13—绝缘子 14—避雷器
15—绝缘版 16—接地开关 17—活门 18—小母线端子排 19—断路器手车 20—铰链

1. 柜体

柜体选用冷轧钢板或敷铝锌板经过数控钣金设备加工折弯形成，通过高强度螺栓、螺母或拉铆螺母组装。柜体各构件采用喷塑或表面镀锌工艺，这样柜体不仅具有很高的精度，而且具有质量小、机械强度高、外形美观的特点。

2. 手车

KYN61-40.5 型开关柜为落地手车柜。断路器手车由断路器和底盘车两部分构成。手车骨架由优质钢板折弯焊接而成，根据用途手车可分为断路器手车、隔离手车、电压互感器手车、避雷器手车等。同规格的手车可以互换。手车底盘车有丝杠螺母推进机构、超越离合器和联锁机构等。丝杠螺母推进机构可轻便地操作使手车在试验位置和工作位置之间移动，借助丝杠螺母自锁性可使手车可靠地锁定在工作位置，防止因电动力作用引起手车窜动引发事故。超越离合器在手车移动退至试验位置和进至工作位置到位时起作用，使操作轴与丝杠自动脱离而空转，可防止超限操作损坏推进机构。

3. 隔室

柜体分为母线室、手车室、电缆室和继电器仪表室等 4 个独立隔室，母线室、手车室、电缆室都设有泄压通道。

（1）手车室 断路器手车室底部装有导轨，对手车在试验位置和工作位置间平稳运动起正确导向作用。触头盒前装有活门，上下活门在手车从试验位置移动到工作位置过程中自动打开；当手车反方向移动时自动关闭，形成有效的隔离。上下活门联动，检修时可锁定，以保证检修人员不会触及带电体。柜门关闭时手车可以操作，柜门上开有紧急分闸操作孔，在紧急情况下可手动分闸。通过门上的观察窗可以观察到手车所处位置。柜门上有断路器分合位置指示器及合闸弹簧储能状态指示。

可配用国产 ZN85-40.5 真空断路器或施耐德 SF$_1$、SF$_6$ 型及阿尔斯通 FP 系列 SF$_6$ 断路器，以满足不同用户的需求。

（2）母线室　主母线和分支母线通过触头盒固定，不需要其他绝缘子支撑。主母线为纯铜圆母线，联络母线和分支母线均为矩形截面铜排。相邻柜间用母线套管隔开，能有效防止事故蔓延，同时对主母线起到辅助支撑作用。母线均采用硫化涂覆绝缘。

（3）电缆室　每相可并接 1~3 根电缆，最多可并接 6 根单芯电缆。将手车和可抽出式水平隔板移开后，安装检修人员就可以从正面进入柜内，可对电流互感器、电压互感器、接地开关、避雷器等元件进行检修安装。柜底配置开缝的可拆卸式封板，方便电缆安装施工。

（4）继电器仪表室　继电器仪表室内可安装继电保护控制元件、仪表等二次设备。二次线路敷设在线槽内并有金属盖板与高压部分隔离。

4. 防止误操作联锁装置

开关柜有可靠的防误联锁装置，可满足"五防"要求：

1）继电器仪表室门上有明显提示标志的操作按钮，以防误合误分断路器。

2）手车只有处在试验位置或工作位置时，断路器才能进行分合闸操作，而且断路器只有处在分闸位置时手车才能从试验位置推向工作位置，或者从工作位置退到试验位置，从而可靠地防止带负荷分合隔离触头。

3）只有手车在试验位置时，接地开关才能进行合闸操作；接地开关处于合闸状态时，手车不能推到工作位置。

4）接地开关处于分闸状态时，开关柜后门不能打开；反之，后门没有关闭时，接地开关不能分闸，防止误入带电间隔。不装接地开关的断路器柜、母线分段柜和母线联络柜等还需要相应的电磁锁（或程序锁）配合完成全部防误功能。

5）只有手车在试验位置时，二次线路连接插件才能插入或拔出；当手车在工作位置时，二次插件被锁定而不能拔出。

5. 接地装置

手车与柜体间有可靠的接地装置；电缆室内单独设有 $5 \times 40 \text{mm}^2$ 的接地铜排，此铜排能贯穿整个排列，与柜体接触良好，供直接接地元件使用，从而使整个柜都处于良好的接地状态之中。

6. 泄压装置

在断路器手车室、母线室、电缆室设有泄压通道。各泄压盖板的一端用金属螺栓固定，另一端用塑料螺栓固定。当故障时，内部高压气体能容易地将泄压盖板冲开，释放压力。

7. 防凝露措施

为了防止凝露，在断路器室和电缆室分别装设加热器。

三、高原型箱式固定柜

以 XGN2A-12（Z）/T（G）为例，介绍高原型高压开关柜的技术特点。

XGN2A-12（Z）/T（G）适用于海拔 4000m 以下地区使用，最低大气压力在海拔为

2000m、3000m、4000m 时分别为 78kPa、68kPa、60kPa。

主要一次电器元件包括 ZN65A-12G 高原型整体式真空断路器、高原型旋转式隔离开关 GN30-12G 和高原型电流互感器 LZZBJ1-10GYW1，均有优越的绝缘性能和电气性能，其空气间隙和爬电比距都能满足在高海拔特殊环境中运行的要求，能够确保开关柜的耐压水平和环境适应性。

相间和相对地空气绝缘距离达到 180mm 以上，柜内采用大爬距的瓷质支持绝缘子或绝缘套管，使开关柜具有较好的绝缘强度和绝缘稳定性。

开关柜结构示意图如图 3-45 所示，其外形尺寸（高×宽×深）为 1400mm×1800mm×2850mm。主开关固定安装在离地面较近的部位，断路器室高度为 1600mm，有比较大的检修空间。采用三工位旋转式隔离开关，兼具接地开关的作用。电缆室与电缆沟之间采用橡胶封套封闭，以防潮湿气体及小动物进入柜内。

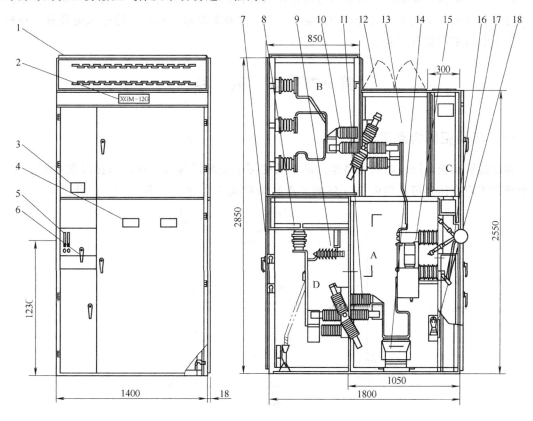

图 3-45　XGN2A-12（Z）开关柜结构示意图

A—断路器室　B—母线室　C—继电器仪表室　D—电缆室

1—母线室前封板　2—标牌　3—高压带电显示装置　4—观察窗　5—操动机构　6—操作手柄

7—程序锁　8—电压抽取装置　9—避雷器　10—上隔离开关　11—下隔离开关

12—压力释放装　13—压力释放通道　14—电流互感器　15—真空断路器

16—机械联锁　17—断路器辅助触点　18—照明灯

开关柜分为断路器室、母线室、电缆室和继电器仪表室 4 个隔室。断路器室和电缆室并称为主柜。隔室之间用钢板隔开，隔板的防护等级为 IP20。断路器室的顶部设有压力释放通道，柜体和柜门有足够的机械强度，内部故障电弧产生的高压气流向上喷出，不会冲开柜门。断路器室门（即前门）有观察窗，可用于观察断路器隔室内工作情况、断路器分合显示以及弹簧操动机构储能情况。

主母线室空间较大，主母线和旋转式隔离刀开关侧置于主母线室内。主母线贯穿连接相邻两柜，用装在柜侧壁上的母线套管支撑固定。分支母线直接连接于旋转式隔离开关静刀和主母线之间，不需要其他支撑。对于特殊需要，母线连接螺栓处可用绝缘套及端帽封装，以防止内部故障电弧向邻柜蔓延。

电缆室空间也较大，下旋转式隔离开关接地侧、避雷器等电器元件布置在电缆室内。电缆室内设有电缆连接导体，每相可并接 1～3 根导体。电缆室内支持绝缘子可设有带电显示装置，电缆通过支架固定。过电压吸收器可装于电缆室内。

该型开关柜为双面维护，从前面可以监视仪表，操作断路器和隔离开关，观察真空断路器分合状态（断路器面板上有分合指示器），开门检修断路器。从后面可进入电缆室。在断路器室和电缆室内装有照明灯。

第十节 环 网 柜

一、环网柜的特点与应用

为提高城市配电网供电的可靠性，供电系统可采用环形接线。在环形接线供电系统中，每个终端用户变压器可从供电点（环网节点）取得两个电源，一备一用。这种供电方式称

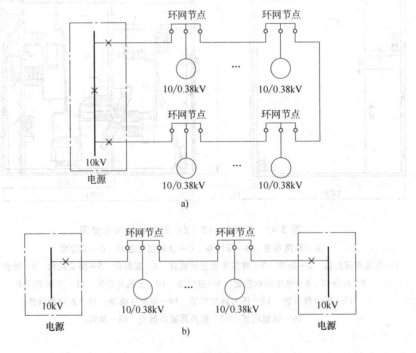

图 3-46 环网供电系统结构示意图
a) 普通环形接线 b) "手拉手" 环形接线

为环网供电，如图 3-46 所示。

环网柜（Ring Main Unit，RMU）是环网供电的关键设备，它是用于环网供电系统的高压开关柜。环网柜通常是负荷开关柜，或负荷开关-熔断器组合电器柜，也可以是小容量真空断路器柜，起控制和保护作用，用于通断负荷电流、开断短路电流及变压器空载电流，也可以通断架空线路、电缆线路的充电电流。环网柜具有结构简单、体积小、价格低、供电安全等优点。

通常一个环网供电单元（节点）至少由 3 个间隔组成：2 个环缆进出间隔，1 个变压器回路间隔，如图 3-47 所示。环网供电单元的结构有两种形式：

（1）整体型　一般将 3 至 4 个间隔装在一个柜体中，结构体积较小，但不利于扩建改造。

（2）组合式　即由几台环网柜（间隔）组合在一起，其体积较大，但可加装计量、分段等小型柜，便于扩建改造。

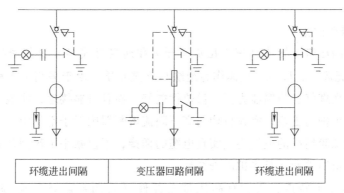

| 环缆进出间隔 | 变压器回路间隔 | 环缆进出间隔 |

图 3-47　环网供电单元

图 3-47 所示的环网供电系统，其高压配电设备由 3 个间隔（环网柜）组成，即 2 个环缆进出间隔（负荷开关柜），一个变压器回路间隔（负荷开关-熔断器组合电器柜）。环缆进出间隔采用电缆进线，是受电柜，它安装有三工位（合-分-接地）负荷开关，可及时隔离故障线路。变压器回路间隔对所接变压器起控制和保护作用。一旦供电线路出现故障时，进出环网间隔可及时切除故障线路，并迅速接通另一正常线路，恢复系统供电，因此供电可靠性高。同时，利用负荷开关-熔断器组合电器保护变压器可以限制短路电流值，并在 20ms 左右快速切除变压器内部短路故障，使变压器得到更为经济合理的保护。

环网供电单元主要用于环网供电或双电源辐射供电系统中，对各分支线路进行控制，起分配和开闭作用。另外，也常用于预装式变电站（箱式变电站）的变压器高压侧起控制和保护作用。还可用于终端供电系统，避免馈线终端短路故障的扩大。如果采用小容量真空断路器的环网柜，则由断路器进行保护。由于环网柜使用在城市电网的终端，配电方式灵活扩展性好，价格便宜，特别适用在居民小区、高层建筑、公共配电站及箱式变电站使用。

二、环网柜的类型

按主绝缘介质分，环网柜有以下几种类型：

1. 空气绝缘环网柜

以空气为主绝缘的环网柜，其主开关配用产气式、压气式或真空负荷开关，负荷开关有侧装和正装两种，操作机构都是正面安装的。该类产品体积较大，12kV 电压等级常见柜宽在 800mm，40.5kV 电压等级柜宽 1700mm。主开关如若选用真空负荷开关，由于采用的真空灭弧室只能开断，不能隔离，设计时负荷开关前须再加上一个隔离开关，形成隔离断口，开关的功能才能完备。

2. 空气和 SF_6 气体混合绝缘环网柜

该型环网柜的主开关一般选用 SF_6 负荷开关，设计时将其置于全密封的环氧树脂或不锈钢壳体中，内充低压力的 SF_6 气体作为绝缘介质（SF_6 气体同时也是灭弧介质）。其余一次高压带电部件，如一次母排、一次连接电缆、电压/电流互感器和避雷器等则安装在空气中。由于 SF_6 负荷开关具有优异的电气性能，同时开关柜的体积要比同类型的空气绝缘环网柜小很多，又能方便可实现三工位，且其功能齐全、组合方便、易于实现配网自动化，近年来得到了大量的应用。

3. 气体全绝缘环网柜

该型环网柜将高压带电导体（三工位负荷开关和连接母线等）全部密封在充有低气压 SF_6 气体的不锈钢壳体中，以 SF_6 气体作为绝缘与灭弧介质。由于采用了不锈钢外壳，气体全绝缘环网柜不但强度好、防腐能力强、散热性能好，而且可靠接地，能最大限度地保证人身安全。为了方便维护与更换，操作机构与高压限流熔断器则置于空气中。同时该型环网柜还采用了预制式硅橡胶绝缘的电缆终端实现电缆的插接，不仅减小了环网开关的体积，而且提高了安装的方便快捷性和运行维护的安全性。

该类产品具有以下特点：①所有高压带电部件（熔断器除外）全部密封在低压力的 SF_6 气箱中，不受外界环境影响；②采用模块化设计，由不同模块组合实现各种主接线，并可根据需要变换组合方式形成多回路开关系统；③采用界面绝缘结构，易于实现高压带电部件的插接以及柜体的扩展；④熔断器脱扣机构位于开关柜前部，更换方便；⑤全屏蔽电缆进出线；⑥可配用高压监视元件，综合数字式继电器；⑦可配高压计量柜。

4. 固体绝缘环网柜

该型环网柜彻底取消了压力容器的应用，开关本体的内绝缘与灭弧采用真空介质，外绝缘采用绝缘筒固化开关部件，由封闭母线连接各个回路。绝缘筒采用固封极柱技术，将真空灭弧室、主导电回路和绝缘支撑等有机结合为一体，实现全绝缘、全密封和免维护结构。绝缘筒采用环氧树脂材料制成，母线采用硅橡胶材料进行封装。这种结构由于隔绝了空气、水气、灰尘及冷热气源，有效地减缓了电源体的腐蚀。

该类产品具有以下特点：①高压带电部件全部被环氧树脂套筒和硅橡胶封闭母线包裹，实现全绝缘全密封结构；②开关设备配有隔离设施，开关工作位置通过面板上视察窗可直接观察；③真空开关外绝缘采用固封极柱方式，适应于室外运行；④单元模块化结构设计，更换维修方便；⑤分相绝缘，相间绝缘性能好；⑥箱体表面无紧固件可供拆卸，防盗性好；⑦以插接式电缆终端作为进出线，无裸露带电部件存在。

三、XGN15-12 空气绝缘环网柜

（一）主要技术参数

负荷开关柜和负荷开关-熔断器组合电器柜的主要技术参数见表 3-8。

表 3-8　负荷开关柜和负荷开关-熔断器组合电器柜主要技术参数

项　目		数　据	
		负荷开关柜	负荷开关-熔断器组合电器柜
额定电压/kV		12	
额定绝缘水平	1min 工频耐受电压/kV	42	
	雷电冲击耐受电压/kV	75	
额定频率/Hz		50	
额定电流/A		630	125
3s 短时额定耐受电流/kA		20	
额定峰值耐受电流/kA		50	
额定短路关合电流(峰值)/kA		50	125
额定有功负荷开断电流/A		630	
额定闭环开断电流/A		630	
额定电缆充电开断电流/A		10	
最大空载变压器开断容量/kV·A		1250	
额定短路开断电流/kA			50
额定转移电流/A			1700
熔断器最大额定电流/A			125
机械寿命/次		2000	
撞击器动作脱扣时间/s		≤0.06	
SF_6 气体额定压力(表压)/MPa		0.045	
防护等级		IP3X	

（二）结构特点

XGN15-12 型环网柜的总体结构如图 3-48 所示。

1. 柜体

环网供电单元由一个负荷开关-熔断器组合电器柜和两个负荷开关柜组成。柜体上部为左右联络母线室，即上母线室。仪表室、控制室位于上母线室前部。柜体下部为电缆进出线室，即下进出线室。柜中部为负荷开关室，该室将上母线室和下进出线室分隔开。负荷开关柜内负荷开关分断额定工作电流，负荷开关-熔断器组合电器柜由熔断器分断短路电流。

2. 操作机构

负荷开关的操作机构有手动操作和电动操作两种方式。手动操作用操作杆按操作程序手动旋转传动杆，机构弹簧即可储能，使负荷开关和接地开关分合闸。电动操作只需按仪表板上的指示按钮即可使负荷开关和接地开关分合闸。

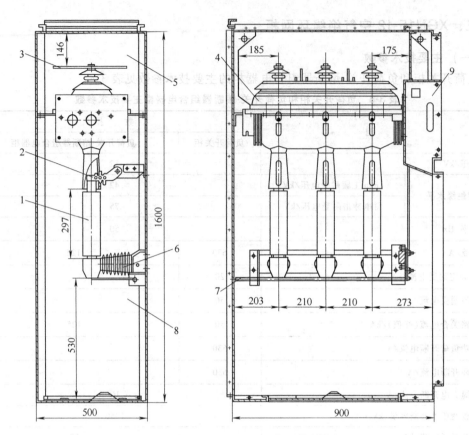

图 3-48　XGN15-12 型环网柜总体结构

1—熔断器　2—负荷开关脱扣器　3—主母线　4—负荷开关（SF_6）　5—母线室

6—传感器　7—接地开关　8—电缆室　9—操动机构箱

3. 联锁

开关柜设有的"五防"功能如下：

1）防止误分、误合负荷开关。

2）防止带负荷分、合隔离开关。

3）防止带电合接地开关。

4）防止接地开关处于接地位置时合隔离开关。

5）防止误入带电间隔。

负荷开关由主触刀、隔离刀、接地刀互相联动，即主开关、隔离开关、接地开关不能同时关合，且接地开关与柜门也设有机械联锁，只有当接地开关闭合时，柜门才能打开。

四、XGN35-12 SF$_6$ 绝缘环网柜

XGN35-12 SF$_6$ 绝缘环网柜（负荷开关柜）的总体结构图如图 3-49 所示。

1. 柜体

柜体外壳是用耐腐蚀敷铝锌钢板加工而成的密封式结构。防护等级为 IP4X。主母线、负荷开关、电缆分别置于独立的金属隔室内，各个隔室都设有压力释放装置，使内部故障电

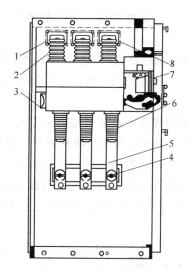

图 3-49　XGN35-12 SF$_6$ 绝缘环网柜的总体结构

1—上柜门　2—绝缘套管　3—上进线　4—压力释放装置

5—操作面板　6—下柜门　7—传感器　8—馈线

弧产生时释放出的气体流向电缆沟或柜体背面，使之对操作者的危险降至最小。电缆室内设有贯穿的接地母线，使柜体和电缆屏蔽层安全接地。

柜体操作面板设有气体状况观察窗、手动操作孔、挂锁、模拟接线图、开关分合位置指示及带电显示装置。电缆室门与接地开关有机械联锁，只有在接地开关闭合后，才能打开电缆室的门；只有在电缆室门关上后才能打开接地开关。

2. 气室

气室内部装有负荷开关、母线、吸附剂等，充以 SF$_6$ 气体，额定充气压力为 0.05MPa（表压），最低工作气压为 0.04MPa。气室采用不锈钢外壳，所有动静密封面全都采用焊接密封方式，年泄漏率小于 0.1%，在正常安全操作条件下，可保证 30 年正常使用，无需现场充气。柜门上有观察窗，可随时观察气室内部气体压力状况。气室背面装有防爆片，当气室内部出现电弧时，气体通过防爆片排出，能有效防止对人、电缆和其他设备的损害。

3. 弹簧操作机构

弹簧操作机构使用可卸出手柄沿垂直方向上下操作，而三工位负荷开关是通过焊于气室正面板上的一个气密贯穿件与弹簧操作机构相连接。开关操作与手柄的操作速度无关，在开关操作之后弹簧再次松弛。适用于变压器馈线柜上的操作机构上装有储能装置，可在熔断器熔断或负荷开关脱扣装置动作时，使负荷开关跳闸。

第十一节　F-C 回路柜

一、F-C 回路柜的特点与应用

F-C 回路柜是由高压限流熔断器（Fuse）、高压接触器（Contactor）、集成化的多功能综合保护装置等组成的高压开关柜。它具有占地面积小、寿命长、能频繁操作、维护量少、维修强度低、防火性能好、噪声低、环保性能好、内部故障概率小（由高压限流熔断器的限流特性所决定）、使用经济等优点。

F-C回路柜主要用于高压电动机的控制与保护。高压限流熔断器独特的开断短路电流的能力，加上高压接触器适于频繁操作的特点，使得F-C回路开关柜在操作高压电动机的场合被广泛应用。

开关柜采用F-C回路后，控制操作由高压接触器来完成，保护功能由熔断器来完成。

F-C回路柜配装的高压接触器有真空和SF_6两种类型。接触器的普遍特点是：体积比较小，机械寿命和电寿命比较高。此外，智能化的高压接触器已经出现，如对真空接触器异常温度升高的监视，分合闸线圈断线监视及真空灭弧室的真空度劣化监视等。

由于高压接触器体积小，F-C柜可设计成双层结构，一面柜可容纳两台真空接触器，成本低，占地面积小。

F-C回路柜具有独特的限制故障电流的功能，使得在使用F-C回路柜的系统中相应电器和线路就不必要具有较大的故障承受能力，整个系统就因此而可以节省投资。采用F-C柜后，速断保护由限流熔断器完成，与使用断路器配置继电保护装置相比，减少了中间时延。电流越大，限流熔断器断开故障电流的时间越短。当短路电流达到7kA时，熔断器的断开时间将小于10ms。因此，F-C柜对电动机及电缆保护将更有利，其快速切断特性将减少故障对电网的影响。

在F-C柜中，由于高压限流熔断器的限流作用，预期电流为40kA的短路电流被限制在峰值40kA以下，而该电流的持续时间又不大于10ms，这样，电缆的截面减小很多。统计数据表明，使用F-C柜后，可节省电缆投资30%以上。

二、F-C柜的典型结构

目前，国内外F-C回路开关柜基本上是手车式的，主要有两种结构：单回路结构和多回路结构。多回路结构主要形式是双回路结构，它主要有两种布置方式：一种是上下布置方式（双层结构），一种是并列布置方式（双列结构）。多回路结构的主要特点是充分利用了空间，从而使设备占地面积大幅度减少。

双层F-C柜的主要优点是宽度窄，考虑到高压限流熔断器的限流特性，不必每个间隔单独设置释压通道，节省了空间。但上层手车的进出须借助升降车来完成。

双列结构的特点是设计的宽度窄、手车进出不需升降车。这种结构的F-C柜在设计时，为了达到同双层F-C柜同样宽度的目的，将接触器侧放。一种结构形式是：每列由电缆室、手车室、母线室及公用的继电仪表室组成，并设有接地开关，每个间隔不设单独的释压通道。为了手车走线尽可能地方便顺畅，将接触器垂直面旋转90°，这将影响接触器动作的可靠性及长期带电运行的可靠性。

双列结构F-C柜的另一种结构形式是：每列由电缆室、手车室、母线室及公用的继电仪表室组成，每列均设有接地开关，但每个间隔都设有单独的释压通道。为了避免将接触器垂直面旋转90°，而使用了大量的绝缘件，并采用了电缆连接的走线方案。

国内生产的F-C柜大都是单回路结构。图3-50是KYN12-10型开关柜中的F-C回路柜的结构示意图，图3-51是其主电路方案。

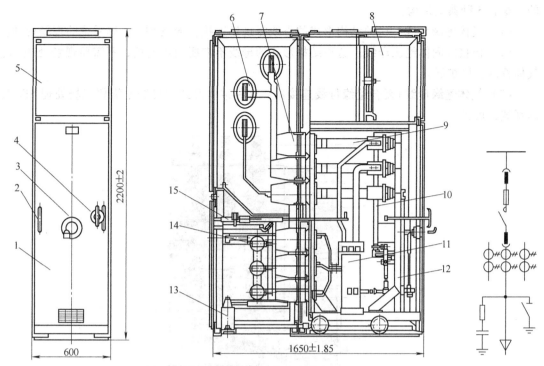

图 3-50　F-C 回路柜的结构示意图

图 3-51　F-C 回路柜主电路方案

1—手车门　2—门把手　3—手车推进机构　4—接触器与接地开关操作手柄　5—仪表门
6—主母线套管　7——次隔离触头盒　8—继电器室　9—高压熔断器　10—熔断器撞击装置
11—真空接触器　12—F-C 回路手车　13—RC 过电压吸收器
14—接地开关　15—接地开关转轴

第十二节　充　气　柜

一、概述

柜式气体绝缘金属封闭开关设备（Cubicle Type Gas Insulated Switchgear，C-GIS），是 GIS（气体绝缘金属封闭开关设备）技术与常规开关柜技术相结合而派生的成套电器，俗称充气柜。目前，充气柜已成为高压开关柜的一个重要品种。

充气柜是将常规的 GIS 技术应用到中压（3～35kV）领域的产物，它以低气压的 SF_6 气体、N_2 或混合气体（SF_6 气体+N_2）作为开关柜的绝缘介质，将断路器、隔离开关、接地开关、互感器等高压电器元件集中安装在密封的柜形不锈钢外壳中，在不锈钢外壳之外再配装常规的开关柜外壳，外观与传统开关柜基本一致。

二、充气柜的技术特点

图 3-52 所示是一种充气柜典型结构效果图。充气柜是密封式的，其高压元件诸如母线、断路器、隔离开关、互感器等密封在充有较低压力气体的壳体内。作为绝缘介质的气体有 SF_6 气体、N_2 或 SF_6 气体与 N_2 的混合气体，气压（表压）一般为 0.02～0.05MPa。其母线

的绝缘有 3 种典型结构：

（1）气体绝缘母线　这种结构形式的母线需现场连接，涉及 SF_6 气体系统的现场处理。

（2）插接式固体绝缘母线　这种结构形式的母线不需要现场连接，不需要现场处理 SF_6 气体系统，可扩展。

（3）气体绝缘母线+复合绝缘母线连接器　这种结构形式的母线不需要现场处理 SF_6 气体系统，可扩展。

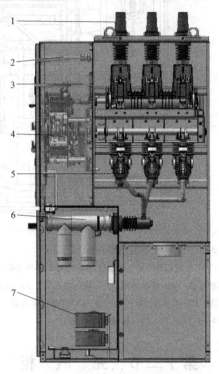

图 3-52　充气柜典型结构效果图

1—扩展母线　2—压力表　3—观察窗　4—断路器/隔离开关一体化机构
5—充气单元　6—电缆出线　7—电流互感器

充气柜的最大特点是不受外界环境条件的影响，如凝露、污秽、小动物及化学物质等，可用在环境恶劣的场所。还有一个重要特点是，由于使用性能优异的 SF_6 绝缘，大大缩小了柜体的外形尺寸，有利于向小型化方向发展。与空气绝缘相比，SF_6 充气柜的安装面积为其26%，体积为其 27%，同时，由于充气柜配用性能良好的无油开关（真空或 SF_6 开关），大大减少了维修和检修工作量。

SF_6 充气柜现有两种外形上差别极大的结构形式：一种为铝筒密封式，另一种为钢板密封式。从布置看，铝筒密封式可分为单相密封式和三相密封式，而钢板密封式则为三相共箱式。

三、充气柜产品举例

这里以 ABB 公司的 ZX2 型充气柜为例，介绍一下充气柜的基本结构。

图 3-53 是 ZX2 充气柜双母线馈线柜的结构简图。ZX2 为钢板封闭式充气柜，由于采用数字控制和保护技术，故称其为智能化充气柜。其特点为采用真空断路器、REF542 型数字

控制和保护单元、现代传感技术及插接技术。

ZX2型充气柜用SF$_6$或N$_2$气体绝缘，模块式结构，在制造厂做成并经试验。每个间隔的主要元件由一个充气的核心模块和两个结构相同充气母线室组成。核心模块由固定式VD4型真空断路器、电流和电压传感器及电缆端头组成。每个母线室装有三工位隔离转换开关。

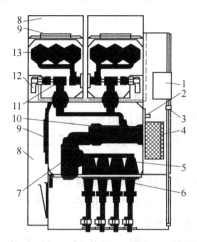

图 3-53　ZX2 充气柜双母线馈线柜的结构简图

1—智能型控制和保护单元 REF542　2—压力传感器（温度补偿）　3—电容式电压显示系统接口
4—断路器操动机构　5—电缆头　6—电缆插接件　7—电流/电压组合传感器　8—释压通道
9—防爆膜盒　10—断路器　11—转换开关　12—转换开关操动机构　13—气室

ZX2型充气柜宽度为600mm和800mm，视额定电流而定，当额定电流为1250~2500A时，取较宽的间距。充气柜的额定电压可到36kV，所有柜体高度统一为2300mm。充气柜深度统一为1710mm，其参数为12kV柜额定短路开断电流为40kA，36kV柜额定短路开断电流为31.5kA。柜体内的充气在12kV下为氮气（N$_2$），在24kV和36kV下为SF$_6$气体。位于气室内的所有金属表面、触头和润滑脂不会氧化和老化。气室内所有元件在开关柜寿命期间免维修。年漏气率低于0.25%。

第十三节　高压开关柜的试验

一、概述

高压开关柜的试验包括型式试验和出厂试验。型式试验是验证高压开关柜及其高、低压电器组件、辅助元件的各种性能是否达到技术条件的要求，是否能定型生产。由于各组件均有多种系列、不同额定值，并且可以组合出很多接线方案，故只需选出具有代表性的方案进行型式试验。试验时，应附试品接线方案图和装配图。

高压开关柜的型式试验项目有：①绝缘试验；②主回路电阻测量和温升试验；③峰值耐受电流、短时耐受电流试验；④关合和开断能力试验；⑤机械试验；⑥防护等级检查；⑦操作振动试验；⑧内部故障试验；⑨SF$_6$气体绝缘开关设备的漏气率及含水量的检验。

新研制的产品，必须进行全面的型式试验，经验证合格后，方能按试验通过的方案投入试制。转厂试制的产品按有关标准技术条件的具体规定进行有关项目的考核试验。当原设计中有某些工艺、组件及材质改变时，其型式试验除本技术条件有关条款中明确规定可以免试的项目外，其他项目均应进行。正常生产的定型产品，每经过8年进行一次型式试验，但仅进行工频耐压、机械、温升试验和进行开断和关合短路电流的试验。

二、绝缘试验

（一）工频及冲击耐压

1. 主回路

一般气候条件下的主回路工频及冲击耐压试验，按以下要求进行：

1）加到试品上的工频及雷电冲击耐压值见表3-9。

2）试验方法按GB 311《高电压试验技术》的规定进行，冲击试验进行15次，允许两次击穿。

3）试验时，必须将断路器（负荷开关或接触器）、隔离开关闭合，将高压熔断器的熔丝管短接，所有可移开部件均处于工作位置，但是，当断路器（负荷开关或接触器）、隔离开关在断开状态或可移开部件处于移开、试验或接地位置能引起更为不利的电场条件时，则必须在该条件下再做一次，即合闸、分闸、拉开时，均应按以上条件进行试验。

4）冲击耐压试验时，被试品不得带有过电压保护元件，电流互感器的二次侧应短路并接地，低电流比的电流互感器允许将一次侧短接。

5）对高压计量柜、避雷器和电压互感器柜，其柜内电压互感器、避雷器可以由再现高压连接的电场分布情况的复制品来代替。

表 3-9　高压开关柜的工频、雷电冲击耐压值　　（单位：kV）

施加电压 试品部位 耐压值 额定电压	柜体及开关设备绝缘的工频耐压值		柜体及开关设备绝缘的冲击耐压峰值		柜中变压器主绝缘的耐压	
	主绝缘对地、断路器断口间及相间绝缘	隔离断口间的绝缘	主绝缘对地、断路器断口间及相间绝缘	隔离断口间的绝缘	工频耐压值	冲击耐压峰值
3.6	25	27	40	46	18	40
7.2	32	36	60	70	25	60
12	42	48	75	85	35	75
24	65	79	125	145	55	125
40.5	95	118	185	215	65	185

注：表中隔离断口间绝缘指隔离开关、带隔离开关的负荷开关、手车柜隔离插头完全断开时的断口间绝缘。

2. 辅助回路和控制回路

辅助回路和控制回路应能经受2000V、1min工频耐压试验，并按以下要求进行：

1）将辅助回路连接在一起，试验电压加在它和接地骨架之间。

2）将正常使用中与其他部分绝缘的每一部分回路作为一极，其他部分连至接地骨架为另一极，电压加于二者之间。

3）若各次试验皆无击穿，认为通过。

4）电流互感器的二次侧应短接，电压互感器的二次侧应断开。

（二）局部放电测量

局部放电测量是一种检测正在试验中设备某些缺陷的适宜的方法，同时也是对绝缘试验的有效的补充办法。经验表明，局部放电可在某些布置中引起绝缘的介质强度下降，尤其是对固体绝缘。另一方面，由于金属封闭式高压开关柜中所使用的绝缘系统的复杂性，不可能在局部放电测量结果和设备的预期寿命间建立一种可靠的关系。高压开关柜中的有机绝缘高压组件，或嵌装入固体绝缘体内的带电元件，均须进行局部放电测量。三相设备可在单相试验回路，也可在三相试验回路中试验。GB 7354《局部放电测量》中给出了推荐的试验回路和测量仪器及检验方法。

（三）泄漏电流测量

当高压开关柜内有绝缘材料制成的隔板或活门时，如果有泄漏电流能经过绝缘件表面的连续途径或经过仅被小的气隙、油隙所隔断的途径，到达绝缘隔板和活门的可触及表面时，此泄漏电流不应大于 0.5mA。电力行业标准 DL/T 404—2007《户内交流高压开关柜订货技术条件》规定了泄漏电流的测量方法和4 种测量装置的布置方式。图 3-54 所示给出了其中一种布置方式的试验回路。

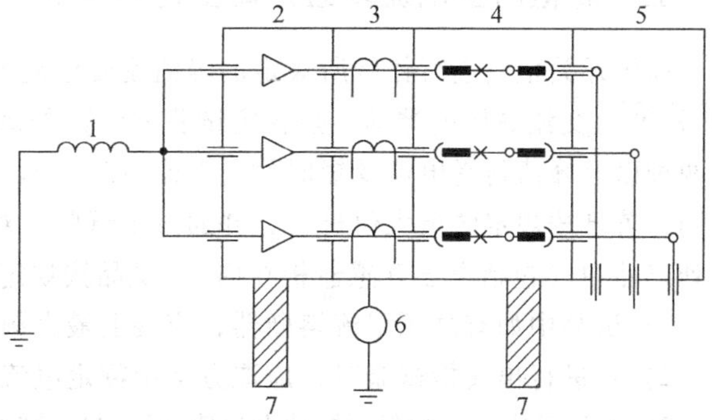

图 3-54 泄漏电流测量试验回路

1—电源变压器 2—电缆盒 3—电流互感器 4—断路器（已合闸）
5—主回路母线 6—测量装置 7—支柱绝缘子

（四）绝缘老化试验

金属封闭式高压开关柜应按电力行业标准 DL/T 404—2007《户内交流高压开关柜订货技术条件》附录 D 规定条件和方法进行老化试验，除考核绝缘性能外，还作为适应环境条件验证的一种方式。试验完毕后，要检查外观、涂料、结构连接等有无损伤。

二、主回路电阻测量

高压开关柜主回路电阻的测量按 GB 763—1990《交流高压电器在长期工作时的发热》的有关规定进行。

高压开关主回路电阻测量主要有两种方，一种是直接测量法，另一种是间接测量法。低压电桥直接测量法比较直观、方便，缺点是仪器输出电流小，破坏不了接触点表面的氧化膜，会造成测出值偏大的误差。因此，高压开关柜主回路电阻测量一般不采用这种方法。目前，普遍采用直流压降法（伏安法）间接测量，使用微欧计或电阻测试仪。VS1 型真空断路器主回路电阻参考值见表 3-10。ABB 公司 VD4 真空断路器主回路电阻参考值为：不含触臂 $\leqslant 23\mu\Omega$；包含触臂 $\leqslant 100\mu\Omega$。

表 3-10 VS1 型真空断路器主回路电阻参考值

额定电流/A	主回路电阻/$\mu\Omega$	额定电流/A	主回路电阻/$\mu\Omega$
630	$\leqslant 50$	2500~3150	$\leqslant 25$
1250	$\leqslant 45$	4000~5000	$\leqslant 18$
1600~2000	$\leqslant 35$		

四、温升试验

温升试验按 GB 763—1990《交流高压电器在长期工作时的发热》的有关规定进行。进行温升试验的试品应按正常使用条件安装，包括所有正规的外壳、隔板、活门等，并且在试验时应将盖板和门关闭。对试品通以 1.1 倍的额定电流进行温升试验。对某一接线方案的高压开关柜进行温升试验时，主母线及两边相邻的高压开关柜应通以电流，该电流所产生的功率损耗应与额定情况下相同。如果无法做到与实际工作条件一致，则允许以加热或绝热的方法来模拟其等价条件。温升试验后主回路的电阻变化不得大于温升试验前的 20%。进行试验时，高压开关柜中各组件的温升，不应超过各自技术标准的规定。

五、峰值耐受电流及短时耐受电流试验

高压开关柜应进行铭牌所规定的峰值耐受电流及短时耐受电流的试验，试验方法应符合 GB 2706《交流高压电器动、热稳定试验方法》的规定，在三相回路上进行。在同一产品中有两种以上峰值耐受电流及短时耐受电流值时，如果结构及其所有组件和导体截面等规格均相同，若已按规定的最大值进行，并通过了试验，对规定的较低值可以不进行试验。在同一系列产品中（包括电压互感器柜在内），试品按规定的使用条件安装，并应符合以下要求：

1）试品中如有高压限流熔断器，应装上最大额定电流的熔断件。

2）在进行出线柜试验时，应取方案中额定电流最小的产品。

3）在试验中，除为限制短路电流值和短路持续时间而装设的保护装置外，应保证其他的保护设施不动作；电流互感器和脱扣装置应按正常运行条件安装，并采取措施，使脱扣器不动作。

4）试验后，试品内的组件和导体不应遭受有损于主回路正常工作的变形和损坏。

接地回路所能承受的峰值耐受电流和短时耐受电流应与主回路相适应；专用接地导体应承受可能出现的最大短时耐受电流；接地母线以及与之连接的导体截面，应能通过铭牌额定短路开断电流的 87%。对于专用接地开关及其回路的试验，应在三相电源上按铭牌规定的额定值及时间进行。试验后，接地导体与接地网连接的母线等允许有某种程度的局部变形，但必须维持接地回路能继续正常工作。

六、开断和关合能力试验

新研制的高压开关柜，试验要求如下：

1）装断路器时，根据电力行业标准 DL/T 402《交流高压断路器订货技术条件》规定的技术条件，按断路器铭牌额定短路开断电流的 87% 进行异相接地短路及 10%、30%、60%、100% 4 种方式的开断和关合能力试验。

2）装负荷开关-熔断器组合电器时，按 IEC 420（1990）第 6.101 条规定进行试验，对 40.5kV 产品的瞬态恢复电压（TRV）峰值、时间坐标、上升率分别为 69.4、228、0.305。

3）装负荷开关（或接触器）时，按负荷开关（或接触器）铭牌额定电流的 5% 进行开断试验。

装真空断路器或真空负荷开关的高压开关柜除按上述规定进行试验外，还应按各有关规定进行电寿命试验。

无论装何种开关设备的高压开关柜，在进行开断试验前、后均应进行主绝缘对地、相间

及断口间的工频和冲击耐压试验。

七、机械试验

高压开关柜内主回路所装的断路器、负荷开关、接触器、隔离开关的机械性能试验，在规定的操作电压（气压或液压）范围内进行，应符合各自技术条件的要求。

机械操作试验按以下要求进行：

1）断路器（负荷开关或接触器）、隔离开关应操作50次，可移开部件应插入、抽出各25次，以检验其操作是否良好。

2）连锁装置的机械操作试验，按 SD/T 318《高压开关柜联锁装置技术条件》进行，并包括以插头方式连接辅助回路的插头与开关设备的机械联锁措施。

高压开关柜中各组件都必须按以下要求进行机械稳定性的考核：

1）断路器、负荷开关分别按 DL/T 402、GB 3804 的有关规定进行，接触器按 GB 14808 规定次数的一半进行。

2）隔离开关按 DL/T 486 的有关规定进行，隔离插头的插入、抽出各进行500次。

3）接地开关如果与隔离开关组合成一个整体，在进行隔离开关试验时同时也进行接地开关的试验。

4）金属封闭式高压开关柜的手车、装熔断器的抽屉及辅助回路插座的机械稳定性试验，以推入和抽出各500次来考核。

5）进行机械稳定性试验前后的高压电器组件、部件，均应测量它的回路电阻，其值应符合各自技术条件的要求，并应按规定进行温升试验，其二次回路应保证性能良好。

八、操作振动试验

继电保护装置的操作振动试验，可结合高压开关柜中所安装断路器、负荷开关（接触器）、隔离开关的机械稳定性试验进行。试验前，检验继电保护装置各单个元件。从柜中高压电器组件机械稳定性试验开始，将继电保护装置的控制电源接通，先记录继电保护盘上各继电器的原始状态，在进行机械稳定性试验中，观察继电保护装置是否因断路器、负荷开关、接触器及隔离开关操作产生的振动而发生误动作。

继电保护装置的操作振动试验按16个重合闸操作顺序进行考核，试验中不允许对任何元件进行调整，每次操作都不得误动。

九、内部故障电弧试验

只有金属封闭式高压开关柜才进行内部故障电弧试验。试验的技术条件、方法及判据均按 DL/T 404—1997《户内交流高压开关柜订货技术条件》附录 A 进行。

十、出厂试验

出厂试验项目包括：①主回路的工频耐压试验；②辅助回路和控制回路的工频耐压试验；③局部放电测量；④测量主回路电阻；⑤机械性能、机械操作及机械防止误操作装置或电气联锁装置功能的试验；⑥仪表、继电器元件校验及接线正确性检定；⑦在使用中可以互换的具有同样额定值和结构的组件，应检验互换性。

第四章 二次回路

二次回路是各类开关设备的一个重要组成部分。成套电器的电气回路由主回路和辅助回路（即二次回路）构成。本章将重点讨论高、低压开关柜中二次回路的原理、设计方法与二次配线工艺等问题。

第一节 二次回路的基本知识

一、概述

成套电器的电气回路由主回路和辅助回路（二次回路）两部分构成。主回路用于接收和分配电能，它是高电压、大电流回路。二次回路由测量表计、继电器、控制开关、信号器具等二次元件（二次设备）相互连接而成，它是低电压、小电流回路。

成套电器中的二次回路可按以下方式分类：

（1）**按功能分**　包括控制回路、测量回路、保护回路、信号回路等。

（2）**按操作电源种类分**　包括交流电压回路、交流电流回路和直流回路。所谓操作电源，是指二次回路工作所需要的电源，有交流操作电源和直流操作电源两大类，操作电源的电压通常为220V或110V。对于成套电器中的二次回路，其直流操作电源由发电厂或变电所的直流电源系统提供，交流操作电源由成套电器中的互感器或发电厂、变电所的公共交流操作电源提供。

二、二次回路图

二次回路图是用规定的图形符号和标号将该回路中的所有元件及其相互连接，按照动作原理依次表示出来。

二次回路图按用途分包括原理电路图和安装接线图两类。原理电路图用于表示仪表、继电器、控制开关、信号装置、开关电器的辅助触点等二次元件和操作电源相互之间的电气连接、动作顺序和工作原理。安装接线图用来表示二次元件之间连接关系，它是一种电气施工图，主要用于二次回路的安装接线、线路检查、维修和故障处理。

（一）原理电路图

原理电路图（或称原理接线图）有两种绘制方式。一种绘制方式是将一个二次元件的各组成部分（例如继电器的线圈和触点）集中绘在一起，二次元件以整体的形式在电路图中绘出，通常称之为归总式原理电路图，简称原理图；另一种绘制方式是将一个二次元件的各组成部分分别绘在其相应的回路中，这种原理电路图通常称为展开式原理电路图，简称展开图。图4-1是过电流保护装置的原理电路图，图4-1a是原理图，图4-1b是展开图。

在二次回路的原理电路图中，各种电器的触点均按它们的正常状态表示。所谓正常状态，是指开关电器在断开位置和继电器的线圈中没有通电时的状态。由图4-1可见，整套保护装置由 5 个继电器组成，KA1、KA2 为电流继电器，其线圈接于 A、C 相电流互感器二次回路中。当继电器中流过的电流超过其动作值时，其相应触点闭合，将由直流操作电源正母线供给的正电源加在时间继电器 KT 的线圈上，与时间继电器线圈另一端的操作负电源相接通，起动时间继电器，经一定时限后，其触点闭合，正电源经信号继电器 KS 的线圈和断路器辅助触点 QF 接通断路器跳闸线圈 YR 的负电源。信号继电器 KS、断路器 QF 均动作，使断路器跳闸，并由信号继电器发出信号。断路器跳闸后，其辅助触点 QF 切断跳闸线圈 YR 的电源，跳闸线圈断电。

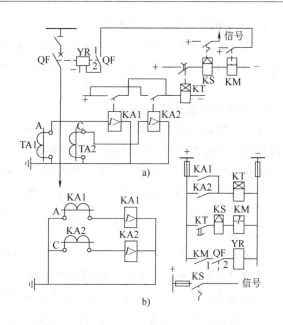

图 4-1　过电流保护装置的原理电路图

a) 原理图　b) 展开图

QF—高压断路器　TA1、TA2—电流互感器　KA1、KA2—电流继电器　KT—时间继电器　KS—信号继电器　KM—中间继电器　YR—断路器操动机构跳闸线圈

　　原理图主要用于表示二次回路的工作原理，它是安装接线设计的原始依据。由于原理图上各元件之间的联系是以元件整体连接来表示的，对简单的二次回路可以一目了然，但在二次元件比较多时，其绘图、读图都很麻烦，也不便于施工，所以在实际工作中用得较多的，不是原理图，而是展开图。

　　展开图的特点是将交流回路与直流回路划分开。交流回路又分为电流回路与电压回路；直流回路分直流操作回路与信号回路等。

　　绘制展开图时，交流回路接 a、b、c 的相序，直流回路按继电器的动作顺序，一行一行从上向下排列。每一行中的各元件线圈和触点按实际连接顺序排列。同一仪表或继电器的线圈和触点采用相同的文字代号表示。每一回路的右侧通常用文字说明，以便于阅读。

　　阅读展开图的顺序是：①先读交流回路，后读直流回路；②直流电流的流通方向是从左至右，即从正电源经触点至线圈回到负电源；③元件的动顺序是从上到下，从左到右。

　　（二）安装接线图

　　安装接线图简称接线图。接线图是用来表示成套装置或设备中各元件之间连接关系的一种图形，主要用于二次回路的安装接线、线路检查、线路维修和故障处理。在实际应用中，接线图通常需要与原理电路图、二次元件位置图一起配合使用。接线图有时也与接线表配合使用。

　　接线图的绘制，应遵循国家标准 GB 6988·5—2006《电气制图·接线图和接线表》的有关规定，其图形符号应符合国家标准 GB 4728《电气图用图形符号》的有关规定，其文字符号包括项目代号应符合国家标准 GB 5094—2006《电气技术中的项目代号》和 GB 7159—2007《电气技术中的文字符号制订通则》的有关规定。

1. 二次元件（设备）的表示方法

由于二次设备都是从属于某一次设备或线路的，而其一次设备或线路又是从属于某一成套电气装置的，因此所有二次设备都必须按 GB 5094—2006 规定，标明其项目种类代号。例如，仪表用 P 表示，电流继电器用 KA 表示。

2. 接线端子的表示方法

在二次回路的安装接线中，对于在同一屏（板、盘）上的二次元件之间的相互连接，直接用导线连接即可；而屏（板、盘）外的导线或设备与屏（板、盘）上的二次设备相连时，必须通过端子排。端子排由专门的接线端子板组合而成。

接线端子板分为普通端子、连接端子、试验端子和终端端子等形式。

普通端子板用来连接由屏（板、盘）外引至屏（板、盘）上或由屏（板、盘）上引至屏（板、盘）外的导线。

连接端子板有横向连接片，可与邻近端子板相连，用来连接有分支的导线。

试验端子板用来在不断开二次回路的情况下，对仪表、继电器进行试验。如图 4-2 所示两个试验端子，将工作电流表 PA1 与电流互感器 TA 连接起来。当需要换下工作电流表 PA1 进行试验时，可用另一备用电流表 PA2 分别接在试验端子的接线螺钉 2 和 7 上，如点画线所示。然后拧开螺钉 3 和 8，使工作电流表 PA1 拆离，就可进行校验了。PA1 校验完毕后，再拧入螺钉 3 和 8，就接入 PA1 了。最后拆下备用电流表 PA2，整个电路又恢复原状运行。

终端端子板则用来固定或分隔不同安装项目的端子排。

在接线图中，端子排中各种形式端子板的符号标志如图 4-3 所示。端子板的文字代号为 X，端子的前缀符号为 "："。

实际上，所有二次元件上都有接线端子。接线图上端子的代号应与二次元件上端子标记相一致。如二次元件的端子没有标记时，应在接线图上设定端子代号。

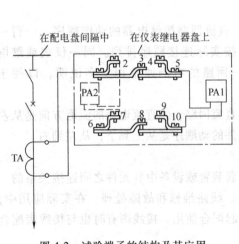

图 4-2 试验端子的结构及其应用

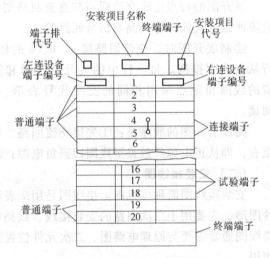

图 4-3 端子排标志图例

3. 连接导线的表示方法

接线图中端子之间的连接导线有以下两种表示方法：

（1）连续线表示法 端子之间的连接导线用实在的线条表示，如图 4-4a 所示。

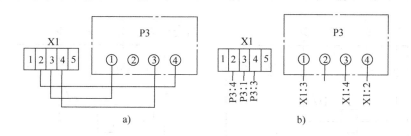

图 4-4　连接导线的表示方法

a) 连续线表示法　b) 中断线表示法

（2）中断线表示法　端子之间的连接导线不连线条，而只在每一端子处标明相连导线对方端子的代号，即采用"对面标号法"（或称"相对标号法"）来标注端子，如图 4-4b 所示。

用连续线来表示连接导线，如连线比较多时，就会使二次回路变得相当繁复，不易辨识。因此在不致引起误解的情况下，规定对用加粗的线条来表示导线组或电缆。但是还是不如用中断线表示法简明。配电装置二次回路的接线图多用中断线表示法即"对面标号法"来绘制，这对安装接线和维护检修都很方便。

4. 二次回路接线图示例

某高压开关柜二次回路原理电路图如图 4-5 所示，二次回路接线图如图 4-6 所示。二次回路分布在不同位置，有继电器仪表板上的仪表、继电器、指示灯，柜下后部空间的电流互感器和操作板上的跳闸线圈和断路器辅助触点。

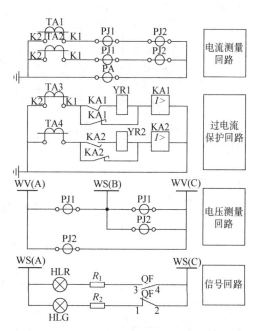

图 4-5　高压开关柜二次回路原理电路图

三、二次回路的标号

为了便于二次回路运行中的维护和检修，在展开图中，应根据回路的不同用途进行标号。

1. 直流回路的标号

对于不同的直流回路，其数字标号的范围如下：

保护回路：01~099。

控制回路：1~599，其详细划分见表 4-1。

信号及其他回路：701~999。

在回路中连接于一点的所有导线必须标以相同的回路标号，但被线圈、接点或电阻元件等所间隔开的线段，均视为不同的线段，须标以不同的回路标号。

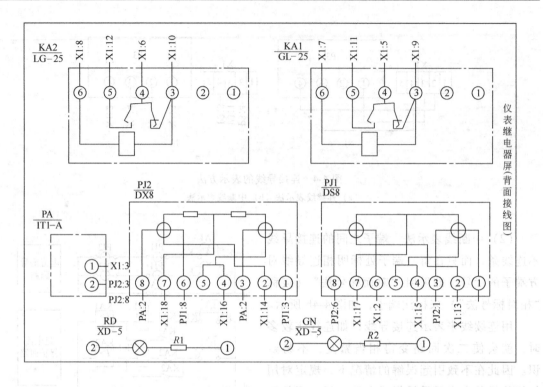

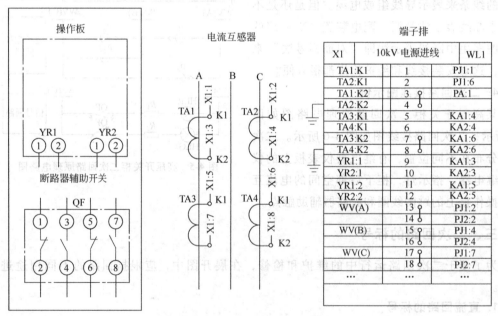

图4-6 高压开关柜二次回路接线图

信号及其他回路标号范围为701~999。其中701~729为正、负电源回路及辅助小母线所用；730~799为隔离开关位置信号回路所用；871~879为合闸回路所用；809~899为隔离开关的操作闭锁回路所用；901~949为单独的预告信号回路所用。

表 4-1 控制回路标号组划分表

回 路 名 称	标 号 组 别			
	Ⅰ	Ⅱ	Ⅲ	Ⅳ
正电源回路	1	101	201	301
负电源回路	2	102	202	302
合闸回路	3~31	103~131	203~231	303~331
绿灯或合闸回路监视回路	5	105	205	305
跳闸回路	33~49	133~149	233~249	333~349
红灯或跳闸回路监视回路	35	135	235	335
备用电源自动合闸回路	50~69	150~169	250~269	350~369
开关设备的位置信号回路	70~89	170~189	270~289	370~389
事故跳闸音响回路	90~99	190~199	290~299	390~399
闪光母线	100			

2. 交流回路的标号

交流回路的标号范围如下：

电流回路：400~599；

电压回路：600~799。

交流回路的标号应在数字前加以字母 A、B、C、N 等，以表示相别，并以 9 位连续数字编为一组。如电流回路为：A401 ~ A409，B401 ~ B409，C401 ~ C409；直至 A591 ~ A599，B591 ~ B599，C591 ~ C599 等。电压回路与电流回路相同，例如电压互感器为 A601 ~ A609，直至 A791 ~ A799 等。

在电流回路或电压回路中的线段，则按数字的连续顺序标号，如 A411，A412，A413 或 A611，A612，A613 等。

第二节　断路器控制与信号回路的基本要求及基本组成

一、断路器控制与信号回路的基本要求

1）断路器控制与信号回路一般分为控制保护回路、合闸回路、事故信号回路、预报信号回路、隔离开关与断路器闭锁回路等。

2）断路器的控制与信号回路电源取决于操动机构的形式和控制电源的种类。

3~35kV 断路器一般采用电磁或弹簧操动机构（以往对于小容量的少油断路器可使用手动操动机构，现在已不再使用）。其中弹簧操动机构可采用交流和直流操作电源，电磁操动机构只能采用直流电源。

3）断路器的控制与信号回路接线可采用灯光监视方式和音响监视方式两种形式。

4）断路器既能由控制开关进行手动合闸和跳闸，又能在自动装置和继电保护作用下自动合闸或跳闸。

5）断路器的控制与信号回路的接线要求如下：

① 应能监视电源保护装置（熔断器和低压断路器）及跳、合闸回路的完好性（在合闸线圈和合闸接触器线圈上不允许并接电阻）。

② 应能指示断路器的合闸与跳闸位置状态，自动合闸和自动跳闸应有明显信号指示。

③ 有防止断路器跳跃的闭锁装置。

④ 合闸和跳闸完成后应使命令脉冲自动解除。断路器的合闸和跳闸回路是按短时通电来设计的，操作完成后，应迅速自动断开合闸或跳闸回路，以免烧坏线圈。为此，在相应的回路中，接入断路器的辅助触头，既可确保回路开断，又为下一步操作做好准备。

⑤ 接线应简单可靠，使用电缆线最少。

6）当断路器控制电源采用硅整流器带电容储能的直流系统时，对断路器的控制保护回路的补充要求如下：

① 为了故障时减少储能电容器能量的过多消耗，应将回路中的指示灯等常接负荷的正极，从控制电源正极小母线改接至另外的灯光指示小母线的电源回路。

② 由于上面的原因，控制回路的正电源应采用其他监视方式，如重要回路采用合闸位置继电器。

7）断路器的事故跳闸信号回路，采用不对应的原理接线。当断路器为手动操动时，利用操纵机构和操动把手的辅助触头构成不对应接线。当断路器为电磁和弹簧操动机构时，利用控制开关与操动机构辅助触头构成不对应接线。

8）断路器应有事故跳闸信号，事故信号能使中央控制信号发出音响及灯光信号来指示发生故障，并用信号继电器直接指示故障的性质。

9）断路器的控制与信号回路根据需要可采用闪光信号装置，用以与事故信号和自动装置配合，指示事故跳闸和自动投入装置的回路。绿灯闪光表示断路器自动跳闸，红灯闪光表示自动合闸（有自动投入装置时，才将红灯接入闪光）。

闪光信号还可以起到对位作用，转换开关在"预备跳闸"位置时红灯闪光，在"预备合闸"时绿灯闪光。

10）有可能出现不正常的线路和回路，应有预备信号。预备信号应能使中央信号装置发出音响和灯光信号，并用信号继电器直接指示故障的性质、发生故障的线路及回路。一般地，预告音响信号用电铃，而事故音响信号用电笛，使两者有所区别。

二、控制开关

断路器控制回路由控制开关、中间放大元件和操动机构3部分组成。

（1）控制开关　它是操作人员发出合、跳闸命令的元件。目前多采用LW2、LW5系列控制开关（又称为万能式转换开关）。

（2）中间放大元件　由于断路器的合闸电流较大，例如电磁式操动机构，其合闸电流可达几十安培到几百安培，而控制回路和控制开关所能通过的电流仅几安培，因此两者间需用中间放大元件进行转换，一般是采用合闸接触器等。

（3）操动机构　3~35kV断路器使用的操动机构有电磁式、弹簧式两种。它们都装有合闸和跳闸线圈，当线圈通电后，即驱动连杆动作，进行合闸

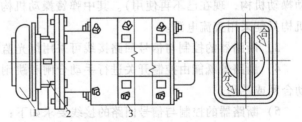

图4-7　LW2系列控制开关外形图

1—操作手柄　2—信号灯　3—触头盒

或跳闸。

以下对 LW2 系列控制开关进行介绍。

LW2 系列控制开关的外形结构如图 4-7 所示。控制开关的触头盒共有 1a、4、6a、20、40 5 种类型。每一触头盒都有两个固定位置和两个复归位置。所谓固定位置就是当手柄转到该位置后，手柄能保持在该位置，触头盒内的触头也就相应停留在该位置上。而复归位置则不同，手柄转到该位置时，手柄和触头盒的触头只暂时保持在该位置上，当操作人员把手柄放开后，在弹簧的作用下，手柄和触头都将复归到原来的位置。各种触头盒的触头结合形式和用途如图 4-8 所示。

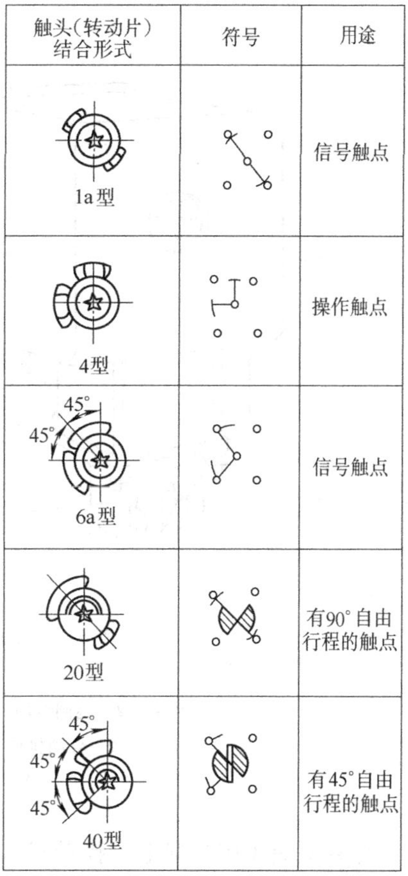

LW2 系列控制开关有预备合闸、合闸、合闸后、预备跳闸、跳闸和跳闸后 6 个位置。在不同位置的触头通断情况见表 4-2。表中"×"表示触头接通，"—"表示触头断开。

三、断路器操动机构

断路器的控制回路与断路器的操动机构及操作电源密切相关。3~35kV 断路器使用的操动机构有电磁式（CD）和弹簧式（CT）两种，断路器既可使用电磁操动机构，也可使用弹簧操动机构，电磁操动机构必须使用直流操作电源，弹簧操作机构可以用交流电源或直流电源。采用不同操动机构时，控制电路有较大差别。下面分别对这两种操动机构的结构、动作原理以及有关技术数据进行简单介绍。这无论是对断路器控制回路的设计，还是对高压开关柜结构设计与制造都有帮助。

触头（转动片）结合形式	符号	用途
1a 型		信号触点
4 型		操作触点
6a 型		信号触点
20 型		有90°自由行程的触点
40 型		有45°自由行程的触点

图 4-8　触头盒的触头结合形式和用途

表 4-2　LW2-Z-1a・4・6a・20・40・20/F8 型控制开关触头表

触头号 位置	1-3	2-4	5-8	6-7	9-10	9-12	10-11	13-14	14-15	13-16	17-19	18-20	21-23	21-22	22-24
跳闸后	—	×	—	—	—	—	×	—	×	—	—	×	—	—	×
预备合闸	×	—	—	—	×	—	—	×	—	—	—	—	—	×	—
合闸	—	—	×	—	—	×	—	—	—	×	×	—	×	—	—
合闸后	×	—	—	—	—	—	—	—	—	×	×	—	×	—	—
预备跳闸	—	×	—	—	—	—	—	×	—	—	—	—	—	×	—
跳闸	—	—	—	×	—	—	—	—	—	—	—	—	—	—	×

（一）电磁操动机构

适于 3~35kV 断路器使用的电磁操动机构（CD）有多种型号，这里以 CD10 型为例进行简介。图 4-9 是 CD10 型电磁操动机构的结构示意图。

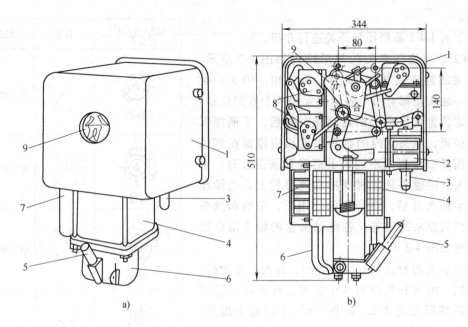

图 4-9　CD10 型电磁操动机构的结构示意图

a）外形图　b）剖面图

1—外壳　2—跳闸线圈　3—手动跳闸按钮（跳闸铁心）　4—合闸线圈

5—合圈操作手柄　6—缓冲底座　7—接线端子排

8—辅助开关　9—分合指示器

图 4-10 是 CD10 型电磁操动机构的传动原理示意图，图中用箭头表示出各部件的动作方向。跳闸时，如图 4-10a 所示，跳闸铁心上的撞头，因手动或因远距离控制使跳闸线圈

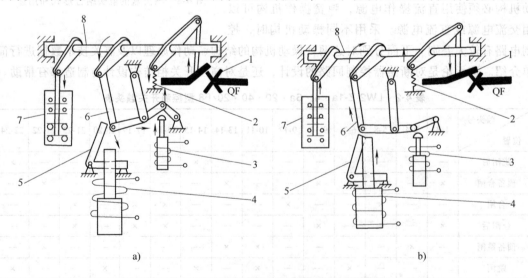

图 4-10　CD10 型电磁操动机构传动原理示意图

a）跳闸时　b）合闸时

1—高压断路器　2—断路弹簧　3—跳闸线圈（带铁心）　4—合闸线圈（带铁心）

5—L 形搭钩　6—连杆　7—辅助开关　8—操动机构主轴

通电而往上撞击连杆系统，破坏了连杆系统原来在合闸位置时的稳定平衡状态，使搭在 L 形搭钩上的连杆滚轴下落，于是主轴在断路弹簧作用下转动，使断路器跳闸，并带动辅助开关切换。断路器跳闸后，跳闸铁心下落，正对此铁心的两连杆也回复到跳闸前的状态。

合闸时，如图 4-10b 所示，合闸铁心因手动或因远距离控制使合闸线圈通电而上举，使连杆滚轴又搭在 L 形搭钩上，同时使主轴反抗断路弹簧的作用而转动，使断路器合闸，并带动辅助开关切换，整个连杆系统又处在新的稳定平衡状态。

表 4-3 是 CD10 型电磁操动机构的主要技术数据。

表 4-3　CD10 型电磁操动机构的主要技术数据

机构型号		CD10 I	CD10 II	CD10 III
可配断路器的规格/A		630,1000	1000,1250	3150
220V 合闸线圈	电流/A	98	120	157
	电阻/Ω	2.22±0.18	1.82±0.15	1.5±0.12
110V 合闸线圈	电流/A	196	240	314
	电阻/Ω	0.56±0.05	0.46±0.04	0.38±0.03
110V 分闸线圈	电流/A	5		
	电阻/Ω	22±1.1		
220V 分闸线圈	电流/A	2.5		
	电阻/Ω	88±4.4		
辅助触点对数		10		
工作电压范围		合闸线圈:85%~110%额定电压;分闸线圈:65%~120%额定电压		

CD10 型电磁操动机构可以电动合闸、电动分闸和手动分闸，也可以进行自动重合闸。电动分合闸需要使用直流电源，合闸电流较大，常用外接的 CZ0-40C、D 型直流接触器来进行实现合闸电源的通断。

（二）弹簧操动机构

弹簧操动机构的全称是弹簧储能式电动操动机构。适于 3~35kV 断路器使用的弹簧操动机构（CT）有多种型号，其基本组成部件包括储能弹簧、储能维持装置、凸轮连杠机构、合闸维持和分闸脱扣等。由交直流两用串励电动机使合闸弹簧储能，在合闸弹簧释放能量的过程中将断路器合闸。弹簧操动机构可手动和电动分合闸，并可方便地实现自动重合闸，操作电源可以是交流或直流。图 4-11 是 CT10 型弹簧操动机构的结构图。

弹簧操动机构的工作原理可用图 4-12 的示意图来说明：

（1）电动机储能　电动机 2 通电转动时，通过皮带 1、链条 3、偏心轮 4，带动棘爪 7、棘轮 8，推动偏心凸轮 12 使合闸弹簧 6 拉伸。当凸轮过最高点一角度后，通过掣子 15 和杠杆 16 及凸轮上的小滚轮把拉伸的弹簧维持在储能状态。在储能结束瞬间，行程开关动作，电动机电源被切断。

（2）手力储能　沿顺时针方向转动手柄 5，与上述电动机储能的动作过程相同，使合闸弹簧 6 储能。手力储能一般在调整或电源有故障时使用。

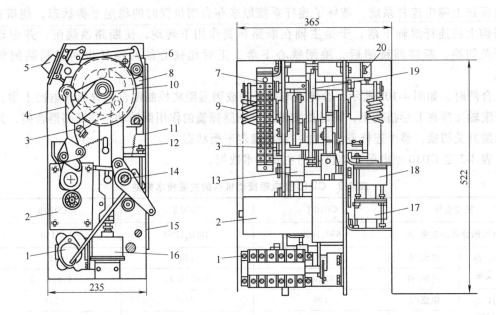

图 4-11　CT10 型弹簧操动机构的结构图

1—辅助开关　2—储能电动机　3—半轴　4—驱动棘爪　5—按钮　6—定位件　7—接线端子

8—保持棘爪　9—合闸弹簧　10—储能轴　11—合闸联锁板　12—连杆　13—分合指示牌

14—输出轴　15—角钢　16—合闸电磁铁　17—过电流脱扣器　18—分闸电磁铁

19—储能指示　20—行程开关

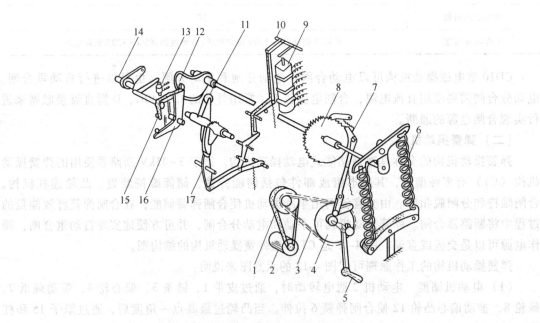

图 4-12　弹簧操动机构工作原理示意图

1—皮带　2—储能电动机　3—链条　4—偏心轮　5—手柄　6—合闸弹簧　7—棘爪

8—棘轮　9—脱扣器　10—连杆　11—拐臂　12—偏心凸轮　13—合闸电磁铁

14—输出轴　15—掣子　16—杠杆　17—连杆

（3）电动合闸 合闸电磁铁 13 通电，掣子 15 动作。在合闸弹簧 6 作用下，偏心凸轮 12 驱动拐臂 11 动作，通过输出轴 14 带动断路器合闸。两连杆 10 和 17 构成死点维持断路器在合闸状态。

（4）手动合闸 转动操作手柄 5，使拉杆向上转动，带动掣子 15 向上移动，与杠杆 16 脱离，解除自锁，以下动作与上述电动合闸相同。

（5）电动跳闸 脱扣器 9 通电，使连杆 10 动作，解除死点。断路器在断路弹簧作用下，连杆 17 动作，使断路器跳闸。

（6）手动跳闸 转动操作手柄 5，通过偏心轮及棘爪、棘轮等，使连杆 10 向上转动，解除死点，使断路器跳闸。

（7）自动重合闸 当断路器合闸后，行程开关动作，使电动机的电源被接通，操动机构的合闸弹簧 6 再一次储能，为重合闸做好准备。

表 4-4 和表 4-5 分别是 CT8 型弹簧操动机构的储能电动机和合闸电磁铁的技术数据。

表 4-4 CT8 型弹簧操动机构的储能电动机的技术数据

型　　号	HDZ-113	HDZ-213	HDZ-313
额定电压/V	110(AC、DC)	220(AC、DC)	380(AC)
额定功率/W	≤450		
工作电压范围	(85~110)% 额定电压		
额定电压储能时间/s	CT8Ⅰ、CT8Ⅱ<6,CT8Ⅲ<10		

表 4-5 CT8 型弹簧操动机构合闸电磁铁的技术数据

额定电压/V	~110	~220	~380	-48	-110	-220
额定电流/V	<9.5	<5	<3	<6	<2.3	<1.2
额定功率/V·A	<1045	<1100	<1140	<288	<253	<264
20℃时线圈电阻/Ω	3.65	14.7	44.1	8.1	44.9	170.5
工作电压范围	(85~110)% 额定电压					

四、防跳装置

断路器手动或自动合闸到有故障的线路上（断路器关合有预伏故障电路）时，继电保护装置将动作，使断路器自动跳闸。此时若合闸命令还未解除（如控制开关的手柄、继电器未复位等原因），则断路器将再次合闸，这种跳、合闸现象的多次重复，便是所谓断路器的"跳跃"。断路器发生多次跳跃的后果，一方面将造成断路器触头严重烧损，使断路器的断流容量下降，甚至引起断路器的爆炸；另一方面将使电力系统受到严重影响。因此，在设计断路器的控制回路时，有必要采用相应的防跳装置。

防跳跃可采用机械或电气方法。机械方法是断路器操动机构本身具有防跳功能，不少操动机构中装设自由脱扣装置的目的就是为了防跳，自由脱扣的含义是：断路器合闸过程中如操动机构又接到分闸命令而应立即分闸。如果操动机构没有防跳功能，则应采用电气防跳。电气防跳是在断路器控制回路中设置防跳电路，以下介绍两种方法。

1.采用防跳继电器

采用防跳继电器（可采用 DZB-115 型中间继电器）的原理电路如图 4-13 所示。

图 4-13 中，防跳继电器 KLB 有两个线圈，一个是供起动用的电流线圈，接在跳闸电路

中；一个是自保持用的电压线圈，通过自身的常开触点 KLB1 构成防跳闭锁电路，与合闸控制电路并接。当断路器合闸后，如果一次系统存在短路故障，继电保护装置将动作，其触点 KA 闭合，使断路器跳闸。在发出跳闸脉冲的同时，防跳继电器 KLB 的电流线圈通电，其常开触点 KLB1 闭合，常闭触点 KLB2 断开。如果此时合闸脉冲未解除（如控制开关 SA 未复归），触点 SA5-8 仍接通，或自动装置的继电器触点 KM 被卡住等情况，防跳继电器 KLB 的电压线圈带电，形成自保持，其常闭触点 KLB2 断开合闸接触器回路，使断路器不会再次合闸。只有合闸脉冲解除，KLB 的电压线圈失电后，控制回路才能恢复到原来的状态。

　　这种电流起动、电压保持式的电气防跳回路还有一项重要的功能，就是防止因跳闸回路的断路器辅助触点调整不当（变位过慢），造成继电保护出口触点 KA 先断弧而烧毁的现象。只要在继电保护出口触点 KA 两端并接 KLB 的另一个常开触点 KLB3 就可以防止保护出口继电器的触点 KA 被烧坏。因为自动跳闸时，触点 KA 可能较断路器辅助触点 QF1 先断开，以致被电弧烧坏。现在有了触点 KLB3 与触点 KA 并联，即使触点 KA 先断开，亦不致被烧坏。

2. 利用跳闸线圈辅助触点

　　利用跳闸线圈辅助触点构成的防跳回路如图 4-14 所示，在合闸过程中出现短路故障时，保护装置使断路器跳闸，由跳闸线圈操动的常开辅助触点 YR2 闭合，保持跳闸线圈继续通电。跳闸线圈的常闭辅助接点 YR1 断开，切断合闸回路。如果此时合闸命令继续存在，也不会使断路器再次合闸。合命令解除后，跳闸线圈失电，接线恢复原来状态。

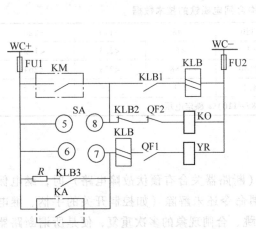
图 4-13　采用防跳继电器的防跳回路

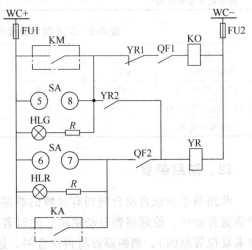
图 4-14　利用跳闸线圈辅助触点构成的防跳回路

WC—控制母线　QF1、QF2—断路器的辅助触点

KA—继电保护装置出口继电器触点　SA—控制开关

KO—合闸接触器　YR—跳闸线圈　KM—自动装置

出口继电器的触点　KLB—防跳继电器

第三节　常用的断路器控制与信号回路

一、采用手动操动机构的断路器控制与信号回路

　　尽管现在的高压断路器不再使用手动操动机构，但在一些工矿企业等电力用户中，还有

一些小容量少油断路器仍在运行，这种断路器采用 CS2 型手动操动机构。以下对采用手动操动机构的少油断路器的控制与信号回路进行简单介绍，其原理电路如图 4-15 所示。

（1）手动合闸 推上操动机构手柄使断路器合闸，QF3-4 闭合，红灯 HLR 亮，指示断路器在合闸位置。红灯同时起监视跳闸回路完好性的作用。

（2）手动跳闸 扳下操动机构手柄使断路器跳闸，QF3-4 断开，红灯 HLR 灭，并切断跳闸电源。同时 QF1-2 闭合，绿灯 HLG 亮，指示断路器在跳闸位置。绿灯同时起监视本回路完好性的作用。

（3）自动跳闸 当一次电路发生短路故障时，继电保护动作，KA 触点闭合，接通跳闸线圈 YR 的回路，使断路器跳闸。随后 QF3-4 断开，红灯 HLR 灭，并切断跳闸电源，同时 QF1-2 闭合，使绿灯 HLG 亮。这时操动机构手柄虽还在合闸位置，但跳闸指示牌（掉牌）已掉下，表示断路器事故跳闸。同时事故信号回路接通，发出音响和灯光信号。事故信号回路是按照"不对应原理"接通的，此时操动机构的操作手柄仍在合闸位置，其辅助触头 QM 是闭合的；而断路器已跳闸，其辅助触头 QF5-6 闭合。当操作手柄扳向跳闸位置时，跳闸信号牌返回，事故信号停止。

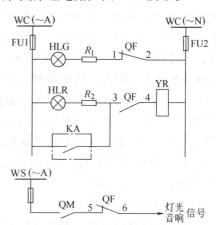

图 4-15 采用手动操动机构的
断路器控制与信号回路
WC—控制小母线 WS—信号小母线
FU—熔断器 HLG—绿色指示灯
HLR—红色指示灯 R—限流电阻
YR—跳闸线圈 KA—继电保护出口触点
QM—手动操动机构辅助触头
QF1~6—断路器辅助触头

二、采用电磁操动机构的断路器控制与信号回路

采用电磁操动机构的断路器控制与信号回路必须采用直流操作电源。这种操动机构有的有机械防跳功能，而有的又无此功能，采用没有机械防跳功能的操动机构的断路器控制回路应采取电气防跳。根据直流操作电源种类的不同、监视方式的不同（灯光监视或音响监视）以及断路器在电力系统中的用途的不同（如电源进线、馈电、母线分断）等，采用电磁操动机构的断路器控制与信号回路有不同类型，下面将分类进行介绍。

1. 灯光监视、无电气防跳回路

采用电磁操动机构的断路器控制与信号回路（无防跳功能）如图 4-16 所示，其工作原理说明如下：

（1）手动合闸 将控制开关 SA 操作手柄顺时针扳转 45°，其触头 SA1-2 接通，合闸接触器 KO 通电，其主触点在闭合，使电磁合闸线圈 YO 通电，断路器合闸。合闸完成后，SA 自动返回，其触头 SA1-2 断开，断路器辅助触头 QF1-2 也断开，绿灯 HLG 灭，并切断合闸电源；同时 QF3-4 闭合，红灯 HLR 亮，指示断路器在合闸位置，并监视着跳闸回路的完好性。

（2）手动跳闸 将 SA 逆时针扳转 45°，其触头 SA7-8 接通，跳闸线圈 YR 通电，使断路器跳闸。跳闸完成后，SA 自动返回，其触头 SA7-8 断开。断路器辅助触头 QF3-4 也断开，红灯 HLR 灭，并切断跳闸电源；同时 SA 的触头 3-4 闭合，QF1-2 也闭合，绿灯 HLG 亮，指示断路器在跳闸位置，并监视着合闸回路的完好性。

（3）自动跳闸　当一次电路发生短路故障时，保护装置动作，KA 触点闭合，接通跳闸线圈 YR 回路，使断路器跳闸。随后 QF3-4 断开，使红灯 HLG 灭，并切断跳闸电源，同时 QF1-2 闭合，而 SA 在合闸后位置，其触头 SA5-6 也闭合，从而接通闪光小母线 WF（+），使绿灯 HLG 闪光，表示断路器事故跳闸。同时事故音响信号回路接通，发出音响信号。当控制开关 SA 的手柄扳向跳闸位置（逆时针旋转 45°后松手让它返回）时，全部事故信号立即消除。

2. 灯光监视、电气防跳

采用电磁操动机构的断路器控制与信号回路（电气防跳）如图 4-17 所示，其工作原理说明如下：

（1）手动合闸　先将控制开关 SA 的手柄由"跳闸后"位置旋转到"预备合闸"位置，其触头 SA9-12 接通，绿灯 HLG 闪光。接着将 SA 旋转到"合闸"位置，其触头 SA5-8 接通，使合闸接触器 KO 起动，其触点 KO1-2、3-4 闭合，合闸线圈 YO 通电，使断路器合闸。SA 手柄松开后，返回到"合闸后"位置，其触头 SA 16-13 接通，红灯 HLR 亮。指示断路器在合闸位置，并监视着跳闸回路的完好性。由于 QF1-2 断开，则绿灯 HLG 灭。

（2）手动跳闸　先将 SA 的手柄由"合闸后"位置旋转到"预备跳闸"位置。其触头 SA14-15 接通，红灯 HLR 闪光。接着将 SA 手柄旋转到"跳闸"位置，其触头 SA6-7 接通，跳闸线圈 YR 通电，使断路器跳闸。SA 手柄松开后，返回到"跳闸后"位置，其触头 SA11-10 接通，绿灯 HLG 亮，指示断路器在跳闸位置，并监视着合闸回路的完好性。因 QF3-4 断开，红灯 HLR 灭。

（3）自动合闸　断路器在跳闸位置，而自动装置的出口继电器 KM 触点闭合时，KO 起动，KO1-22、3-4 闭合。合闸线圈 YO 通电，使断路器合闸。由于控制开关 SA 手柄在"跳闸后"位置，其触头 SA14-15 接通，断路器自动合闸后，其触头 QF3-4 也接通，因此红灯 HLR 闪光。由于 QF1-2 断开，绿灯 HLG 灭。要使红灯不闪，可将 SA 手柄

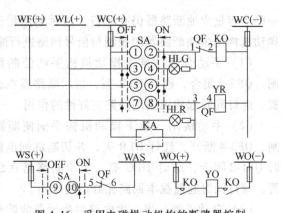

图 4-16　采用电磁操动机构的断路器控制
与信号回路（无防跳功能）

WC—控制小母线　　WL—灯光指示小母线
WF—闪光信号小母线　　WS—信号小母线
WAS—事故音响小母线　　WO—合闸电源小母线
SA—控制开关（LW5 型转换开关）
KO—合闸接触器　　YO—电磁合闸线圈
YR—跳闸线圈　　KA—继电保护出口触点
QF1~6—断路器辅助触头　　HLG—绿色指示灯
HLR—红色指示灯　　ON—合闸操作方向
OFF—跳闸操作方向　　→指向控制开关
返回位置　　"●"—触点接通

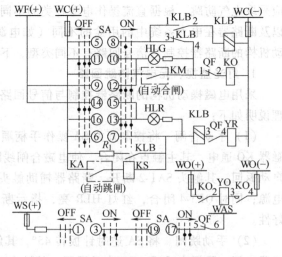

图 4-17　采用电磁操动机构的断路器控制
与信号回路（电气防跳）

KLB—防跳继电器　　SA—LW2 型控制开关

转到"合闸后"位置。

（4）自动跳闸 当一次电路发生短路故障时，保护装置动作，KA 触点闭合，接通跳闸线圈 YR 回路，使断路器跳闸。由于 SA 手柄在"合闸后"位置，其触头 SA9-12 接通，断路器自动跳闸后，其触头 QF1-2 也接通，因此绿灯 HLG 闪光。由于 QF3-4 断开，故红灯 HLR 灭。要使绿灯不闪，可将 SA 手柄转到"跳闸后"位置。

（5）"防跳"装置 如果控制开关 SA 的手柄转到"合闸"位置或其触头 SA5-8 被粘住，而断路器合闸于有预伏故障的线路上时，线路上的继电保护器动作，其触点 KA 闭合，将使断路器自动跳闸。在断路器跳闸线圈 YR 接通的同时，防跳继电器 KLB（有双线圈的中间继电器）起动，其触点 KLB1-2 闭合，保持 KLB 动作，其触点 KLB3-4 断开，使合闸接触器 KO 回路在断路器自动跳闸后其触头 QF1-2 闭合时也不致通电，从而不会再次合闸。

3. 灯光监视、电气防跳回路、带储能电容的整流电源

图 4-18 所示的断路器控制与信号回路适用于操作电源采用硅整流带电容储能的直流系统，将指示灯的正电源接至灯光指示小母线（WL），与跳闸线圈串接的合闸指示 HLR 回路接入二极管 VD，以防止储能电容器向指示灯回路放电。断路器合闸和跳闸线圈的短脉冲，是靠接于合闸控制回路的断路器辅助常闭触头 QF1 和接于跳闸回路的常开接触头 QF2 来保证的。控制电源正母线回路不装熔断器，发生短路时，仅会导致控制电源负母线回路的熔断器熔断。

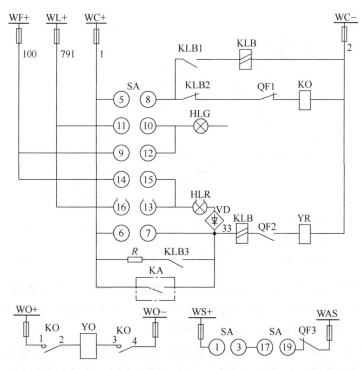

图 4-18 采用电磁操动机构的断路器控制与信号回路（电气防跳、带储能电容）

KLB—防跳继电器 SA—LW2 型控制开关 R—限流电阻 VD—二极管

跳闸回路中 KLB3 的作用是：保护出口继电器 KA 的触点接通跳闸线圈，使断路器跳闸，如果无 KLB3 并联，则当 KA 比断路器辅助触头 QF2 断开得早时，可能导致 KA 触点烧坏，故 KLB3 起到保护 KA 触点的作用。电阻 R 的作用是：当保护出口继电器回路串接有信号继

电器，如 KLB3 闭合而无电阻 R 时，信号继电器可能还未可靠掉牌就被 KLB3 短路，串接电阻 R 后可起到保证信号继电器可靠动作的作用。

4. 音响监视、采用分合闸位置继电器

在大型发电厂和变电所中，被控制的回路较多，灯光监视有时不容易及时发现故障，改进的办法是利用音响信号来监视断路器的控制回路，以便及时通知值班人员进行处理。图 4-19 为常用的音响监视的断路器控制回路和信号回路。

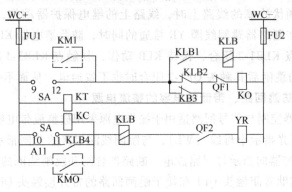

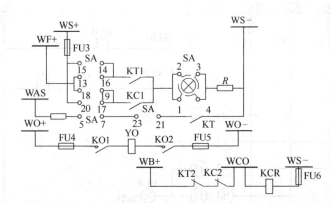

图 4-19　采用电磁操动机构的断路器控制与信号回路（音响监视）

KC—合闸位置继电器　KT—跳闸位置继电器　KMO—继电保护出口触点

KM1—自动装置出口触点　WCO—断线信号小母线　SA—自带指示灯的控制开关

图 4-19 接线的特点是位置信号灯只有一个，并附在控制开关的手柄内，利用两个中间继电器，即合闸位置继电器 KC 和跳闸位置继电器 KT，分别代替灯光监视接线图中的红灯和绿灯。因此它的控制回路和信号回路是分开的。

（1）手动合闸　合闸之前，跳闸位置继电器 KT 是带电的，它的触点 KT1 呈闭合状态。手动合闸时，将手柄先转动到"预备合闸"位置，触头 SA13-14 和指示灯触头 SA2-4 均闭合，于是信号回路-WS→R→SA2-4→KT1→SA13-14→（+）WF 接通，指示灯发闪光。手柄再转动45°到"合闸"位置，触头 SA9-12 闭合，于是控制回路+WC→FU1→SA9-12→KLB2→QF1→KO→FU2→-WC 接通，合闸接触器起动，断路器合闸。合闸完成后，辅助触点 QF2 闭合，合闸位置继电器 KC 接通，其触点 KC1 闭合。手柄内的指示灯由于触头 SA2-4、SA17-20 和触点 KC1 的闭合而发平光。当手柄放开后，又回到"合闸后"的位置，指示灯恒定发光，表示断路

器已处在合闸状态。

（2）自动合闸 自动合闸就是利用自动投入装置触点 KM1 代替控制开关触头 SA9-12 来完成合闸操作。它与手动合闸不相同的是控制开关仍在"跳闸后"位置，由于二者呈现"不对应"，因此手柄内的指示灯经触头 SA1-3、触点 KC1 和触头 SA18-19 接至闪光小母线（+）WF 上，指示灯发闪光。

（3）手动跳闸和自动跳闸 手动跳闸的操作过程与前相仿，不再赘述。但必须指出，手动跳闸后，手柄在"跳闸后"位置，而指示灯恒定发光，表明断路器为手动跳闸。如若线路发生故障，由继电保护动作，将断路器跳闸，触头 QF1 闭合，使跳闸位置继电器带电，相应触点 KT1 闭合。由于控制开关手柄在"合闸后"位置，与断路器的位置不对应，控制回路（+）WF→SA13-14→KT1→SA2-4→R→-WS 接通，指示灯发闪光，表明断路器为自动跳闸。

（4）音响监视 如果控制回路的熔断器熔断，位置继电器 KC 和 KT 的线圈同时失电，它们的常闭触点 KC2、KT2 均闭合，接通断线信号小母线 WCO，起动中央信号发出音响，提醒运行人员注意。然后，通过"断线"光字牌查找熄灭的指示灯，便可发现故障。

音响监视的控制回路既可按亮屏运行，也可按暗屏运行。图 4-19 中的（+）WS 是可控制暗灯（即暗屏）或亮灯（即亮屏）的运行小母线。在正常运行时，不给（+）WS 带正电压，控制开关内附指示灯正常时不亮，即所谓暗屏运行。需要亮屏运行时，再给（+）WS 加正电源，指示灯亮。采用暗屏运行能减少直流电能的消耗。

三、采用弹簧操动机构的断路器控制与信号回路

采用弹簧操动机构的断路器控制与信号回路同上述的采用电磁操动机构的控制与信号回路相似，其区别在于：

1）既可用直流操作电源，又可以用交流操作电源。

2）合闸回路不同。使用电磁操动机构时，由于合闸电流很大，所以其合闸电源与控制电源是分开的；而使用弹簧操动机构时，合闸电流只有几安，所以合闸线圈接在控制电源上。

3）使用弹簧操动机构时，要有电动机储能回路。电动机运转时，电流较大，所以储能电源要单独的电源，不能与控制电源共用。电动机储能结束后，要切断电源。

图 4-20 所示是一个典型的采用弹簧操动机构的断路器控制与信号回路。断路器合闸前必须先使弹簧

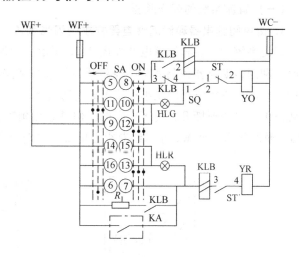

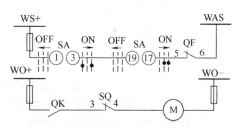

图 4-20 典型的采用弹簧操动机构的断路器控制与信号回路
WO—电动储能电源小母线 M—储能电动机 ST—行程开关

储能。合上储能回路的刀开关 QK，电动机开始运转，带动储能弹簧储能。弹簧储能到位后，操动机构中的行程开关（位置开关）动作，其触头 ST3-4 断开，切断储能电源；同时，ST1-2 闭合，可以对断路器进行合闸操作。其他的工作原理与电磁操动机构一样。

图 4-21 所示是采用交流操作电源的弹簧储能机构的断路器控制与信号回路。图中，储能电源与控制电源共用，白色指示灯 HLW 用于指示弹簧储能情况，当弹簧储能到位后，机构中的行程开关动作，ST1-2 断开，使电动机断电；ST3-4 闭合，白灯亮，表示弹簧已储能。

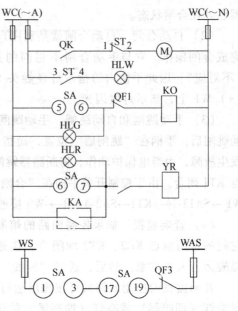

图 4-21　采用交流操作电源的弹簧储能机构的断路器控制与信号回路

QK—刀开关　ST—行程开关　HLW—白色指示灯

四、闪光装置

断路器在预备合闸、预备分闸、自动合闸和自动分闸 4 种情况下，要求断路器控制与信号回路中的指示灯闪光。可以在控制与信号回路中设计闪光电源。

（一）直流系统的闪光装置

1. 由中间继电器和时间继电器构成的闪光装置

直流系统闪光装置原理电路如图 4-22 所示。当断路器事故跳闸、自动合闸或预备跳合闸时，利用该断路器控制回路中控制开关位置与断路器辅助触点按"不对应原理"的接线，使中间继电器 KM 通过闪光小母线 WF 而通电动作，其触点瞬时闭合，接通时间继电器 KT，其触点 KT1-2 瞬时断开，使 KM 断电，但其触点延时断开。同时，时间继电器的另一对触点 KT3-4 瞬时闭合，使 WF 小母线获得正电源。这时该断路器的指示灯（绿灯或红灯）亮。在

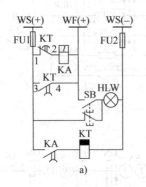
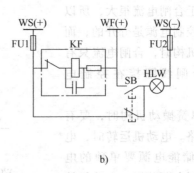

图 4-22　直流系统闪光装置原理电路

a）由中间继电器和时间继电器构成　b）由闪光继电器构成

WS—信号电源小母线　WF—闪光信号小母线　KT—时间继电器（JT3-11/1，-220V，0.3～0.9s）

KF—闪光继电器（DX-3，-110V）　SB—试验按钮（A18-22）　HLW—白色信号灯（XD5，220V）

FU1、FU2—熔断器（R1-10/10）

KM 断电、其触点延时断开时，KT 断电，其触点 KT1-2 延时闭合，使 KM 通电。同时其触点 KT3-4 延时断开，使 WF 小母线的正电源消失，这时该断路器的指示灯变暗。当 KM 通电时，其触点瞬时闭合，又接通 KT，其触点 KT1-2 瞬时断开，使 KM 断电，同时 KT3-4 瞬时闭合，又使 WF 小母线接通正电源。这时该断路器的指示灯又由暗变亮。由于 KM 与 KT 的交替动作，从而使 WF 小母线获得脉动的上电压，而使指示灯出现一明一暗的闪光。

当扳动断路器的转换开关或操作手柄，使不对应接线断开时，指示灯即停止闪光，闪光装置自动复归。按钮 SB 和指示灯 HLW，是供试验用的，按下 SB，HLW 即闪光。

2. 由闪光继电器构成的闪光装置

如图 4-22b 所示，当断路器事故跳闸或自动投入时，该断路器控制回路通过闪光小母线 WF 向闪光继电器 KF 供电，使 WF 小母线获得正电源，这时该断路器的指示灯（绿灯或红灯）亮。闪光继电器 KF 线圈通电后，其常闭触点断开，使 WF 小母线的正电源又消失。这时该断路器指示灯变暗。KF 的常闭触点断开后，KF 线圈断电，其常闭触点返回，使 WF 小母线又获得正电源。由于闪光继电器 KF 的交替动作，从而使 WF 小母线获得脉动的正电压，而使指示灯闪光。

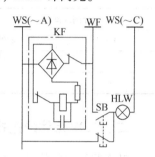

图 4-23　交流系统中的
闪光装置
KF—闪光继电器（DX-3，~220V）
HLW—白色指示灯（XD5，220V）
SB—试验按钮（A18-22）

（二）交流系统的闪光装置

这里介绍利用闪光继电器构成的闪光装置，其原理电路如图 4-23 所示。其电路和工作原理与上述直流系统中由闪光继电器构成的闪光装置类似，差别只是直流闪光继电器加上了一个桥式整流器而已。

第四节　二次回路的保护和元件与导线的选择

一、二次回路的保护

二次回路的保护设备用来切除二次回路的短路故障，并作为二次回路检修和调试时断开交、直流电源之用（例如需要时可拿下熔断器）。保护设备一般用熔断器，也可以用小型低压断路器。

1. 控制与信号回路熔断器的配置

高、低压开关柜中的控制、保护和自动装置一般共用一个电源，因此只装一组熔断器。弹簧操动机构储能电动机回路所需交、直流操作电源，一般应装设单独的熔断器。电磁操动机构的合闸回路使用单独的电源，也应装设单独的熔断器。

信号小母线（WS）和事故音响小母线（WAS）的分支线上，应设置熔断器保护装置。但灯光指示小母线的分支线上和闪光小母线的分支线上，一般不装设熔断器。

控制、保护及自动装置用的熔断器均应加以监视，一般用断路器控制回路的灯光监视装置来监视。信号回路用的熔断器也应加以监视，一般用继电器或信号灯来监视。

2. 电压互感器回路的保护设备配置

电压互感器回路中，除开口三角形绕组和另有专门规定者外，应在其出口处装设熔断器或低压断路器，当电压回路发生故障可能使保护和自动装置发生误动或拒动时，宜装设低压断路器。电压互感器开口三角绕组的试验芯上，应装设熔断器或低压断路器。

3. 二次回路熔断器保护的熔体电流选择

熔断器应按二次回路最大工作电流选择。

1) 断路器控制与信号回路的熔断器熔体电流通常取 4～6A（操作电源电压为 110～220V 时）。

2) 采用电磁操动机构的断路器合闸回路，其熔断器及熔体电流选择参照表 4-6。

表 4-6　断路器电磁操动机构合闸回路熔断器及熔体电流的选择

合闸线圈电流/A		配用直流接触器 型　号	合闸回路熔断器	熔管/熔体电流/A
110V	220V		110V	220V
196	98	CZ0-40C	RL1-100/60	RL1-60/25
240	120	CZ0-40C	RL1-100/80	RL1-60/35

二、二次元件的选择

灯光监视中的信号灯及附加电阻的选择如下：

1) 当指示灯引出线上短路时，通过跳、合闸回路电流应小于其最小动作电流及长期热稳定电流（一般按不大于合闸线圈额定电流的 10% 来选择）。

2) 当直流母线电压为 95% 额定电压时，加在指示灯上的电压一般为其额定电压的 60%～70%。

实际上，现在有带附加电阻的信号灯，这样只需按额定电压来选择。常用的信号灯及其附加电阻的技术数据见表 4-7。

表 4-7　常用的信号灯及其附加电阻的技术数据

信号灯型号	额定电压/V	灯泡		附加电阻	
		电压/V	功率/W	阻值/Ω	功率/W
XD5-380	380	24	1.5	6000	30
XD5-220	220	12	1.2	2200	30
XD5-110	110	12	1.2	1000	30
XD5-48	48	12	1.2	400	25
XD5-24	24	12	1.2	150	25

三、二次回路导线的选择

开关柜中二次回路的导线采用单芯或多芯绝缘导线（也叫控制电缆），其截面积选择方法如下：

1. 测量表计电流回路用绝缘导线的选择

1) 测量表计电流回路用绝缘导线的截面积不应小于 2.5mm²，而电流互感器二次电流不超过 5A，所以不需要按额定电流校验。另外，按短路时校验热稳定也是足够的，因此也不需要按短路时热稳定性校验导线截面积。

2) 绝缘导线芯线截面积，按在电流互感器上的负荷不超过某一准确等级下允许的负荷数值进行选择，计算公式如下（为了简化计算，电缆的电抗忽略不计）：

$$A = \frac{K_{jx1}l}{\gamma(Z_{2N} - K_{jx2}Z_2 - R_{jx})} \tag{4-1}$$

式中　　A——二次导线截面积（mm^2）；

γ——电导系数，铜线取 $53m/(\Omega \cdot mm^2)$，铝线取 $32m/(\Omega \cdot mm^2)$；

Z_{2N}——电流互感器在某一准确等级下的允许二次负荷阻抗（Ω）；

Z_2——测量表计的负荷阻抗（Ω）；

R_{jx}——接触电阻（Ω），在一般情况下为（$0.05 \sim 0.1$）Ω；

l——连接线长度（从互感器到仪表的单向长度）（m）；

K_{jx1}、K_{jx2}——导线接线系数、仪表或继电器接线系数。

2. 继电保护装置电流回路用绝缘导线的选择

1）保护装置电流回路用绝缘导线截面积的选择，是根据电流互感器的 10% 误差曲线进行的。选择时首先确定保护装置一次电流倍数 n，根据 n 值，再由电流互感器 10% 误差曲线查出其允许二次负荷数值 Z_{2N}。

2）芯线截面积选择计算公式同式（4-1），只是 Z_{2N} 是根据保护装置一次电流倍数 n，在电流互感器 10% 误差曲线上查出的电流互感器允许二次负荷阻抗；Z_2 是继电器的负荷阻抗。

3. 电压回路用绝缘导线的选择

1）电压回路用绝缘导线按允许电压损失来选择线芯截面积。

2）电压互感器至计费用电能表的电压损失不得超过 0.5%。在正常负荷下，电压互感器至测量表计电压损失不得超过 3%。当全部保护装置动作和接入全部测量表计（电压工感器负荷最大）时，电压互感器至保护和自动装置的电压损失不得超过 3%。

3）电压回路用绝缘导线，计算时只考虑有功电压损失，线芯截面积选择计算公式如下：

$$A = \frac{\sqrt{3}K_{jx}Pl}{U\gamma\Delta U} \tag{4-2}$$

式中　　P——电压互感器每一相负荷（$V \cdot A$）；

U——电压互感器二次线电压（V）；

γ——电导系数，铜线取 $53m/(\Omega \cdot mm^2)$，铝线取 $32m/(\Omega \cdot mm^2)$；

ΔU——允许电压损失（V）；

l——连接线长度（从互感器到仪表的单向长度）（m）；

K_{jx}——接线系数，对于三相星形联结为 1，两相不完全星形联结（V 形）为 $\sqrt{3}$，单相接线为 1。

4. 控制与信号回路用绝缘导线的选择

控制、信号回路用的导线电缆芯，根据机械强度条件选择，铜线芯线截面积不应小于 $1.5mm^2$。合闸回路和跳闸回路流过的电流较大，产生的电压损失增大，为使断路器可靠地动作，此时需根据线路允许电压损失来校验电缆芯截面积。芯线截面积选择公式为

$$A = \frac{2I_{max}l}{U_N\gamma\Delta U} \tag{4-3}$$

式中　I_{max}——流过合闸或分闸线圈最大电流（A）；

　　　　l——连接线长度（从互感器到仪表的单向长度）（m）；

　　　ΔU——合闸或分闸线圈正常工作时允许的电压损失（V），取 10%；

　　　U_N——分合闸线圈额定电压（V），一般为 220V；

　　　　A——二次导线截面积（mm^2）；

　　　　γ——电导系数，铜线取 53m/（$\Omega \cdot mm^2$），铝线取 32m/（$\Omega \cdot mm^2$）。

第五节　二次回路工艺

一、二次接线工艺

1. 二次配线一般要求

1）按图施工，接线正确。

2）导线与电气元件间采用螺栓联接、插接、焊接或压接等，均应牢固可靠。

3）盘、柜内的导线不应有接头、导线芯线应无损伤。

4）电缆芯线和所配导线的端部应标明其回路编号，编号应正确，字迹清晰且不易脱色。

5）配线应整齐、清晰、美观，导线绝缘应良好，无损伤。

6）每个接线端子的每侧接线宜为 1 根，不得超过 2 根。对于插接式端子，不同截面积的两根导线不得接在同一端子上；对于螺栓连接端子，当接两根导线时，中间应加平整片。

7）二次回路接地应设专用螺栓。

2. 对二次回路导线的要求

1）开关柜中的测量、控制、保护回路应采用额定绝缘电压不低于 500V 的铜芯绝缘导线。当设备、仪表和端子上装有专用于连接铝芯的接头时，可采用铝芯绝缘导线。

2）电流回路的铜芯绝缘导线截面积不应小于 $2.5mm^2$，其他回路截面积不应小于 $1.5mm^2$。

3）对于电子元件回路、弱电回路，当采用锡焊连接时，在满足载流量和电压降及有足够机械强度的情况下，可采用截面积不小于 $0.5mm^2$ 的铜芯绝缘导线。

3. 屏内、屏外接线的要求

1）屏的内部连接导线一般采用塑料绝缘铜芯导线，屏内同一安装单位各设备之间的连接一般不经过端子排。

2）屏外部接线一般采用整根控制电缆，当控制电缆的敷设长度超过制造长度，或由于屏的迁移而使原有电缆长度不够或更换电缆的故障段时，可用焊接法连接电缆，也可借用其他屏上的端子连接。

3）屏上的控制电缆应接到端子排、试验盒或试验端上，至互感器或单独设备的电缆，允许直接接到这些设备上。

4）控制电缆及其接到端子和设备上的绝缘导线和电缆芯应有标记。

4. 可动部位的二次回路导线要求

用于连接开关柜仪表门和手车等可动部位的导线除应上述所列要求外，尚应符合下列要求：

1）应采用多股软导线，敷设长度应有适当裕度。

2）线束应有外套塑料管等加强绝缘层。

3）与电器连接时，端部应绞紧，并应加终端附件或搪锡，不得松散、断股。

4）在可动部位两端应用卡子固定。

5．引入开关柜的电缆及其芯线的要求

1）引入开关柜的电缆应排列整齐，编号清晰、避免交叉，并应固定牢固，不得使所接的端子排受到机械应力。

2）铠装电缆在进入开关柜后，应将钢带切断，切断处的端都应扎紧，并应将钢带接地。

3）使用于静态保护、控制等逻辑回路的控制电缆，应采用防蔽电缆，其屏蔽层应按设计要求的接地方式予以接地。

4）橡胶绝缘的芯线应设外套绝缘管保护。

5）开关柜内的电缆芯线，应按垂直成水平方向有规律地配置，不得任意歪斜交叉连接。备用芯长度应留有适当余量。

6）强、弱电回路不应使用同一根电缆，并应分别成束分开排列。

6．二次回路导线、电缆的其他要求

1）直流回路中具有水银接点的电器，电源正极应接到水银侧接点的一端。

2）在绝缘导线和电缆可能受到油侵蚀的地方，应采用耐油绝缘导线和电缆。

3）在日光直射环境，橡胶或塑料绝缘导线应采取防护措施。

二、对端子排的要求

1）屏内与屏外二次回路的连接，同一屏上各安装单位之间的连接以及转接回路等，均应经过端子排。

2）屏内设备与直接接在小母线上的设备（如熔断器、电阻、刀开关等）的连接一般经过端子排。

3）各安装单位主要保护的正电源一般经过端子排，其负电源应在屏内设备之间接成环形，环的两端分别接到端子排。其他回路一般均在屏内连接。

4）电流回路应经过试验端子。预告及事故信号回路和其他需断开的回路（试验时断开的仪表、至闪光小母线的端子等），一般经过特殊端子或试验端子。

5）端子排配置应满足运行、检修、调试的要求，并尽可能适当地与屏上设备的位置相对应。每个安装单位应有其独立的端子排。同一屏上有几个安装单位时，各安装单位端子排的排列应与屏面布置相配合。

6）每个安装单位的端子排，一般按下列回路分组，并由上而下分（或由左至右）按下列顺序排列：

① 交流电流回路按每组电流互感器组，同一保护方式的电流回路一般排在一起。

② 交流电压回路按每组电压互感器分组。

③ 信号回路按预告、位置、事故及指挥信号分组。

④ 控制回路按熔断器配置原则分组。

⑤ 转接端子排顺序为：本安装单位端子，其他安装单位的转接端子，最后排小母线转接用的转接端子。

7）当一个安装单位的端子过多，或一个屏上仅有一个安装单位时，可将端子排成组地布置在屏的两侧。

8）每一个安装单位的端子排应有顺序号，并应尽量在最后留 2~5 个端子作为备用，当条件许可时，各组端子排之间也宜留有 1~2 个备用端子。在端子排两侧两端应有终端端子。

正负电源之间的端子排，以及经常带电的正电源与合闸或跳闸回路之间的端子排，一般以一个空端子隔开。

9）一个端子的每端一般接一根导线，导线截面积一般不超过 6mm²。

10）端子箱的端子排列，应按交流电流回路、交流电压回路和直流回路成组排列。

11）每组电流互感器的二次侧，一般在配电装置端子箱内经过端子联结成星形或三角形等接线方式。

第六节　高压开关柜二次回路设计举例

本节给出一台 JYN-12 落地式手车馈线柜的二次回路设计方案。该方案采用常规的继电器构成继电保护装置，其二次回路分布在继电器仪表室（包括仪表门、继电器摇门和端子排室）、电缆室（电流互感器）、手车室（手车室底部装有手车位置开关）和手车上（操动机构和断路器辅助触点）。手车与柜体之间二次回路的连接通过二次插头。断路器额定电流为 630A。

一、原理电路

二次回路应具有下列功能：①断路器控制回路，采用电磁操动机构，防跳跃；②信号回路，包括手车位置信号、断路器位置信号（灯光监视，且有闪光信号）、事故信号（采用光字牌）；③继电保护（过电流和速断）；④电流监测。高压开关柜二次回路原理电路如图 4-24所示。

二、二次元件的选择

高压开关柜二次元件的型号规格见表 4-8。

表 4-8　高压开关柜二次元件的型号规格

符　号	名　称	型号规格	数量	备　注
A	电流表	42L6-A	1	
SA	转换开关	LQ2-Z-/a. 4. 6a. 40. 20/F8	1	
HLG、HLR	信号灯	XD5-220	2	红、绿各 1
KLB	中间继电器	DZB-214　220V,1A	1	防跳继电器
KA3、4	电流继电器	DL-31/10	2	
KA1、2	电流继电器	DL-31/20	2	
KT	时间继电器	DS-32 220V	1	

（续）

符　号	名称	型号规格	数量	备　注
KS1、2	信号继电器	DX-31/1A　220V	2	
HL1、2	光字牌	XD10　220V	2	
HL3、4	光字牌	XD9　220V	2	
SQ1、2	行程开关	JW2-11Z/3	2	
FU1、FU2	熔断器	R1-10/6	2	
FU3、FU4	熔断器	RL1-60/35	2	
	操动机构	CD10I　220V	1	
KO	合闸接触器	CZ0-40C　220V	1	

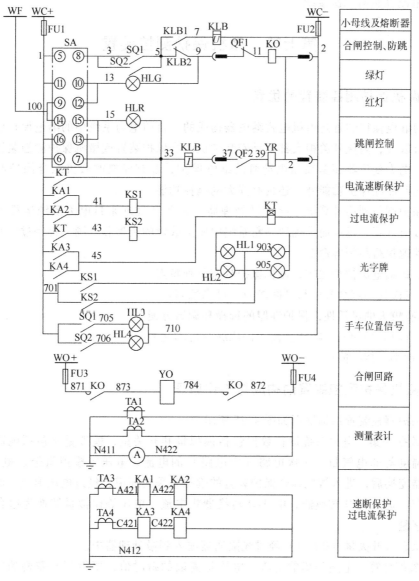

图 4-24　高压开关柜二次回路原理电路

三、安装接线图设计

移开式高压开关柜安装接线图设计包括以下内容：

（1）屏面开孔图　仪表门上要安装仪表、信号装置、控制开关等，继电器摇门上要安装继电器。要根据二次元件的安装方式和外形尺寸，确定元件的布置方案，绘出屏面开孔图。

（2）屏背面接线图　屏面上的二次元件均采用背面接线。

（3）端子排图　屏上与屏外接线应通过端子排。

（4）手车二次接线　手车上有操动机构、合闸接触器和断路器辅助触点，一是它们在手车上的接线，二是与柜体的二次回路连接。要绘出其接线图。

（5）电流互感器二次接线。

第七节　微机保护测控装置

一、微机保护测控装置的优点

以前的继电保护装置是由机电式继电器构成的，目前电力系统中的继电保护已基本上由微机保护所取代，高压开关柜大都也是安装微机综合保护装置或微机保护测控装置。无论是电力线路、电力变压器还是高压电动机的继电保护，都有成熟的微机综合保护产品可供选择。现有的产品除保护功能外，还具有强大的测控功能。

微机保护就是利用计算机系统（微处理器）采集和处理来自电力系统运行过程中的数据，通过数值计算，迅速而准确地判断系统中发生故障的类型和范围，再经过严密逻辑过程后有选择性地执行跳闸等命令。

与机电式继电保护相比较，微机保护具有下列特点：

1）具有极强的综合分析与判断能力，可靠性高。

2）具有较大的灵活性，保护性能的选择和调试方便。

3）具有较完善的通信功能，便于构成综合自动化系统。

4）体积小，接线简单。

二、微机保护测控装置的构成与工作原理

微机保护测控装置结构框图如图 4-25 所示。

（1）数据采集　电力系统运行数据包括模拟量和开关量，模拟量又包括电流、电压等电气量和温度等非电气量。一次电路（主电路）的电流、电压等模拟量经过电流互感器、电压互感器变换后，进入微机综合保护装置的模拟量采集通道，经过电压形成、滤波、采样保持等环节，进入 A-D 转换器，由 A-D 转换器将电流、电压等模拟量转换为适合微处理器处理的数字量。

开关状态等开关量（0 或 1）经过光隔离器输入到微处理器中。

（2）数值计算　上述采集的电流、电压是离散的瞬时值，要得到所需要的电气量，如有效值、负序电流、各次谐波电流等，必须在 1 个工频周期内采集多个点（一般至少在 12

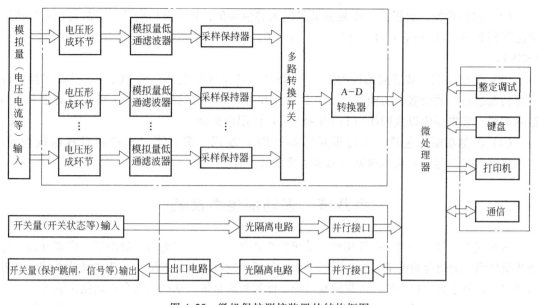

图 4-25　微机保护测控装置的结构框图

个点以上）的数据。微处理器通过一定的算法，得到所需要的量。例如电压、电流的有效值可采用方均根算法由离散数据计算得到

$$U = \sqrt{\frac{1}{N}\sum_{k=0}^{N-1}u_k^2}\qquad(4\text{-}4)$$

$$I = \sqrt{\frac{1}{N}\sum_{k=0}^{N-1}i_k^2}\qquad(4\text{-}5)$$

式中　N——每周波采样点数，根据需要 N 可取 12，16，24 等；

u_k、i_k——电压、电流的第 k 次离散采样值。

（3）逻辑判断　经过数据处理得到所需要的电气量，譬如电力系统电流有效值，与微处理器中设置的定值（动作值）比较，判断电力系统是正常运行还是发生了故障，并确定故障范围。

（4）执行　当微处理器判断系统发生了故障时，输出相应的操作指令（跳闸、信号等）。

三、微机保护测控装置的功能

适用于 35kV 及以下配电系统的微机保护测控装置有众多厂家生产，包括线路保护测控装置、配电变压器保护测控装置、所用变保护测控装置、电动机保护测控装置、电容器保护测控装置、微机备用电源自动投入装置等系列产品。这里以北京四方继保自动化公司生产的 CSC-281 数字式线路保护测控装置为例，对微机保护测控装置的功能进行说明。

CSC-281 系列数字式保护测控装置适用于 35kV 及以下配网系统，具备完善的保护、测量、控制与监视功能。

（1）保护功能　包括：①三段式复合电压闭锁过电流保护（可带方向）；②零序电流保护；③加速保护（重合闸前加速、重合闸后加速和手合后加速）；④过负荷告警；⑤低周减载；⑥低压解列；⑦三相一次重合闸；⑧小电流接地选线。

（2）测控功能 包括：①16 路开关量输入遥信采集、装置遥信变位、事故遥信；②正常情况下断路器遥控分合；③三相 U、I、P、Q、$\cos\varphi$ 等模拟量的遥测；④事件顺序记录（SOE）。

（3）通信功能 装置前面板配备一个 RS-232 调试端口用来连接 PC，PC 借助工具软件可对装置进行参数设置、功能测试、下载软件和数据分析等访问操作。为满足自动化系统的组网需要，装置提供以太网接口和 RS-485 接口供用户选择。

（4）其他功能 包括：①电压互感器（PT）断线告警；②二次控制母线断线告警；③断路器弹簧储能操动机构弹簧未储能告警；④5 组定值区。

第八节 多功能电力仪表

多功能电力仪表是用于中低压配电系统的智能化仪表，它集电力参数测量、电能计量、电能质量监测、通信等功能于一体，可用于中、低压变配电自动化系统、工业自动化系统、高低压开关柜、楼宇自动化系统、负荷控制系统、能源管理系统、变电站综合自动化系统等。

目前，多功能电力仪表生产厂家众多，产品名称各异，如智能电力仪表、多功能网络电力仪表、数字式多功能电力仪表等，功能也各异。以下以某一典型产品为例，介绍一下多功能电力仪表的功能。

（1）电气参数测量 实时测量电压（三相相电压、线电压及其平均电压）、电流（三相线电流及其平均、中性线电流）、有功功率、无功功率、视在功率、功率因数、频率。

（2）电能计量 可实现高精度的双向电能计量。计量的电能包括输入/输出有功电能、输入/输出无功电能，同时还包括绝对值和净电能值。

（3）电能质量监测 实时监测 2～31 次谐波分量，并计算多种电能质量参数，如 2～31 次谐波含有率、总谐波畸变率（THD）、三相不平衡度等。

（4）最值记录 实时统计各相电压、电流、有功功率、无功功率、视在功率等参数的最大值和最小值，并记录事件发生的时间。

（5）事件顺序记录（SOE） 可提供 64 个事件记录，装置掉电不丢失。记录事件包括越限动作、继电器动作、开关量输入变位等。每个事件记录包括事件类型、日期和时间。

（6）越限报警 设置多个用户可自定义的定值通道，可根据监测对象和设定情况产生继电器输出，监测对象可以选择电压、电流、频率、不平衡度等。

（7）数字量输入/输出（I/O）提供多路数字量输入（DI）端口，用于监视开关量输入的状态；多路继电器输出（DO）端口，用于实现断路器的远程控制、报警输出和脉冲电能输出等。

（8）变送器输出 提供多路 4～20mA 输出，变送输出对象可从任何被测参数中选择。

（9）通信 提供 RS-485 通信接口，支持 Modbus-RTU 通信协议。

第九节 智能型开关柜

一、智能电器的内涵和技术特征

智能电器是将信息技术融合到传统电器中，以数字化信息的获取、处理、利用和传递为基础，在开放和互联的信息模式基础上，进一步提高电器的性能指标及自身的可靠性和安全性，同时为智能电网的运行控制提供更加完善和丰富的数字化信息，以提高系统的整体性能。

智能电器的内涵主要包括 3 个方面：①完成基本职能过程中的智能感知、判断与执行功能；②智能电器的智能状态监测与寿命评估功能；③具有交互能力，运行过程中对电网和环境友好。随着技术进步及应用领域的扩展，智能电器的内涵和外延仍在不断发展变化。

智能电器应当满足智能电网发展的基本需要，能够以数字方式全面提供系统中的各种运行和状态参数，并被加以有效利用。智能电器具有强大的自我诊断和自适应的控制能力，同时所有信息可以高度共享。智能电器的智能感知、判断与执行功能的实现，需要借助于传感器技术、信息处理技术与控制技术的融合。

智能电器具备以下 4 个方面特征：

（1）参量获取和处理数字化　智能电器能够实时地获取各种运行和状态参量并进行数字化处理、存储和传递，其中包括电力系统运行和控制中需要获取的电压、电流等各种电参量以及反映电力设备自身状态的各种电、热、磁、光、位移、速度、振动、放电等物理量。

（2）自我监测与诊断能力　智能电器具有自我监测与诊断能力，可随时监测各种涉及设备状况和安全运行所必需的物理量，同时对这些物理量进行计算和分析，掌握设备的运行状况以及故障点与发生原因，以此评估设备的劣化趋势和剩余寿命，并适时地进行预警。

（3）自适应控制能力、决策优化　智能电器在智能感知基础上，采用优化控制技术，能够根据实际工作的环境与工况对其操作过程进行自适应调节，使得所实现的控制过程和状态最优，从而进一步提高电器自身的性能指标，并在很大程度上节约原材料和减少运行能耗。

（4）信息交互能力、环境友好　智能电器具备数字化接口，其内部信息能够高效地进行传播与交互，实现信息高度共享，进而能够主动地与其他设备进行协调互动，实现系统整体优化。其在运行过程中，不产生影响智能电网稳定运行的干扰，设备的使用不影响自然环境。

图 4-26 所示是智能化开关电器的模型图。传感器既有电量的，也有非电量的。非电量传感器主要用于对开关电器本身进行在线检测和自诊断，如行程、温度、密度、湿度等。以上各参量需进行传感信息分析，以确定开关电器的状态。在线检测和自诊断功能保证智能化电器只有处于正常工作状态方能进行操作，否则报警闭锁并指示对开关如何检修。

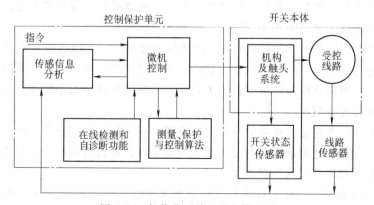

图 4-26　智能化开关电器的模型图

保护与控制算法不是简单地按速断或反时限动作，而是考虑到以前状态，当前线路各种特征值，应用先进的保护原理和控制技术进行"智能操作"，如选相合闸；根据不同阻抗特性选择不同分、合闸速度，以达到操作过电压最小，截流过电压最低，避免重燃、重击穿；根据线路短路状况柔性开断以限制短路电流等。

二、智能型开关柜产品简介

1. ABB 公司高压开关柜控制/保护单元 REF542

ABB 公司生产的高压开关柜智能控制/保护单元 REF542 如图 4-27 所示，它将控制、信号、保护、测量和监视等功能组合起来，使高压开关柜具有连续自监视以及与变电站控制系统直接连接等功能。REF542 控制/保护单元具有限流、过电压和欠电压、过热以及接地故障等多种保护功能，并能根据需要任意组合；具有智能诊断能力，能对其所监测到的数据进行分析和处理，进行故障预测，判断开关的剩余使用寿命和计算出维修期限。其监视功能包括对电气方面的辅助回路、电动机操动开关装置的电源及跳闸线圈完好性的监视；机械方面包括监视断路器储能弹簧状态监视和机械操作次数，另外还包括对软件与时间和热相关参数等方面的监视。

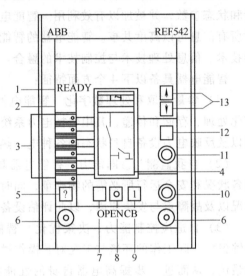

图 4-27　ABB 公司生产的高压
开关柜智能控制/保护单元 REF542

1—装置工作状态显示　2—故障显示　3—功能显示
4—液晶显示　5—查询按钮　6—紧急分闸按钮
7—操作设备选择按钮　8—分闸按钮　9—合闸按钮
10—就地/远方切换开关　11—运行/设定切换开关
12—确认按钮　13—参数显示按钮

2. 西门子 SIMODRAW 智能低压开关柜

西门子 SIMODRAW 智能低压开关柜有标准 PC（动力中心）柜和标准 MCC（电动机控制中心）柜两种。MCC 柜内功能单元区、母线区和电缆区 3 个部分。

开关柜使用现场总线通信系统，安装有带通信能力的电动机保护单元及先进的控制器，提供一个方便快捷的数据交换平台，以便低压开关、控制装置以及控制器之间通信。开关柜和自控层面的智能化连接如图 4-28 所示。

除通过 PROFIBUS-DP（RS-485DP）总线通信系统对每一个抽屉进行控制外，一些重要的参数如工作电流、电压、功率、状态、故障、信息及维修等资料，亦可通过总线通信系统送到中央控制器。通过总线通信系统，中央控制器可以直接寻访每个抽屉对驱动模式控制命令、操作及诊断等进行编程。

中央控制器是一个连续、高效的自我监视系统，同时能显示出自我诊断结果。当任何抽屉被抽出柜子时，总线通信系统将不受干扰地继续工作，停机范围将缩到最小。

3. LGT-6000 型智能低压开关柜

LGT-6000 智能低压开关柜是国内厂家引进技术和零部件生产的。LGT-6000 智能型低压开关柜包括固定式、抽出式、插入式及含智能模块标准组件等多种形式。在安装智能模块标

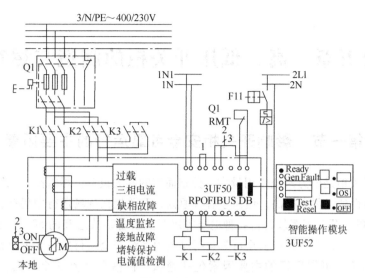

图 4-28　开关柜和自控层面的智能化连接

准组件后即构成 LGT-6000 智能型低压开关柜。

　　LGT-6000 智能型组合式低压开关柜采用标准的开放型现场总线 PROFIBUS，通过总线实现主站与开关柜内电器元件通信、设置参数、远程（分合）控制、读取负载参数等。

　　在智能化方面，LGT-6000 主要功能如下：

　　（1）网络管理　　LGT-6000 智能型组合式低压开关柜采用西门子 PROFIBUS 现场总线技术，即将具有通信能力的开关器件与之相连（或通过接口单元），实现上位机（主站）通过总线对用户（从站）进行数据通信，实现遥控、遥调、遥信和遥测功能。PROFIBUS 由 3 个兼容部分组成，即 PROFIBUS-DP、PROFIBUS-PA 和 PROFIBUS-FMS。PROFIBUS-DP 是一种高速低成本通信，用于设备级控制系统与分散式 I/O 的通信。

　　（2）动力管理　　开关柜采用西门子的 PROFIBUS 网络电力仪表，主要用于测量和监测三相交流电网中所有重要参数，包括系统电压、电流、频率、功率及电能。

　　（3）电动机管理　　开关柜采用西门子具有通信能力的电动机保护和控制单元 SIMOCODE-DP，它不仅具有完善的电动机保护功能（过载、断相故障和电流不平衡检测），还可实现热敏电阻电动机保护功能和接地故障监视功能。它除了具有常规的控制功能外，例如直接起动器、可逆起动器、Y-△起动器，还可通过使用可自由支配的输入和输出以及内置真值表、计数器和计时器来执行用户定义的控制。手持操作单元 3WX36 可对其参数进行设定、操作和检测。操作单元 3UF52 配合 SIMOCO-DP 使用时，可在功能单元面板上进行电动机的操作控制、各种故障检查。手持操作单元 3WX36 也可对其进行参数设定和检测。

　　（4）监控系统　　监控软件采用西门子公司生产的配电综合自动化系统 WINCC V5.1。WINCC 是一个功能强大的集成人机界面（IHMI）软件系统，该系统可支持 PROFIBUS-DP、FF、CAN、DeviceNet 等现场总线。其特点是全面开放，可以方便地结合各种标准和用户程序形成人机界面，准确地满足实际要求。

第五章 高、低压开关柜的制造与运行

第一节 影响开关柜安全可靠运行的主要因素

高、低压开关柜是电力系统中用量大、分布面广的开关设备。尽管高、低压开关柜的技术水平和安全性能得到了很大提高，但由于各种原因，开关柜在现场运行中仍存在事故隐患。据现场统计，6～10kV 开关柜事故约占各种电压等级开关设备事故总和的 50% 以上，严重威胁电网的安全运行。因此，开关柜的安全可靠运行是电力系统安全运行的一个重要方面。

影响开关柜安全可靠运行的主要因素包括绝缘、机械和载流 3 个方面，下面分别进行讨论。

一、绝缘方面

造成开关柜绝缘事故的因素很多，除了开关柜本身绝缘结构和绝缘材料质量方面的缺陷外，还有开关柜运行环境条件（如温度、湿度和污秽）、配电系统结构等多方面的原因。

（1）绝缘材质较差　空气绝缘开关柜的外绝缘以大气作为主绝缘，支持绝缘件则用瓷质材料和有机材料（如环氧树脂等）。如果绝缘材料质量差，则易吸潮，在潮湿、凝露的环境下介电性能下降。在凝露试验中，绝缘隔板将出现很强的刷状放电，造成边缘局部烧焦，最终导致闪络。环氧树脂绝缘的憎水性能差，不阻燃，是一种极性介质，在潮湿及表面脏污的情况下，表面电导将显著增大，当电场强度达到一定数值时，就会发生局部放电。由于环氧树脂绝缘在高频时电气性能差，局部放电将加快该处绝缘的劣化，直到发生沿面闪络，引发事故。开关柜内环氧树脂绝缘隔板使用金属螺丝连接拼装，悬浮电位多，容易导致树枝形放电。

（2）绝缘结构不合理　如果导体间和导体对地的空气绝缘距离小，其冲击绝缘水平达不到标准，当导体表面有尖端电极时，就会使冲击绝缘水平下降。其次，在手车式开关柜中，为减小设备尺寸而采用的带电体—空气间隙—拼装式绝缘隔板—接地体之间构成的复合绝缘尺寸若不合理，如其中的空气间隙太小，将使其在严酷环境下绝缘水平下降，不能满足现场湿度大、污染严重的环境条件。

（3）爬电距离偏小　沿面爬电距离偏小的元器件，在凝露和污秽的环境条件下，其工频闪络电压和冲击闪络电压都有大幅度下降，达不到规定的耐压要求。开关、母线采用的支持绝缘子，若表面爬距小，在污秽结露状态下，放电电压比较低，容易发生外绝缘爬电闪络、局部放电，造成电击穿、短路事故的发生。

（4）运行环境恶劣　开关柜在运行中承受着工作电压、内部过电压和大气过电压的作用。如果元器件质量不好，当电网某些参数变化时，又会恶化运行条件。若再有污秽物和一定湿度，就易发生污闪。污秽不仅影响外绝缘的工频特性，而且也影响冲击放电电压。在污秽情况下，外绝缘的冲击耐压将大大降低，有关试验表明一般可下降 30%～40%。因此，室内开关柜的绝缘强度应留有足够的裕度。潮湿、凝露问题也是不容忽视的因素。当外界环境变化较大或者昼夜温差过大时，潮湿等天气会影响设备的绝缘性能，导致泄漏电流的增加，由局部放电发展到爬电，最终发展成闪络事故。

（5）局部放电　局部放电是指绝缘结构中由于电场分布不均匀、局部电场过高而导致的绝缘介质中局部范围内的放电或击穿。它可能发生在固体绝缘孔隙、液体绝缘气泡或不同介质特性的绝缘层间。如果电场强度高于介质所具有的特定值，也可能发生在液体或固体绝缘中。局部放电逐渐发展，会对其周围的绝缘介质不断侵蚀，最终可能导致整个绝缘系统的失效，所以局部放电是造成绝缘恶化的主要原因，同时它也是绝缘恶化的重要征兆和表现形式，它与绝缘材料的劣化和击穿过程密切相关，能有效地反映电力设备内部绝缘的故障。

局部放电一般分为内部放电、表面放电和电晕。局部放电不会引起高压系统组件的立即失效，如内导体芯线和电缆屏蔽层间的放电可能会持续很长时间，甚至几年才会使固体电介质失效。局部放电会使固体电介质产生树枝形放电，由于树枝形放电对电缆的劣化作用，电介质的绝缘耐压会有所降低，长期工作在强电场下，绝缘耐压会越来越低，直到失效。电介质材料里的孔洞、电介质材料的金属性污染和半导体介质材料的界面凸起等都会引起树枝形放电。

二、机械方面

机械故障主要发生在操动机构上，表现为断路器拒分、拒合。其中，拒分事故在开关柜事故中占很大比例。

断路器拒分的主要原因有：

（1）操动机构卡涩　主要是加工质量低劣，其次是安装、调试不当。操动机构的四连杆调整不当，连板中间轴过死点太大，也可能造成断路器拒分。

（2）部件变形、移位损坏　部件变形或移位有设计问题，也有材质问题。另外，开关分闸后脱扣机构不复归，托架动作后不复归，分闸电磁铁的铁心动作后卡住不复归或断路器分闸瞬间分闸铁心被振动弹起等原因都会造成断路器拒分事故。

（3）分闸铁心卡涩，辅助开关故障　辅助开关质量不佳，接触不良会造成断路器拒动。

断路器拒合机械方面的原因与拒分相同。电气方面原因主要是电磁操动机构的合闸接触器故障、二次接线故障和电源电压过低等。

三、载流方面

导电回路（载流回路）也是开关柜内故障多发的部位。固定式开关柜的导电回路主要是元件间的固定连接，连接点的可靠性受一次连接时的情况决定，基本不受到运行中的影响，保持着最初的工况。而移开式、抽屉式开关柜的导电回路不但受元件间连接点可靠性的影响，同时很大程度上取决于运行时一次隔离触头接触的状况。

母线表面不光滑、不平整、有油污和氧化、搭接面不足、接触压力不足、未使用专用导电膏加工处理等，均会造成母线连接点接触电阻增大，导致发热。电缆与开关元件的连接处接触面不足，或接触压力不足，甚至铝排与出线电缆未采用铜铝过渡措施，均会引发电缆接头发热。

一次隔离触头的触指压紧弹簧疲劳或者弹簧锈蚀老化功能减退，会引起触头与触指的接触压力不足，触指与触头接触不充分，接触电阻增加，有效载流截面变小，造成发热。再有，运行中由于触指压紧弹簧长期受压缩，在电流作用下弹簧会产生发热，加上触头在分合过程中产生的电弧烧伤，运行时间久后弹簧的弹性会变差，进而造成触指压紧弹簧压紧力不足，引起动静触头接触不充分，会使发热加剧，造成触头发热日益严重，甚至会造成压紧弹簧断裂触头散落，动静触头接触差而烧毁。

如果手车操动机构行程不当，不能将手车完全推进至预设位置，从而在手车动静触头间插入深度不够，接触面不足，会引起发热。

第二节　开关柜的绝缘配合

绝缘问题是开关柜设计、制造与运行中的一个重要问题，本节将对这一问题进行进一步阐述。

一、低压成套开关设备的绝缘配合

绝缘配合是一个关系到电气设备安全性的重要问题，有统计数字显示，我国的电器设备中，由于绝缘而引发的事故占50%~60%。绝缘配合最早应用在高压电器中，1987年IEC发布的名为《对IEC439的补充1关于绝缘配合的要求》的技术文件，正式将绝缘配合问题引入到低压成套开关设备和控制设备中。

绝缘配合意指根据设备的使用条件及周围环境来选择设备的电气绝缘特性。绝缘配合的问题不仅来自设备外部而且还来自设备本身，是一个涉及各方面因素，须加以综合考虑的问题。绝缘配合的要点分为3部分：一是设备的使用条件；二是设备的使用环境；三是绝缘材料的选用。详细情况见表5-1。

表 5-1　绝缘配合涉及的因素

设备的使用条件	电压	过电压	瞬态过电压、通断过电压、功能过电压、再现峰值过电压、雷击过电压、暂态过电压、短时过电压、联合过电压
		长期交流或直流使用电压	额定工作电压、额定绝缘电压、实际工作电压
	频率	低频、高频	
	电场	均匀电场、非均匀电场	
设备的使用环境	宏观环境	海拔、设备的防护等级	
	微观环境	污染等级1：无污染或仅有干燥的非导电性污染	
		污染等级2：一般情况下，只有非导电性污染	
		污染等级3：存在导电性污染，或者由于凝露等干燥的非导电性污染变成导电性污染	
		污染等级4：造成持久性的导电性污染，例如由于导电尘埃或雨雪造成的污染，外力对微观环境的影响	
设备采用的绝缘材料	绝缘材料组别Ⅰ：600≤CTI(相比漏电起痕指数) 绝缘材料组别Ⅱ：400≤CTI<600 绝缘材料组别Ⅲa：175≤CTI<400 绝缘材料组别Ⅲb：100≤CTI<175 不会产生漏电的绝缘材料 绝缘材料的介电性能、热特性、机械特性、化学特性 频率对绝缘材料的影响。		

（一）设备的使用条件

设备的使用条件主要指设备使用的电压、电场、频率。

1. 绝缘配合与电压的关系

在考虑绝缘配合与电压的关系中，要考虑在系统中可能出现的电压，设备产生的电压，要求的持续电压运行等级，以及人身安全、事故的危险性。

（1）电压与过电压的分类

1）持续工频电压：具有恒定有效值（rms）的电压。

2）暂时过电压：较长持续时间的工频过电压。

3）瞬态过电压：几毫秒或更短的持续时间的过电压，通常是高阻尼的振荡或非振荡的。

（2）长期工作电压与绝缘配合的关系　要考虑额定电压、额定绝缘电压、实际工作电压。在系统正常、长期运行过程中，主要应考虑额定的绝缘电压和实际工作电压。

（3）瞬态过电压与绝缘配合的关系　在系统和设备中，存在多种形式的过电压，要全面考虑各种过电压的影响。

2. 过电压保护

当设备要工作在较高一级别过电压类别的场合，而设备本身的允许过电压类别不够时，就需要采取措施，降低该处的过电压，可采用以下方法：

1）过电压保护器件。

2）具有隔离绕组的变压器。

3）具有分散转移浪涌过电压能量的多分支电路配电系统。

4）能吸收浪涌过电压能量的电容。

5）能吸收浪涌过电压能量的阻尼器件。

3. 电场与频率

电场情况分为均匀电场与非均匀电场。关于频率问题，目前尚在考虑中，一般认为低频对绝缘配合影响不大，但高频还是有影响的，尤其是对绝缘材料。

（二）绝缘配合与环境条件的关系

设备所处的宏观环境影响着绝缘配合。从目前实际应用与标准的要求来看，气压的变化只考虑到海拔引起的气压的变化，日常的气压变化已经忽略，温度与湿度的因素也已忽略，但如果有更精确的要求时，这些因素也还是应予以考虑。

从微观环境上讲，宏观环境决定了微观环境，但微观环境有可能会好于或坏于宏观环境。设备外壳不同的防护等级、加热、通风、灰尘都有可能影响微观环境。微观环境在相关标准有明确规定，这就为产品的设计提供了依据。

（三）绝缘配合与绝缘材料的关系

固体绝缘材料的问题相当复杂，它不同于气体，是一种一旦遭到破坏便不可恢复的绝缘介质，即使偶然发生的过电压事件也有可能造成永久损坏。绝缘材料在长期的使用中，会遇到各种各样情况，如放电事故等，而绝缘材料本身由于长期积累的各种因素，如热应力、温度、机械冲击等应力，又会加速它的老化过程。

低压电器中作为定量指导绝缘材料的指标使用较多的是相比漏电起痕指数（CTI值）和耐漏电起痕指数（PTI值）。漏电起痕指数以通过含水污染的液滴落至绝缘材料表面而形成漏电痕迹给出定量的比较，这一定量指标已实际应用到产品的设计中。

（四）绝缘配合的验证

目前验证绝缘配合的优选方法是使用冲击介电试验来进行，对于不同设备可选定不同额定冲击电压值，其波形为 1.2/50μs 波形。

（五）低压电器的额定绝缘电压

GB/T 1900.18 对额定绝缘电压的定义是："在规定条件下，用来度量电器及其部件的不同电位部分的绝缘强度、电气间隙和爬电距离的标准电压值。除非另有规定，此值为电器的最大额定工作电压。"

等效采用 IEC 947-1（1998 年第 1 版）的 GB/T 14048.1《低压开关设备与控制设备总则》强调系统的绝缘配合，因此电器用于电源系统的条件为：电器的额定绝缘电压应高于或等于电源系统的额定电压。

从标准的规定衡量，一个电器产品如果有多种工作电压值，如 380V 和 660V，则其额定绝缘电压可定为 660V。额定绝缘电压标定后，在按产品适用的污染等级（断路器一般为 3 级）及其绝缘零部件的 CTI 值（相比漏电起痕指数，此 CTI 值确定了绝缘材料的组别，分为 Ⅰ、Ⅱ、Ⅲa、Ⅲb 4 种），来确定产品的最小爬电距离。例如，额定绝缘电压为 660V，污染等级 3，材料组别为 Ⅲa、Ⅲb，承受长期电压的电器的最小爬电距离为 10mm。电器产品可以以此值来设计其各绝缘件的爬电距离，而不需要任意地去提高它的额定绝缘电压。

二、高压开关柜的绝缘配合

（一）高压开关柜的绝缘结构

高压开关柜的绝缘结构按位置可分为柜内空间的绝缘和内部组件的绝缘。

柜内空间的绝缘最普遍的是以空气作为柜内空间的绝缘介质，即带电体对地及相间均以空气作为绝缘介质。

由于充气柜相间绝缘距离大幅减小，开关柜柜体尺寸大幅缩小，因此，相对于空气绝缘的开关柜而言，柜内空间的绝缘具有不受外界环境影响、体积小、可靠性高、操作人员安全性好、一次回路免维修等特点，提高了安全可靠性。它的缺点是使用的 SF_6 气体会导致环境问题。

内部组件的绝缘主要是用陶瓷、塑料、橡胶、玻璃等制造开关柜内部组件的固体绝缘件，如开关柜中的主要元件真空断路器采用了玻璃或陶瓷灭弧室。真空断路器的绝缘件之间普遍使用 4330 电绝缘用玻纤增强酚醛压塑制造，其抗老化性欠佳，抗潮性不良，使用中有绝缘强度降低现象，因此现均改用玻纤增强不饱和聚酯压塑（SMC、DMC）来增大爬电比距，提高绝缘性能。随着科学技术的发展，特种塑料越来越成为目前中压开关柜中的主要固体绝缘材料。

为了综合发挥各种绝缘材料的优点，还出现了一种将单一绝缘类型中的几种绝缘方式组合起来的技术，称为复合绝缘技术，主要有以下 3 种：

（1）空气绝缘为主体的复合绝缘技术 这种技术以空气绝缘为主体，在放电路径上设置环氧树脂等固体绝缘隔板，以缩短最小放电间隙，典型的应用有：在母线上套热缩绝缘套管，在触头上敷环氧树脂等。这种技术的原理在于固体绝缘隔板具有阻止放电的作用，在隔板表面上施加与电压同极性的电荷可以改善电场，获得空气绝缘 1.5 倍的耐受电压。

（2）气体绝缘为主体的复合绝缘技术　接近大气压的低压 SF_6 气体中的复合绝缘与在空气绝缘中一样，在放电路径上插入固体绝缘隔板，可以改善电场，提高耐受电压，唯一不同的是 SF_6 气体中的隔板效果与隔板的形状有关。中压开关柜通过 SF_6 气体和固体绝缘件的复合化，可使设备体积缩小到空气开关柜的 1/3。

（3）固体-气体-真空的复合绝缘技术　这种技术的特点是将设有表面接地层的浇注固体绝缘件作为外部封闭容器，真空灭弧室置于该容器内，该容器的其余空间充入 SF_6 气体，通过该种方法，开关柜体积可缩小到纯空气绝缘的 1/3。

（二）高压开关柜的绝缘标准

高压开关柜的绝缘要求主要体现在耐受电压、最小空气绝缘距离和爬电比距等方面，下面分别就这 3 个方面的有关标准进行说明。

1. 耐受电压

GB/T 311.1—2012《高压输变电设备的绝缘配合》中规定了高压开关柜的工频耐压和雷电冲击耐压水平，见表 5-2。

表 5-2　高压开关柜的工频耐压和雷电冲击耐压水平　　　　　（单位：kV）

系统标称电压	设备最高电压 （有效值）	1min 工频耐受电压	雷电冲击耐受电压
3	3.5	18	40
6	6.9	23	60
10	11.5	35/42①	75
15	17.5	40	105
20	23.0	50	125
35	40.5	85/90	185

① 分子为干耐压值，分母为湿耐压值。

2. 最小空气绝缘距离

对于空气绝缘结构的高压开关柜，在 DL/T 593—2006《高压开关设备的共用订货导则》中，规定了各相导体相间与对地空气净距，见表 5-3。

表 5-3　以大气作为绝缘介质柜内相间与对地间的净距

净距/cm　　　　额定电压/kV	3.6	7.2	12	40.5
导体至接地间距离	7.5	10	12.5	30
不同相的导体间净距	7.5	10	12.5	30
导体至无孔遮拦间净距	10.5	13	15.5	33
导体至网状遮拦间净距	17.5	20	22.5	40
导体至栅栏间净距	82.5	85	87.5	105
无遮拦裸导体至地板间净距	237.5	240	242.5	260
需要不同时停电检修无遮拦裸导体之间的水平净距	187.5	190	192.5	210
出线套管至屋外通道地面间净距	400	400	400	400

注：海拔每超过 1000m 时本表所列 1、2 项应按每升高 100m 增大 1% 进行修正，3~7 项之值应分别增加 1 或 2 项值的修正值。

3. 爬电比距

爬电比距是指高压电器组件外绝缘的爬电距离与额定电压之比,在 DL/T 593—2006 中,规定了户内开关柜的爬电比距,见表 5-4。

表 5-4　高压开关柜外绝缘爬电比距 （单位：mm/kV）

污秽等级	瓷质材料	有机材料
I	14	16
II	18	20

实际的爬电比距要求为爬电比距值乘以应用系数,应用系数见表 5-5。

表 5-5　爬电比距的应用系数

绝缘的应用	应用系数
相对地	1.00
相间	1.73
断路器断口间(3.6～252kV)	1.00
隔离断口间(3.6～252kV) （包括起联络作用的断路器断口和起隔离作用的负荷开关断口）	1.00

（三）提高高压开关柜绝缘水平的措施

提高高压开关柜绝缘水平主要有以下几项措施:

（1）确保纯空气间隙达到要求　对采用空气绝缘的 10kV 开关柜,其相间及对地最小空气间隙应不小于 125mm；其导电体和绝缘隔板间的空气间隙应不小于 30mm。

（2）合理配置外绝缘爬距　必要的电瓷爬距是电瓷防污闪的基础,必须根据所在地区的污秽条件,合理配置外绝缘爬距。在有凝露和严重污秽（户内设备 II 级污秽）环境条件下运行的户内开关设备,外绝缘的最小公称爬电比距,对于瓷质材料为 18mm/kV,对有机材料为 20mm/kV。

（3）选用绝缘特性好的元件　要选绝缘特性好的元件,特别是电压互感器,其伏安特性必须满足在线电压下无显著饱和的要求。在接法上最好不要将一相或两相电压互感器接在相线与地之间,以保证三相对地阻抗的对称性,避免中性点位移或产生谐振。

（4）采用相间绝缘隔板　对于手车式开关柜,如果其相间距离不能满足绝缘要求,可利用加装相间绝缘隔板办法来解决。所用绝缘隔板应采用整体胶粘式绝缘隔板,其材料有:①电加热固化制成环氧树脂层压玻璃布板；②DMC 和 SMC 不饱和聚酯玻璃纤维增强塑料板。

（5）进行绝缘封堵　对各开关柜母线室在柜与柜之间进行绝缘封堵,一旦某一开关柜发生事故,可将事故限制在事故柜内,从而最大限度地减少损失。其次,对开关柜的各单元室之间进行密封隔离也是限制事故范围的有效措施。对于母线,可采用阻燃热缩绝缘管套装。相邻柜母线室之间也应用耐弧并阻燃的绝缘板或绝缘套管进行封隔,以防"火烧连营"事故的发生。柜底部必须严密封闭,以防止小动物进入,防止电缆沟的潮气侵入受潮,引发对地或相间短路事故。手车柜的一次隔离静触头应加绝缘罩,当小车退出开关柜后,应有绝缘挡板将静触头带电部分与手车室隔开,防止检修人员误触电。也可以用绝缘挑帘,但小车开关推入到运行位置后，要保证带电部分与插孔边缘的空气隙大于 30mm，但这样做降低了各隔室之间的封闭程度。

（6）充分利用绝缘材料　对绝缘隔板等应选用绝缘性能好、不燃烧或阻燃的吸湿性很小的绝缘材料。对开关柜中的母线和其他裸露导体加套阻燃型热缩套管，能提高其空气间隙的绝缘水平。此外，单组分 RTV 硅胶的使用、加装增爬裙、用有机硅阻燃导热型高压绝缘涂料涂刷母线等也是提高开关柜绝缘水平的有效措施。

（7）治理和改善运行环境　运行环境的治理和改善对开关设备的安全运行具有重要的意义。变电设备应坚持"逢停必扫"的原则，湿度高的开关室可采用加热和加装去湿机等措施，从而改善开关设备的运行环境。

第三节　开关柜中的电接触

一、概述

开关柜的导电回路（载流回路）总是由若干元件构成，其中，两个零件通过机械连接方式互相接触而实现导电的现象称为电接触。电接触按工作方式，一般可分为 3 类：

（1）固定接触　用紧固件如螺钉、螺纹、铆钉等压紧的电接触称为固定接触，固定接触工作过程中没有相对运动。

（2）可分接触（触头）　在工作过程中可以分离的电接触称为可分接触，又称触头。开关电器中，一个是静触头，一个是动触头。触头关合时，一般靠弹簧压紧。

（3）滑动及滚动接触（触头）　在工作过程中，触头间可以互相滑动或滚动，但不能分离的电接触称为滑动及滚动接触。开关电器的中间触头就是采用这种电接触。

在高、低压开关柜中，除了开关电器元件本身的电接触之外，主要是固定接触，如母线的固定连接、各种一次电器元件的端部接头、连接器触头等。此外，对于手车式高压开关柜和抽出式低压开关柜，其一次隔离触头属于可分接触。

电接触对开关柜的安全可靠运行是很重要的。对其的主要要求是：

1）在长期工作中，要求电接触在长期通过额定电流时，温升不超过一定数值；接触电阻要求稳定。

2）在短时通过短路电流时，要求电接触不发生熔焊。

二、电接触的基本原理

（一）接触电阻

设有一段均匀截面的导体，如图 5-1a 所示，当一恒定电流 I 流过这一导体时，用电压表可测出导体上一小段上的电压降为 U。这一段导体的电阻为

$$R = U/I \tag{5-1}$$

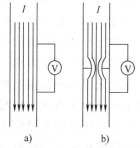

图 5-1　接触电阻

如果将此导体切成两半合起来，则形成电接触，如图 5-1b 所示。在导体内仍通以电流 I，用电压表测得同样长度的这一小段导体的电压降 U_C，就会发现 U_C 比 U 大得多，用 U_C 与 I 之比求得的电阻 R_C 也将比 R 大得多，令

$$R_C = U_C / I \tag{5-2}$$

这个电阻称为接触电阻。

切成两半的导体电阻 R_C 比原来导体的电阻 R 大得多的原因有两个：第一，由于切面（接触面）表面不可能平整，电流通过的实际接触面积减小了，也就是说，电流线在接触面附近发生了收缩；第二，接触面可能被一些导电性能很差的物质（如氧化物）覆盖，使电阻增大。因此。接触电阻可看成由两部分组成：收缩电阻 R_k 和表面电阻 R_f，即

$$R_C = R_k + R_f \tag{5-3}$$

接触电阻的物理实质是什么？20 世纪初电接触学科的奠基人 R. Holm 做出了如下解释：任何用肉眼看来磨得非常光滑的金属表面，实际上都是粗糙不平的，当两金属表面互相接触时，只有少数凸出的点（小面）发生了真正的接触，其中仅仅是一些更小的金属接触斑点才能导电。当电流通过这些很小的导电斑点时，电流线必然发生收缩。由于电流线收缩，流过导电斑点附近的电流路径增长，有效导电截面积减小，因此相应的电阻增大。这个因电流线收缩而形成的附加电阻称为收缩电阻，它是构成接触电阻的一个分量。

设导电斑点的半径为 a，个数为 n，导体材料的电阻率为 ρ，则收缩电阻 R_k 为

$$R_k = \rho / (2n\pi a) \tag{5-4}$$

另外，由于金属表面有吸附周围气体的现象存在，其中的氧或其他活泼气体常与金属表面的原子起化学作用，生成一层表面膜。如果这层膜较薄，接触时又没有破坏，则此膜可由"隧道效应"导电。电流通过薄膜形成的附加电阻称为膜电阻（表面电阻），它是构成接触电阻的另一分量。

设膜的电阻率为 ρ_f，厚度为 δ，则膜电阻 R_f 为

$$R_f = \rho_f \delta / (\pi a^2) \tag{5-5}$$

（二）影响接触电阻的因素

由以上可知，一切与 ρ、a、n、ρ_f、δ 有关的因素都要直接或间接地影响接触电阻。下面结合固定电接触的工程实际，从设计和运行两个方面做简要分析。

1. 设计方面

设计方面主要是电接触的结构、接触面加工和接触材料（包括镀层材料）的影响。

大电流导体与导体的接触连接一般采用螺栓固定结构。螺栓结构接触面的压紧力、螺栓的个数和布置都将影响导电斑点的半径 a 和个数 n。从理论上说，螺栓施加的接触力越大，螺栓的个数越多，螺栓的分布越均匀，导电斑点半径 a 和个数 n 越大，接触电阻便越小。由于接触力和螺栓个数增大接触电阻并不一直是线性减小，因此在工程实际中只要保证有足够的接触力和一定的螺栓数即能获得较小的接触电阻，无限增大接触力和螺栓数不能无限减小接触电阻，还要增大制造成本。为了保证接触力的稳定性，避免工作过程中热胀冷缩造成接触松弛，必须通过弹簧垫圈给接触而施加压紧力，还要校验短路发热时螺栓所受的机械应力不能超过材料的屈服点。对于需要通过很大电流的母线，为了使每个螺栓压紧的接触面内都能产生尽量多的导电斑点，导体的连接部分常采用劈缝结构（形成多个接触面并联）。

实际工程中的导体材料一般都用铜或铝。这些材料在大气环境中极易生成不导电的表面膜，为了尽量减小膜对接触电阻的影响，常在接触面上镀上一层银或锡。银不易氧化，氧化

膜电阻率 ρ_f 和厚度 δ 的影响小；锡虽然能氧化，但由于它比较柔软，接触时微凸起极易变形，使表面电阻破裂，因此可获得较大的导电斑点半径 a 和个数 n。过于光滑和粗糙的接触面 a 和 n 都比较小，而适当粗糙的接触面 a 和 n 较大。对于插入式连接器触头或其他形式触头上述分析同样适用。

2. 运行方面

运行方面主要指电接触工作条件和环境的影响。这些影响因素有：通过电接触的长期工作电流、短路电流、电流通断周期、接触点温升、插拔频度（连接器）、环境气体的成分、各成分的含量、湿度、温度、工作地点有无振动等。一般地说，通过电接触的电流越大，接触点的温升越高、环境气体中 SO_2 的含量越大、温湿度越高、振动强度和频率越高，电接触的老化速度也越大。在此情况下，电接触经较短的运行时间以后，接触电阻便会自动迅速上升，直至电接触工作失效。

三、母线搭接与电接触

在高低压开关柜等成套电器中，各电器元件之间、电器元件与电源进线端和负载端都要采用铝排或铜排搭接。母线搭接表面在安装时都要经过处理，然后用螺栓紧固。母线接触区微观示意图如图 5-2 所示。

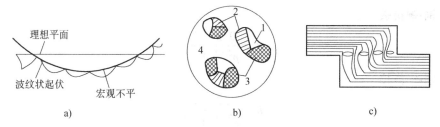

图 5-2　母线接触区微观示意图

1—纯金属接触区　2—准金属接触区　3—带绝缘暗膜的接触区　4—未接触区

电接触母线用螺栓紧固在一起时，其接触情况为：开始紧固时，只有三点接触，施加压力后这些接触点扩大成小的接触面，这些小的接触面积之和叫作支承面积 A_h，也称之为实际接触面积 A_r。平板形母线接触区有 3 种接触面积：一为视在接触面积 A_a；第二是接触范围轮廓面积 A_c；第三是实际接触面积 A_r。A_r 包括两部分；一是纯金属接触区；二是小于 1nm 薄膜允许隧道效应转移电流的面积，二者面积之和称之为 a 斑。

在一般情况下，A_r 为（5%~10%）的 A_a，而目的是在一定的视在接触面积（A_a）条件下增大实际接触面积（A_r）。在母线搭接区开细槽可增加 a 斑点的点数，即增加总的面。当然增大搭接处的紧固力是增大 a 斑点面积的有效措施。

影响接触电阻的主要因素如下：

1）导电排材料的显微硬度。

2）接触表面粗糙度（以 ▽5~▽7 为最适宜）。

3）接触表面的显微几何形状。

4）导电排所受到的压力。

5）视在接触面积的大小，但其影响不大。

接触电阻一般为

$$R_c = R_k + R_f = \frac{\rho}{2\pi a_{av}} + \frac{\rho}{n\pi a_{av}^2} \tag{5-6}$$

式中　　R_k——收缩电阻；

　　　　R_f——膜电阻（表面电阻）；

　　　　a_{av}——a 斑点的平均半径；

　　　　n——斑点数；

　　　　ρ——母线材料的电阻率。

上述搭接区涂敷电接触导电膏后的膜电阻值 R_f 很小，可以不予考虑。载流排搭接处的材料电阻率 ρ 和膜的表面电阻率 a 为已知值，而导电斑点的尺寸和数目难以确定，所以常用经验公式求接触电阻。

平板母线接触表面粗糙度为 ▽ 5 ~ ▽ 7，接触压强为 10MPa 左右时，接触电阻按以下公式计算：

（1）铝-铝搭接

$$R_c = \frac{1.4^{0.92}}{P_c} \frac{1}{A_a^{0.13}} \tag{5-7}$$

（2）铜-铜搭接

$$R_c = \frac{0.9}{p_c^{0.92}} \frac{1}{A_a^{0.11}} \tag{5-8}$$

（3）铜-铝搭接

$$R_c = \frac{1.2}{p_c^{0.91}} \frac{1}{A_a^{0.12}} \tag{5-9}$$

式中　　A_a——视在接触面积（mm^2）；

　　　　p_c——接触压力（N）。

【例 5-1】 表面粗糙度为 ▽ 5 的 60×6 铝排用两个 M12 螺栓紧固，搭接长度为 60mm，单位压强为 10MPa，铝排的电阻率 ρ 为 $2.9×10^{-6}\Omega \cdot cm$，求接触电阻。

解： 视在接触面积为（要减去螺栓占用的面积）

$$A_a = 60×60 - 2\pi×6.5^2 mm^2 = 3335mm^2$$

接触压力

$$p_c = 10×3335N = 33350N$$

接触电阻

$$R_c = \frac{1.4^{0.92}}{33350} × \frac{1}{3335^{0.13}}\Omega = 14.23×10^{-6}\Omega$$

目前还尚无直接测量母线搭接处接触电阻的方法，不过可用间接法推得（测量电阻 R_t 减去母线金属电阻 R_m），即

$$R_c = R_t - R_m \tag{5-10}$$

其中　　　　　　　　　　　$R_t = U_{ab}/I \tag{5-11}$

U_{ab} 与 I 由间接法测母线接触电阻的实验测出，如图 5-3 所示。U_{ab} 是指 a、b 两点间测得

的电压降（V），I 为通过的电流（A）。R_m
由搭接区导体 1 金属电阻 R_{m1} 和导体 2 的金
属电阻 R_{m2} 组成。

当搭接长度 l 与母线厚度 δ 之比较大
时，R_m 值相当于 R_{m1} 和 R_{m2} 并联，即

$$R_m = 0.5R_{m1} \qquad (5\text{-}12)$$

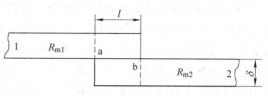

图 5-3　间接法测母线接触电阻

当搭接长度 l 与母线厚度 δ 之比比较小时，电流线分布不平行（有弯曲时），电阻就大
些，可按式（5-13）计算：

$$R_m = CR_1 \qquad (5\text{-}13)$$
$$C = 3.21lg\left[1.43(l+\delta/l)\right] \qquad (5\text{-}14)$$

C 值一般取 0.5~1.7，母线的搭接长度 l 取母线厚度 δ 的 5~9 倍为宜。

四、母线搭接与电化学腐蚀

纯铝暴露在大气中时由于其亲氧性，在室温下只需数十毫秒就能生成一个分子厚的
Al_2O_3，在数分钟内厚度为 2~2.5nm，经过数十天后能增大到 6~10nm。当湿度和温度增大
时，氧化膜将加速生成，例如相对湿度为 85% 时，经过 5 年暴露，膜层厚度将从 22nm 增大
到 38nm。在 Al_2O_3 中含有结晶水，即 $Al_2O_3 \cdot nH_2O$，其电阻率将为 $10^{10}\Omega \cdot m$ 数量级。膜的
危害性很大，在电搭接处要设法去掉膜，以便保证较小的接触电阻。

去膜的方法有两种：一种是电场击穿；另一种是机械擦膜。前者要求很高的电场强度，
如 $10^8V/m$。至于机械擦膜，不仅要求高的压力，更重要的是大的剪切力，其作用不仅在压
破，而是在于剪切擦破。

载流母线表面的电化学腐蚀是铝铜搭接的必然产物。温度对电化学腐蚀有相当重要的作
用，空气中的 CO_2、SO_2、HCl 等和水蒸气结合形成酸性电解液。Cu 的电势为 +0.34V，Al
的电势为 -1.66V，这样铜铝塔接处正好为 2V 左右的原电池。在污染形成的电解液中，铜为
正极，形成如下电化学反应：

$$2H^+ + 2e \rightarrow H_2 \uparrow$$
$$Ae^{+++} + 3(OH) \rightarrow Al(OH)_3 \downarrow$$

上述反应不断进行，铝逐渐被腐蚀。于是，铜铝搭接处的化学腐蚀使接触电阻大幅度增
加。在铝-铝、铝-铜搭接时，这种情况会好得多，但即使只是同一种金属搭接，由于搭接区
和金属体本身含有的杂质，也会有电化学腐蚀的现象产生。

第四节　母线的选择与搭接处理

一、母线的选择

1. 母线的类型

开关柜中的母线分为两个部分：一是连通各柜的水平母线，称为主母线，起集散电流的
作用；二是各柜内部垂直方向上连接各电器元件的母线，称为分支母线。

母线材料有铝和铜两种。常用的母线结构形式有矩形、槽形和管形等。

单片矩形导体具有趋肤效应系数小、散热条件好、安装简单、连接方便等优点，一般适用于工作电流≤2000A 的回路中。多片矩形导体趋肤效应系数比单片导体的大，所以附加损耗增大。因此载流量不是随导体片数增加而成倍增加的，尤其是每相超过三片以上时，导体的趋肤效应系数显著增大。在工程实用中，多片矩形导体适用于工作电流≤4000A 的回路。当工作电流为 4000A 以上时，导体则应选用有利于交流电流分布的槽形或圆管形的成型导体。槽形导体和管形导体的趋肤效应系数小，电流分布比较均匀，散热条件好，机械强度高，但造价较高，安装也不方便。

2. 母线规格的选择

母线的截面积应考虑现在的负荷电流并顾及将来扩容的可能性。主母线的电流是由进线开关柜提供的，而进线开关柜负荷电流的大小在选取断路器参数时是预先确定了的，所以分支母线的截面积，原则上可按断路器额定电流的大小来选取，除非实际负荷电流甚小，且今后也不大可能在增加负荷的情况下才选择小截面积母线。

在仅有一路进线情况下，主母线截面积可与进线柜分支母线截面相等或稍大些。若进线回路有两条，则情况稍为复杂一些。此时通常将两回进线柜安排在主母线的左右两端，这样电流的流向分布更为合理，主母线的截面积就可以不按两进路电流之和来选取。假如两进线柜紧靠一起，则主母线某些线段上通过的负荷电流会叠加起来，其截面积大小就要按两进路电流之和选取才合理，应避免这种情况。因此有两回进线柜情况下，主母线截面积应在较大进路电流至两路电流之和的电流范围内考虑，具体取多大要看进出柜布置情况，分析电流流向分布后决定。

开关柜中母线规格的选择要考虑以下条件：

1) 按导体长期发热允许载流量选择截面积（见表 5-6）。

表 5-6　成套开关设备母线选择表

截面积 /mm²	铝母线允许载流量/A		铜母线允许载流量/A	
	单片母线	双片母线	单片母线	双片母线
15×3	122.5		172	
20×3	150		226	
25×3	172		275	
30×3	200		370	
30×4	240		401	
40×4	320	520	512	894
40×5	400	700	640	1050
50×5	500	900	705	1250
60×6	648	1005	924	1425
60×10	800	1245	1225	1770
80×8	960	1670	1387	2150
80×10	1000	2000	1565	2540
100×8	1000	2010	1750	2550
100×10	1200	2340	1980	3020
120×10	1500	2620	2170	3360

2）热稳定性的校验。

3）动稳定性的校验。

4）导体共振的校验。

限于篇幅，在此不进行详细介绍，读者可参考有关的书籍。

二、母线的搭接方式

下面对低压开关柜的几种典型母线的搭接方式进行比较。

图 5-4 是西门子公司抽屉式开关柜母线的搭接方式，每柜一单元，采用双母线，仅用一块铜排过渡搭接。图 5-4a 所示的垂直母线（分支母线）直接搭接在水平母线上（见图 5-4b）。

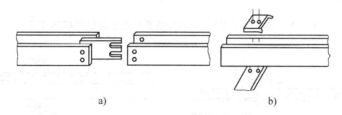

图 5-4　西门子公司抽屉式开关柜母线的搭接方式

a）垂直母线　b）水平母线

图 5-5 是丹麦 LK 公司 DOMINO 和 CUBIC 柜母线的搭接方式，采用双母线，专用薄铜板软连接搭接（见图 5-5a）。垂直母线采用专用过渡压块与水平母线连接（见图 5-5b）。

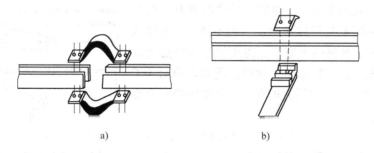

图 5-5　丹麦 LK 公司 DOMINO 和 CUBIC 柜母线的搭接方式

图 5-6 是 ABB 公司 MNS 柜主断路器与水平母线的搭接方式。分支母线通过两个 φ50 铜柱与水平母线连接（见图 5-6a）。水平母线采用双母线上下排放，模具成型的直接搭接（见图 5-6b）。垂直母线采用专用 L 形母线，通过一个 φ30 铜柱与水平母线搭接（见图 5-6c）。水平母线均不开孔，过渡搭接铜柱压接在上下铜排之间。

上述几种搭接方式，其母线均选用电导率较高四边不倒角的专用型材。

国产 GCK1 柜母线的搭接方式如图 5-7 所示。其水平母线每柜一单元，采用双母线或多母线，专用铜块压紧搭接（见图 5-7a）。垂直母线通过专用铜压块与水平母线压紧搭接（见图 5-7b）。母线选用材质符合国标四边不倒角的专用型材。

我国传统的母线搭接方式如图 5-8 所示。水平母线以多柜为一个单元，采用单母线或双母线。水平母线与水平母线、水平母线与垂直母线（分支母线）之间的搭接均采用面接触，并在母线上开 3~4 个孔，用于相同面积铜块的压紧连接。

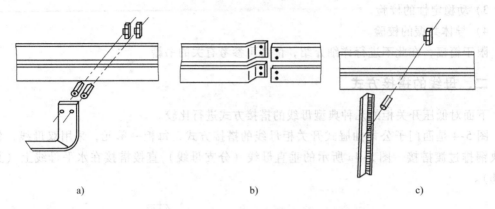

a)　　　　　　　　　　　　　b)　　　　　　　　　　　　　c)

图 5-6　ABB 公司 MNS 柜主断路器与水平母线的搭接方式

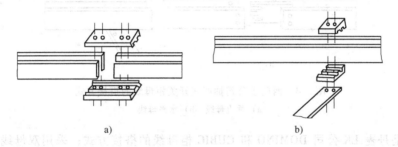

a)　　　　　　　　　　　　　b)

图 5-7　国产 GCK1 柜母线的搭接方式

　　母线搭接方式的优劣，主要影响母线的温升，而影响母线温升主要因素是导体的材质（电导率）、导体截面积、散热面积、接触面积等。上述几种母线的搭接方式，虽然各不相同，但结果是一致的，均可以符合 IEC 439 和 GB 725 中关于允许温升的规定，并能承受较大短路电流的试验。

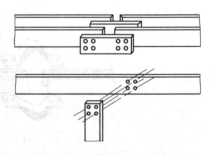

图 5-8　我国传统的母线搭接方式

　　传统的母线搭接方式，强调的是搭接面积，忽略了散热面积。实验证明，散热面积对温升的影响很大。而且传统的搭接方式通常在母线上开 3~4 个孔，用于螺栓锁紧之用，但往往在此部位形成涡流，使温升增高。如果母线是前后安装，则要求相间距离较大。

　　西门子、MNS 柜、DOMINO 和 GCK1 等开关柜的母线搭接，虽然接触面积不如传统方式大，但其重视增加散热面积，而且制作、安装均比较方便。最为典型的是 MNS 柜中主断路器与水平母线的搭接仅用两个 φ50×30 的纯铜棒作为过渡搭接，试验结果温升不高（符合标准要求）。这种搭接方式很值得开关柜行业借鉴，但不足之处是需使用专用型材。

三、母线搭接面的处理

　　母线在制作时，应采用校平、冲剪、冲孔和弯排等工艺设备。因为未经校平的母线，易产生搭接不贴合；手工下料，端部难以保证几何尺寸；手工弯排，榔头敲打会出现锤痕、裂纹；手工钻孔，会出现搭接处排与排间螺孔中心距配合偏差。这种种加工缺陷，都会不同程度地影响制造质量。应由冲床下料，配备滚压校平设备；根据技术图样要求，制作组合冷冲模进行冲孔，冲孔后还应刮孔去毛刺，否则会影响母线搭接质量；母线弯排应配备 L 形和 S 形弯排机，也可使用简易的 L 形弯排设备。

为增加母线搭接吻合面积，可在搭接部位压花。不同金属接触面要有防电化腐蚀措施。铝母线及额定电流超过 630A 的铜母线在搭接部位要求搪锡或镀银。手工镀锡难以保证铝层厚度均匀，最好采用超声波浸锡机浸锡。额定电流在 630A 以下的铜母线搭接部分允许不用镀层，但应涂敷导电膏。搭接处紧固压力为 5~10MPa，搭接长度一般取母线厚度的 5~7 倍。螺栓处适当加大垫片，以增加接触面，减少蠕变效应。

根据全防护型的要求，在抽出式成套开关柜中，母线允许使用绝缘包扎、绝缘套管、喷涂环氧树脂粉末或其他绝缘材料作为母线的绝缘层。可采用热缩套管（如 MPG 型），并经长箱型箱式电阻炉加温，达到热缩的目的。

对母线搭接面处理的具体工艺如下：

1）为降低接头的接触电阻，接头组装前必须对接触面进行适当处理，常用的是涂中性凡士林。

2）清除接触表面的氧化膜。消除氧化膜的方法包括锉削、轻便的机械加工或用强力的钢丝刷在中性油脂下刷，加工好的接头表面面积不应小于原母线段等长度截面积的 97%。

3）为了提高母线的允许运行温度，母线接头需经过镀银或搪锡处理。

导体中银的性能最好，电阻率和硬度都小，低温下不易氧化，高温下其氧化物易还原成金属银，其氧化物电阻率也低，但由于价格太贵，只能用于镀层。锡的优点是硬度小，氧化膜的机械强度也很低，尤其是在大电流导体需要工作温度较高的情况下，在铜、铝接头上镀银和搪锡都有现实意义。其连接原则如下：

铜-铜：在干燥环境可直接连接，而高温、潮湿的或对导体有腐蚀的场所，接触面必须搪锡。

铝-铝：在任何情况下可直接连接，有条件时宜搪锡。

铜-铝：在干燥场所可直接连接，在特别潮湿的场所，应使用铜铝过渡接头。

四、导电膏的应用

在母线搭接区域涂敷电接触导电膏后，能使搭接处的电阻保持稳定，从而降低接触处的温升。导电膏的作用是：

（1）油封作用　在搭接区涂敷电接触导电膏后，电接触导电膏将充填两个接触面之间所有的空隙，能够阻止氧化和其他腐蚀性气体侵入接触区域，使得母线搭接面的电化学腐蚀降低。

（2）去膜作用　导电膏的导电填料具有导电和去氧作用，在螺栓紧固搭接的过程中，对母线基体金属的表面起机械摩擦作用，从而在相当大的程度上破碎和清除了金属表面的各种膜层，使膜电阻值极大地减小。

（3）传热作用　导电膏中的导电填料充盈于接触斑点周围的空隙，接触斑点处电流密度很大。焦耳损耗大，热量经填料传出，降低了斑点区的温度，使电阻降低。

（4）隧道效应的导电作用　不论机械加工多么精细，母线搭接的接触区总存在因接触面上有许多微观凹凸而形成的空隙。所以实际上只能通过所谓的 a 斑点之间接触导电。因此，尽管视在接触面积很大，但实际上的接触面积却非常小。当接触面涂敷电接触导电膏以后，由于它填满了全部空隙，并在这些空隙薄膜间形成许多隧道效应导电通道，因此扩大了实际接触面积，改善搭接区的状况。

在涂敷工艺方面，涂膏前，导体搭接面应先除毛刺、油污、氧化膜和硫化膜，使接触面光洁平整。涂敷时，导体搭接面应无尘埃、无凝露。在处理接触面时，可用细钢丝刷或细砂纸打磨，然后用干净的棉纱将表面擦干净，再用乙醇或丙酮将接触表面擦干净，待其挥发后，均匀涂敷一层厚约 0.2mm 的电接触导电膏，然后立即将接触面重合，用力矩扳手按规定将螺栓拧紧。

第五节　开关柜的内部故障电弧

一、内部故障电弧的物理现象

由于金属封闭开关设备柜内元器件的缺陷或由于工作场所的环境特别恶劣引起的绝缘事故，可能在柜体隔室内出现电弧，称为内部故障电弧。

对于开关柜，内部电弧故障的主要原因是由于绝缘水平不够造成的。由于偶然原因绝缘水平降低，开始对地产生泄漏电流，逐渐形成电流电弧。电弧连续燃烧，使开关柜内产生大量高温金属气体，发展成为两相短路，并最终过渡到三相短路，即所谓绝缘事故引起电弧短路。手车式开关柜的电弧短路除上述原因外，还可能由于隔离插头电接触不良，长期载流过热，插头烧熔并脱落，产生负荷电流电弧，电弧连续燃烧，产生大量高温金属气体，最后可能发展成为两相、三相短路，即所谓载流事故引起弧光短路。对于装有少油断路器的开关柜，在故障电弧时，热量可以使断路器喷出（逸出）油气，油气和电弧接触，还会引起开关柜爆炸事故。

根据国外实测资料，在 6～10kV 开关柜中，单相电弧接地过渡到两相短路的时间为 0.5～0.6s。从两相短路过渡到三相短路的时间取决于两相电弧短路的电流大小以及开关柜构造（尺寸）。

出现内部故障时首先得保证人身的安全，其次还得使内部电弧限制在尽可能小的范围内，不致波及附近的其他部分。当然，最重要的是避免内部故障的发生。

当金属封闭开关设备内母线短路时，电弧释放的能量加热气体使气体压力升高；其次，电弧在回路电动力的作用下从母线的电源侧向负荷侧运动（这是由于母线短路电流产生的电磁场和电弧的电磁场相互作用的结果），如果隔室或柜体间密封不严，被加热和游离的气体还会扩散到其他部分使事故范围不断扩大，严重时还会波及整组的金属封闭开关设备，即所谓的"火烧连营"。

内部故障的发展分为 3 个阶段：

（1）气体压力上升阶段（0~t_1）　假定在 $t=0$ 时出现短路，短路电流为 I，电弧长度为 l_a，电弧电压为 E_a，则电弧放出的能量（A）可简写成

$$A = 0.9E_a l_a It \tag{5-15}$$

电弧能量与燃弧时间 t 成正比，它使隔室内气体的温度由 T_0 上升到 T

$$A = \gamma V C_V (T - T_0) \tag{5-16}$$

式中　V——故障隔室气体体积（cm^3）；

　　　γ——空气密度（g/cm^3）；

　　　C_V——空气定容比热 $[J/(g \cdot k)]$。

假定温度升高后隔室内气体压力由 p_0 提高到 p，则

$$\frac{T}{T_0} = \frac{p}{p_0} \tag{5-17}$$

联立解式（5-15）、式（5-16）和式（5-17）可得

$$\frac{p}{p_0} = \frac{0.9E_a l_a It}{\gamma V C_V T_0} + 1 \tag{5-18}$$

由式（5-18）可知：

1）隔室内气体压力随燃弧时间的延长而增加。

2）短路电流越大，压力越高，压力上升也越快。

3）压力变化过程如图 5-9 所示，这一阶段的持续时间大约为 5~10ms。

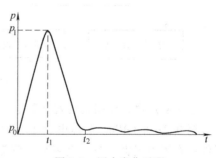

图 5-9　压力变化过程

（2）气体向外排放阶段（t_1~t_2）　气体排放过程如图 5-10 所示。当隔室内气体压力上升到 p_1（$t=t_1$），金属封闭开关设备顶部的排气通道（压力释放活门）被顶开（见图 5-10），气体由此向外排出，直到压力下降到接近大气压力的数值。这一阶段持续时间为 5~10ms，取决于隔室体积和排气通道的截面积。

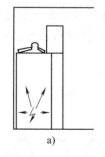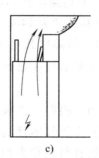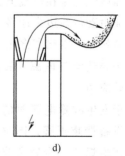

a)　　　　　b)　　　　　c)　　　　　d)

图 5-10　气体排放过程

a) 排气通道打开　b)、c)、d) 气体排放

（3）压力平衡阶段（$t > t_2$）　如果电弧继续存在，电弧能量继续增加。与此同时，热气体仍继续通过排气通道排出，压力将保持在接近大气压力的数值。这一阶段持续到电弧熄灭

为止，时间由继电保护和断路器的开断时间决定。

出现内部故障时，若短路电流大，隔室内最大压力 p_1 可升高到 0.12 ~ 0.18MPa（绝对压力）。隔室表面所受的张力约为 2 ~ 8N/cm²。若表面积为 10000cm²，受力将达 20 ~ 80kN。如隔板强度不够，可能出现损坏。内部故障将由柜内扩展到柜外，后果更加严重。

二、内部故障电弧的效应

开关柜发生电弧故障时，首先看到强烈的弧光，伴随这种现象，开关柜冒出浓浓的黑烟和强烈的爆炸声。内部故障电弧会产生压力效应、辐射效应和弧根效应，如图 5-11 所示。

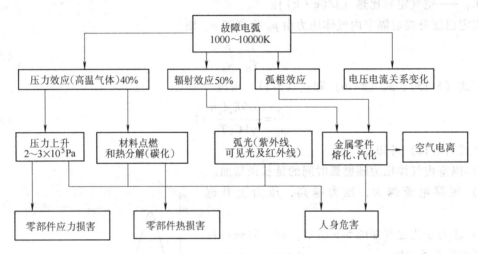

图 5-11　故障电弧的效应

电弧刚点燃，周围空气就立刻电离，气体压力迅速上升。在电弧点燃 5 ~ 15ms 内，压力上升至 0.2 ~ 0.3MPa。故障电弧 40% 的能量产生了压力效应，这样高的压力会使柜体内的零部件受到压力损害。空气电离后，气温升至 4000 ~ 10000K。这些热量通过辐射形式使可燃性材料着火，非可燃性材料热分解。短路容量为 100MV·A，发生电弧故障时，柜体内压力、温度随时间变化曲线如图 5-12 所示。

故障电弧总是在母线上最高的场强位置形成弧根，所以在柜体某一位置发生电弧故障时，电弧沿着母线边缘迁移，迁移速度为 140m/s。电弧可能会滞留在母线的角上稳定燃烧，导致金属材料的溶化和汽化。1kA 故障电弧电流每秒可燃化 5 ~ 10g 导体材料，导体材料汽化进一步导致空气电离。故障电弧 10% 能量消耗在弧根效应中。

由于发生故障电弧时的压力、辐射、弧根效应造成设备严重损害，同时高温高压气体伴随电弧效应产生炽热的金属和非金属材料颗粒由柜体逸出，造成人身伤害，甚至引起火灾。因此，对电弧故障防护研究是当前迫切需要解决的问题。

随着开关技术和开关设备的不断进步，内部故障电弧的出现已被减至最小，但却不能完全消

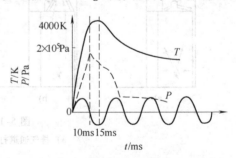

图 5-12　发生电弧故障时柜体内压力、温度随时间的变化曲线

除。根据德国发电站联合会（VDEW）的调查，对 10kV 等级来说，一千面开关柜发生内部故障电弧事故为 0.37 起，即 0.37‰；对 20kV 而言，一千面开关柜事故为 0.42 起，即 0.42‰。

三、内部故障电弧的防护标准

（一）高压开关柜的内部故障电弧防护标准

目前，内部故障电弧试验并未列入 IEC 和我国有关标准的强制性试验项目。但有关高压开关柜的国际标准 IEC 298 和我国国家标准 GB 3906、行业标准 DL/T 404—1997《户内交流高压开关柜订货技术条件》都在附录 A 中对内部故障电弧试验有规定，提出了评估由内部引发的电弧效应的试验方法及试验判据。这 6 项试验判据如下：

1）门、盖板等仍应正确地固定好，而没有开启的现象。

2）试品中可能产生危险的零件不应飞出，这些零件包括较大或边缘锐利的金属或硬塑料零件，例如观察窗、压力释放帘板、盖板等。

3）不应由于燃烧或其他效应，致使电弧将试品的外壳烧穿，而使某些部件变成可随意触及。

4）垂直装设的指示器是否点燃，如因涂料或粘合剂的燃烧导致指示器点燃，可以不计入。

5）水平装设的指示器是否点燃，如果在试验中由于灼热微粒而不是气体导致指示器燃烧，可认为符合标准。这可由高速摄影机拍摄的照片作为判断的依据。

6）所有的接地连接都是可靠的。

金属封闭开关设备能否耐受内部故障的考核只能通过试验鉴别。试验时短路电流应取柜内断路器的额定开断电流值，电弧持续时间为 0.8~1s。电弧可使用 0.5mm 直径的金属线在相间引燃。试验后，根据柜体损坏情况与外部效应等决定是否通过试验。

（二）低压开关柜的内部故障电弧防护标准

电弧故障后果会造成人身伤害和设备损害。就故障电弧保护而言，人身的防护优于设备防护，IEC 1641 技术报告实质上就是关于电弧故障人身防护的标准，但对于设备的故障电弧防护，国际上目前尚无统一标准，而且也没有一个国家颁布了相应电弧故障防护国家标准。而金钟-莫勒公司推荐将设备电弧故障防护分为设备电弧故障防护和设备功能防护及人身防护。

1. 电弧故障人身防护（Ⅰ级电弧故障防护）

作为电弧故障防护而言，故障电弧人身防护为Ⅰ级防护。电弧保护级别最低，它允许开关设备完全毁坏，但是在封闭式或护板保护的前提下，应保护人员免受逸出的故障电弧等离子颗粒和高温高压气体的伤害。

判断人身防护的标准为 IEC 1641《封闭式低压开关设备和控制设备内部故障电弧的试验导则》。该标准明确指出：这种电弧故障试验不是一种型式试验或规定的必做试验，它是制造厂和用户之间达成协议的特殊试验。并规定了评估成套设备内部故障电弧造成人身伤害能力的准则：

1）门、盖板是否固定好，是否打开。

2）有可能引起危险的零部件是否脱落。

3）电弧燃烧或其他效应使成套设备可触及的外壳表面是否造成孔洞。

4）垂直放置的指示器（尺寸为 150mm×150mm 用于检测辐射效应）是否点燃。

5）外壳可接触部位的等电位连接是否仍然有效。

2. 设备电弧故障防护（Ⅱ级电弧故障防护）

Ⅱ级电弧故障防护的判据：电弧故障限制在一个开关柜内或电弧发生范围内，如功能隔室内、一个开关柜内部装置元件。元器件的损坏是允许的。当然Ⅱ级防护应该具备Ⅰ级人身安全防护。

3. 设备功能防护（Ⅲ级故障电弧防护）

开关设备内部没有任何损坏，无需更换保护设备的零部件、功能单元等，只要在排除故障后，设备立即可以投入运行。当然Ⅲ级防护应满足Ⅰ级对人身安全防护的要求。它是电弧故障防护的最高级别。

四、内部故障电弧的防护措施

内部故障电弧的防护措施可分为两类：一类为积极措施；另一类为消极措施。积极措施主要限制故障电弧的持续时间，消极措施主要限制故障电弧造成的效应。内部故障电弧虽不能完全防止，但却可防御，可通过限制故障电弧持续时间造成的危害效应，从而使故障电弧的影响最小。

（一）常规措施

要减少内部故障的发生可采取下面一些措施：

1）采用绝缘母线，使高压带电部分全部与大气隔绝，从根本上解决相间或相对地间出现的绝缘事故。母线和母线连接处用绝缘材料封闭包住，能有效地将电弧限制在最初发生的地方，也可防止电弧的迁移及后续燃弧。

2）相间母线通道用隔板隔开，裸母线经绝缘套管穿过金属隔板，防止出现内部故障时电弧向邻近柜体发展。

3）选用爬电比距大、绝缘性能好的电器元件和设备。

4）金属封闭开关设备内部各隔室应有独立的排气通道或排气孔，使出现内部故障时高压气体能迅速排出，但排气方向必须考虑人身安全与防护。

5）柜门、观察窗和门锁铰链必须采取加强措施。门的四周要加密封衬垫，防止高压气体向外逸出。

6）柜内绝缘隔板宜采用高强度和具有阻燃性能的不饱和聚酯玻璃增强塑料。

7）提高防护等级，防止小动物进入引起的短路故障。

（二）故障电弧保护装置

这里介绍一些国外公司开发的故障电弧保护装置。它们能迅速、准确地检测出故障电弧，并发出信号，断开电源侧断路器，将电弧故障效应减至最小。

1. 电子式电弧检测系统

故障电弧情况下，电网电压会突然下降，电流上升。故障电弧时，电压变化具有一定的规律性：首先是电压急剧下降，持续时间 $10\mu s$，然后按指数曲线上升，电压升高时间 $100\sim800\mu s$ 之间，具体情况视电压幅值而定。

无论是电压降低幅度还是电压下降的频率都是随机的，但电压降低的频率随电压降低的幅度下降而增加。利用电弧故障时电网电压的变化规律而研制的电子式电弧故障检测器原理框图如图 5-13 所示。

　　首先将 220V 电压变换放大、滤波。滤波器对电压信号的谐波进行处理后输至脉冲成型器。脉冲成型器将电压的突降信息变成脉冲；该脉冲经单稳态触发器后形成恒定幅值宽度不变的脉冲，输至积分器进行积分；再至比较器，当积分器输出幅值超过比较器的设定值，启动时序电路，经延时后，发出脱扣信号，电源侧断路器分闸。

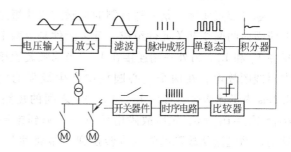

图 5-13　电子式电弧故障检测器原理框图

2. ABB 公司的故障电弧保护系统

　　图 5-14 是 ABB 公司 ARC Guard System（电弧保护系统）原理框图，它由电弧监控器 F_{11} 和电流检测单元 F_{21} 组成。利用低压开关柜内设置的闪光探测器 A（由光透镜组成）检测电弧故障所产生的特定弧光的频谱，输至电弧监控器 F_{11}；由电流互感器 T 检测的电弧短路电流经过电流检测单元 F_{21} 也输至电弧监控器 F_{11}。F_{11} 将电弧故障弧光信号和短路电流信号进行数据处理、判断，发出脱扣信号，使故障电弧的电源侧断路器分闸。该故障电弧保护系统在我国已有成品供应。

3. ARCON 故障电弧保护系统

　　ARCON 系统是金钟-默勒公司的专利产品，应用于 MODAN6000 系列低压配电装置中，图 5-15 为其原理电路图。它主要由光传感器、电流传感器、控制单元及消弧装置等组成。

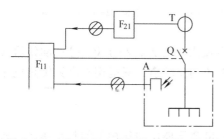

图 5-14　ABB 公司电弧保护系统原理框图

A—闪光探测器　F_{11}—电弧监控器

F_{21}—电流检测单元　T—电流互感器　Q—断路器

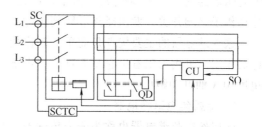

图 5-15　ARCON 故障电弧保护系统原理电路图

SO—光传感器　CU—控制单元　QD—消弧装置

SCTC—阈值控制器　SC—电流传感器

　　光传感器是由一种石英玻璃制成的光波导体，整个光波导体都起到光传感器作用，故障电弧的特殊光谱径向穿透光波导体的表层和包层进入光波导体的芯中。将光信号传输至控制单元，该单元对其进行数据处理和分析。光波导体与单母线并联敷设，实现无穷小的检测单元和无穷大的密度。这样可以在每个潜在的可能发生故障电弧的位置实现故障电弧检测。

　　光波导体可分段设置，所以能准确判断电弧故障位置。电流检测系统独立于光传感器系统，电流传感器检测到电流瞬时值送到阈值控制器，当故障电弧瞬时电流值超过其设定值时，发出可供用来继续进行处理的信号至控制单元。只有光波导体传感器系统的故障电弧光信号与电流传感系统的故障电流信号同时送到控制单元，对这两信号进行数据判断，满足故障电弧条件时，控制单元才发出两路信号，一路信号切断故障电弧的电源侧断路器；另一路信号至熄弧装置。

熄弧装置实际上是一种特制的电磁式快速短路器。它是由电容式储能器、两个线圈及装在线圈内的两个开关元件组成。开关元件是由两个空圆柱体组成，两个空心圆柱的一端分别接在 L_1 和 L_3，另外一端连接在 L_2。当熄弧装置接到控制单元信号，储能器电容在几个毫秒内对线圈放电，在两个空心圆柱中产生极强的电磁场，由于电磁感应，两个空心圆柱在 0.2ms 内迅速吸合，形成 L_1、L_2、L_3 之间的短路。熄弧装置形成了三相"金属性"短路，$U_{L1} = U_{L2} = U_{L3} = 0$，短路故障电弧电压下降到维持电弧燃烧所需最小电压以下，迅速熄弧。这时电网电流从故障电弧电流转换到"金属性"短路电流，故障电弧上游断路器将"金属性"短路电流分断。由此可见，发生电弧故障时，ARCON 系统首先将故障电弧与电网隔离，利用熄弧装置迅速切断故障电弧电压，而故障电弧电源侧断路器分断时间与故障电弧熄弧没有关系。

典型的故障电弧短路电流断开时间小于 5ms。与传统系统相比快 7~10 倍。因此柜内压力和温度不会达到最大值。开关柜在排除电弧故障原因后，进行有限清理工作并更换快速短路器后，开关柜可继续进行工作。

4. 阀式电弧保护继电器

阀式保护继电器或称压力传感器利用电弧产生充足气体压力动作。阀式保护继电器简图如图 5-16 所示，它主要由框架 1 和叶片 2 组成，相当于门框和门扇，可以双向转动。它利用两个耳柄 3 固定在开关柜分隔的小室（如母线室、断路器室、电缆头室等）的柜壁上（柜壁应预先开孔）。发生电弧短路时，在高压气流冲击下，叶片 2 打开（转动），并动作于终端开关，发出断路器跳闸脉冲。

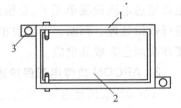

图 5-16 阀式电弧保护继电器简图
1—框架 2—叶片 3—耳柄

这种继电器的主要优点是简单、动作快（与短路电流大小有关，小于 0.1s）；动作后有记忆作用，可用肉眼看出它是否动作；由于有最低的电流动作门槛，只能用在电弧短路电流超过 3kA 的开关柜中。

5. 金属丝电弧继电器

金属丝电弧继电器也称为张力传感器，其原理是在电弧气体压力作用下伸长金属丝，根据电阻变大的信号动作。由于这种电阻信号变化不大，需要采用电桥、直流放大器等。因此这种继电器实质上是一种半导体开关。图 5-17 为金属丝电弧继电器的出口回路，表示出这种半导体开关的出口继电器的接点 K1。发生电弧短路时，在气体压力作用下，半导体开关动作，K1 接点闭合，接通中间继电器 KM 线圈，KM 接点闭合动作于跳闸。保护动作时间取决于中间继电器 KM 的动作时间，约 0.1s。

这种保护装置的主要优点是由于靠气体压力动作，抗干扰能力强，选择性好，动作迅速。

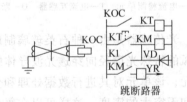

图 5-17 金属丝电弧继电器的出口回路
K1—金属丝电弧继电器接点
KOC—过电流继电器
KT—时间继电器 KM—中间继电器
VD—二极管 YR—断路器操动机构跳闸线圈

6. 电弧接收天线

内部故障电弧产生时，母线短路电流产生的电磁场和电弧的电磁场相互作用使电弧迅速移动，此时可沿母线装设一根天线（所谓第四根母线），如图 5-18 所示。这根天线和母线绝缘，并在适当地点设置一只电流互感器（一次线圈一端接天线，另一端接母线）对短路电流电弧进行接收（吸收）。例如 a 点短路时，b、c 点间的电弧压降产生电流互感器一次电流和二次脉冲跳闸电流，使电源断路器跳闸。

这种保护装置动作迅速，实际上没有最低的电流动作门槛，特别是用于成套开关柜连通的母线段保护。但不能区别短路发生的地方。

7. 光敏电弧保护继电器

故障电弧将产生弧光，因此可以利用弧光信号构成保护装置。利用光敏电阻 R_4 的电阻变化（减少）产生的电流动作用于断路器跳闸的出口继电器。这种继电器可称为光敏电弧保护继电器，如图 5-19 所示。在弧光照射光敏电阻 R_4 时，流过继电器 K1 的电流增大，继电器 K1 动作后，接点 K1 接通出口继电器 K2。继电器 K2 的接点 K2、3 闭合发出跳闸脉冲，断开有关的断路器。在光敏电阻 R_4 回路中串上过电流保护的电流继电器接点 MT3，只有过电流保护 MT3 和光敏电阻都动作时才断开对应的断路器，以增加光敏电阻动作的可靠性。

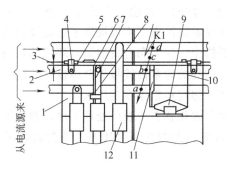

图 5-18 电弧接收天线

1—开关柜间隔 2—铝母线（主母线） 3—电弧接收天线
4—固定支架 5—绝缘套管 6—分支线 7—引下线 8—固定支架
9—电流互感器 10—分支线 11—铝母线 12—断路器

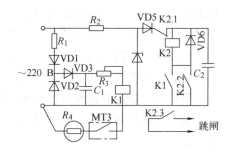

图 5-19 光敏电弧保护继电器

这种继电器的优点是动作灵敏度高、动作时间短、选择性好，但接线复杂、抗干扰（光、温度）能力较差（必须串上过电流保护继电器的接点）。继电器的固有动作时间不超过 0.04s。

第六节 开关柜柜体与绝缘件制造工艺

开关柜的制造工艺主要包括钣金、焊接、组装、表面被复、母线加工与搭接、电器元件安装调整、二次回路安装接线等。母线加工与搭接、二次回路安装接线前面已进行介绍，这里再对柜体制造工艺和绝缘涂敷制件的加工工艺进行简单介绍。

一、柜体制造工艺

开关柜柜体制作的传统工艺过程是：板材→下料→划线→冲孔→弯形→焊接→校平→酸洗→磷化→涂防锈底漆。这种工艺无需大型模具和冲床，但加工精度低，难以保证外形尺寸一致。而板材→校平→下料→划线→冲孔→成形→焊接→酸洗→磷化→涂防锈底漆工艺过程则具有加工精度高的特点。

高、低压开关柜的柜体已由过去的焊接式向组装式（即装配式）发展，其连接方式采用铆装或螺钉联接。钣金工艺则采用数控机床，一些厂家还采用了柔性加工系统。

国内凡具有一定批量开关柜生产的厂家几乎都具有数控钣金三大件，少数的已有柔性加工系统。

柜体焊接多在各类专用焊接胎具上进行，有 CO_2 气体保护焊机、氩弧焊机、螺柱焊机等。由于开关柜柜体结构现在大都为装配式，所以焊接工作较少。

随着对电器产品质量要求的提高，对其表面质量也提出了更高的要求。装配式结构柜体，其板材越来越多地采用不需涂装的材质，如敷铝锌板等，但也有采用薄钣金成型及进行表面涂装的。

国内不少开关柜的柜体材料还是采用热轧或冷轧薄板，甚至某些固定柜还采用角钢骨架，所以必须进行表面涂装。目前柜体表面涂装工艺主要是喷漆和喷粉，较先进的工艺设备有静电喷漆自动生产线。自动喷粉线可连续完成工件的前处理（含去油、去锈、清洗）和粉末喷涂全过程，具有较高的自动化水平。柜体喷粉线的应用不仅提高了表面喷涂质量，提高了工效，改善了劳动条件，而且可免除或降低粉尘、漆雾和有机溶剂对环境的污染。

柜体制作目前有两大趋势：一是采用具有防腐性能的敷铝锌板等金属板材，这样可免除表面涂装，从而避免环境污染；二是专业化生产，即制作柜体专业厂家。

敷铝锌钢板具有很高的抗腐蚀、抗氧化性能，因此省去了表面处理工序，避免了环境污染。这种材料的成形性、定形性和冲剪性都非常好，为制作高品质的开关柜提供了良好的条件。

敷铝锌钢板制作开关柜的制造工艺，也不同于传统的开关柜。传统的开关柜先用 4mm 的角钢钢焊成框架，再用 2mm 厚的钢板焊在四周。用敷铝锌钢板制作开关柜，利用这种良好的冲压性能，采用多重折弯工艺，使 2mm 的板材具有 4mm 角钢的强度。用拉铆工艺解决各板料的连接。拉铆工艺是使用拉力使拉铆螺母产生薄壁变形后铆接在板料上的工艺。

二、绝缘涂敷制件的加工工艺

近年来，采用绝缘粉末加工绝缘制件作为固体绝缘工艺，已在高压开关柜母线绝缘及电器元件绝缘上应用。尤其在 40.5 kV 开关柜中，应用这种工艺可缩小相间、相对地距离，减小柜体体积，并节省原材料。

电工绝缘型粉末涂料区别于一般装饰粉末涂料，它必须具备如下的特性：

1）涂层必须具有电阻系数大、介电常数小的特性。

2）涂料应有良好的流动性和边角覆盖率，能形成均匀、连续、平整、质地紧密的涂层。

3）涂层具有较高的机械强度和附着力，以及持久的耐热性。

4）涂层要有良好的防潮性、抗老化性和热稳定性。

5）涂层应有良好的耐酸、耐碱、耐油性、耐污染性和耐溶剂性。

采用静电喷涂绝缘粉末流水线加工制作绝缘母线及制件的工艺过程是：母线调直→母线冲加工→喷砂及化学清洗→折弯→预检→确认母线装配尺寸无误后对母线搭接面进行涂敷硅

油与防护→挂线→预热→静电涂敷→固化→检测（不合格件进行返修）→根据厚度要求进行多次喷涂→下线→清理搭接面→交检→合格工件转装配工序。

母线及工件在进行绝缘处理前应进行表面喷砂及清洗处理，除去工件表面的油污并使工件表面毛化，以增加流化层与工件基层的附着力。处理后的工件表面应无油污，且毛化均匀。

经加工后的母线及零部件，在涂敷前按图样要求，将非绝缘处理面进行遮挡防护。根据母线规格选择合适的搭接面保护套，并配合用硅胶带进行严密的包扎处理。

温度对热喷涂来说是一个重要的参数。工件预热温度必须高于粉末涂料的融化温度 $30\sim60$℃。预热温度取决于工件的材料、形状、热容量大小、所需涂层的厚度等因素。预热温度不够，工件吸收热量偏小，则表面温度低，粉末喷涂后粘附不上，粉末熔化后不能达到良好的流动性，导致涂层不平整，涂层厚度很难控制均匀；预热温度过高，则工件吸收热量过多，表面温度偏高时，粉末喷涂后容易流挂，严重的会导致粉末涂料中高分子树脂分子的裂解，涂层产生碳化现象，这将影响涂层的物理、化学性能。

为确保绝缘质量，母线预热与绝缘处理时应按规格进行适当的分类，预热温度进行适当的调整。固化温度与时间设定取决于粉末涂料，可根据厂家提供的数据，结合工厂的设备，进行试验确定。

粉末涂料在一定温度下固化有一个过程，即要有一定的时间。粉末涂料受热达到一定温度后软化，随着温度的上升开始熔融，熔融后的粉末涂料粘度随之发生变化。当粉末涂料继续受热升温时，树脂与固化剂等各种添加剂发生交联反应而生成坚固的涂层，这种反应并非瞬间进行，而是需要有一定的时间才能完成。因此，粉末涂料固化一定要有足够的时间。如果固化温度不够或固化时间不足，都会造成粉末涂层严重的缺陷。

对固化后的涂层在已完全冷却的状态下即可进行非绝缘部位的防护清理。去除蔽覆物，拆除螺栓、夹具、挡具。在拆除过程中要小心，防止将绝缘层表面及分界面处破坏。

不合格工件可浸泡在脱漆剂中，待涂层软化后清除涂敷层。对装入柜中进行工频耐压试验的母线，如果发生击穿，找到击穿点后，用钻头划窝，在划窝孔中撒入粉末，并用辅助工具将其压实赴气，修整好后进行固化，并再一次进行涂装，使外观状况得到修复。

第七节　开关柜的质检

产品质量检验就是对开关柜装配过程中和装配完工后进行检验。本节将介绍低压开关柜的质检。高压开关柜的质检在很多方面与低压开关柜类似。

一、工序检验

在低压开关柜的装配过程中，每一个大的工序完工后都要进行检验，确保每道工序质量符合要求。开关柜装配过程中要进行四道工序检验。

1. 外形尺寸和外观质量检验

早期的开关柜柜体是焊接而成的，现在则大多采用组装方式，即将经过机械加工的立柱、横梁、门板、隔板、侧板等部件进行装配成为柜体。外形尺寸检查一是检查机械加工质量（在机加工过程中，也有工序检验），二是检查装配质量。

外形尺寸包括柜子的高、宽、深。检查4根立柱的高度（对一级配电设备，这个高度一般为2200mm）、6个宽度（柜体正面及背面上、中、下共6个尺寸）、6个深度（左侧及右侧上、中、下共6个尺寸）。有关标准给出了允许的偏差范围。偏差不超过规定值，就判合格；超过规定值，但偏差不到规定值的一倍，就不得分，偏差超过规定值的一倍，就判为不合格。例如高度应为2200mm，允许偏差为±2.7mm。

另一个尺寸是对角线之差。这是检验框架装配的垂直度的。框架装配中立柱和底框垂直度不好，框架就会倾斜，柜体前、后面或两个侧面就会变成平行四边形（正确的应为矩形）。同样，底框装配也有这个问题。框架垂直度不好，柜子就会东倒西歪，将来到用户现场多台拼装在一起，既不美观，又浪费空间。还要影响柜与柜之间母线的连接，所以这是不允许的。但直接测量垂直度不太容易，就采用测量对角线的办法，即测量柜子左右两个侧面、背面和底框的对角线，如果同一面两条对角线尺寸之差不超过规定值，就判合格。例如高为2200mm，宽为800mm，如果高、宽尺寸正确，装配中垂直度又很好（理想情况），则两条对角线尺寸均为2341mm。实际总有误差。有关标准规定：当对角线尺寸在2001～3000mm之间时，对角线尺寸之差不超过5mm，就算合格。

第三个是门缝偏差。门与框架横梁之间、同一台柜子上下相邻的门与门之间，应该是平行的，实际总会有一些偏差。一般门缝长度不超过1000mm时，门缝宽、窄偏差不得超过1mm。门缝长度超过1000mm时，门缝偏差不得超过1.5mm（同一间隙）或2.5mm（两条门缝的平行间隙）。

柜体外观主要是门板、侧板、顶板等的涂覆层质量和平整度。涂覆层有喷塑或喷漆等几种，总的要求是均匀、附着力强。喷涂层厚度达到规定要求，色彩一致并符合规定，喷涂层不能有皱纹、流痕、针孔、气泡透底，且要求无划痕等。平整度的要求是每米内的凹凸不超过3mm。此外，还要求柜体组装要牢靠，门的开启要灵活等。

2. 电器元器件装配质量检查

检查的内容为：所用元器件型号、规格、数量是否符合图样要求；元器件的安装、布局是否符合工艺要求；面板上的指示灯、按钮、仪表均应横平竖直（设计时，还应考虑人机工程学的要求，例如按钮、仪表等不能安装在太高或太低的位置，否则操作和观察均不方便）；元器件是否有完整的标志、铭牌，标牌上内容是否正确；元器件安装是否牢靠、合理、符合元器件生产厂的安装要求（例如有的元件只能竖装，不允许横装，有的不允许倾斜等）。

此外，还要检查电器元件和功能单元中带电部件的电气间隙和爬电距离是否符合规定，断路器、交流接触器的飞弧距离是否合格。还有电器元件的裸露带电端子等带电导体距金属构件（如框架、隔板、门板等）的距离不得小于20mm，如达不到要求，必须采取绝缘措施。各相的熔断器之间应有挡板，防止一相熔断器熔断时影响相邻的熔断器。

3. 接线工序的检查

检查的主要内容为：导线连接是否牢靠；每个端子只允许连接一根导线（必要时允许连两条导线）；绝缘导线穿越金属构件应有保护导线不受损伤的措施；用线束布线，线束要横平竖直，且横向不大于300mm，竖向不大于400mm，应有一个固定点；交流回路的导线穿越金属隔板时，该电路所有相线和零线均应从同一孔中穿过，以防止涡流发热。在可移动的地方，必须采用多股铜芯绝缘导线，并留有长度裕量。接地保护在连接框架、面板等涂覆件时，必须采用刮漆垫圈，并拧紧紧固件，以尽量减少接触电阻。

4. 母线质量检查

（1）母线加工质量　母线表面涂层（如镀镍、搪锡、涂漆）应均匀、无流痕，母线弯曲处不得有裂纹及大于 1mm 的皱纹，母线表面应无起皮、锤痕、凹坑、毛刺等。

（2）母线安装质量　母线的搭接面积与搭接螺栓的规格、数量、位置分布应符合有关标准的规定，搭接螺栓必须拧紧（不同规格的螺栓、螺母拧紧力矩均有规定）。如果拧得不紧，会使接触电阻增大，工作时会发热甚至烧坏。母线之间及与电器端子的连接应平整，自然吻合，保证有足够和持久的接触压力，但不应使母线产生永久变形，也不应使电器端子受到额外的应力。由于母线与母线、母线与电器端子的连接要求很高，所以应用扭力扳手拧紧螺栓、螺母，其紧固的扭力矩应符合有关标准的规定。例如 M16 的螺栓扭力知应达到78.5～98.1N·m。主电路不同极性的裸露带电导体之间及与外壳之间的距离不应小于 20mm（与额定工作电压及工作场所污染状况有关），连接主电路电器元件的进出端子的母线间距不得小于该元件端子间的间距。此外，母线的相序应符合规定。

二、出厂试验

低压开关柜全部装配完毕，各道工序检验全部合格（如有不合格必须整改好），还要进行最终试验。最终试验分为型式试验和出厂试验两种。凡新产品或有重要改进的产品，都要进行型式试验。型式试验要到国家有关部门或有关行业认可、具有相应资格的试验中心去做。型式试验通过以后，产品才可以进行鉴定，鉴定通过后才可以批量生产。出厂前，对每一台产品都要进行出厂试验，试验合格才可以出厂。出厂试验的内容比型式试验少，也就是说，有些试验项目已通过型式试验，出厂试验中无需重做（例如防护等级、温升等）。

1. 一般检查

（1）结构的机械强度和刚度的检查　框架和外壳应有足够的强度和刚度，能承受所安装的元器件（如大容量断路器、母线）产生的机械应力；应能承受主电路短路时产生的电动力和热应力；不能因柜体吊装、运输而影响装置的性能。以上在设计时已经作了充分考虑，而且在型式试验时均已达到要求。因此此项检查主要看装配中有无不符合要求的地方。

（2）通风口设置的检查　为了使装置在运行时能正常通风散热，一般应设置通风口（防护等级要求高的开关柜，应考虑采用强迫风冷等散热方式）。但通风口的设置不能降低柜体的机械强度，不应降低柜子的防护等级，也不能造成熔断器、断路器在正常工作或短路情况下引起电弧或可熔性金属喷出。

（3）柜内隔离部件的检查　柜内各部分之间的隔离和分隔母线室或电缆室、仪表室、功能单元（抽屉）之间的隔离是否符合要求；无功功率补偿柜中熔断器一般是几十个并排安装，每相熔断器之间均应用绝缘板隔开。

2. 机械、电气操作试验

机械、电气操作试验可分 4 步进行：

（1）手动操作机构试验　对每台柜子上所有的手动操作部件（如断路器操作手柄、组合开关旋钮等）进行 5 次操作，应该无异常情况。

（2）抽出式功能单元（抽屉）手动试验　操作时将抽屉由连接位置拉出到试验位置，再到分离位置，然后再推进到连接位置。操作过程应灵活轻便，无卡阻或碰撞现象；连接、试验和分离位置定位均应可靠。每个功能单元都要进行手动操作。发现不符合上述要求的要进行调整或更换操作手柄及其他零部件。

（3）电气操作试验 在安装和接线都正确的前提下，要进行模拟动作试验，也即通电试验。例如，断路器合闸、分闸是否正常；有关按钮操作及相关的指示灯是否正常；无功功率补偿手动投切是否正常。如果几台柜子之间有联系，还要进行联屏试验（如有的无功补偿柜有主柜和辅柜之分）。试验时要用调试设备，这种设备主要提供单相电源、三相电源（交流电源还应该可调，因为操作电源有380V、220V，也有110V、24V等）、直流操作电源等。在通电试验时，主电路通过的电流一般都很小，属于模拟试验。

这种试验，要一台一台进行，如果是抽屉柜，要一只抽屉、一只抽屉调试。当然也有的先将抽屉逐只调试好后插到柜子上。在这种情况下，调好的抽屉插到柜子上后还应通电试验。

（4）联锁功能试验 通电检查操作机构与门的联锁，功能单元与门的联锁。在合闸（通电）情况下，门是打不开的。只有分闸以后，才可以开门。双电源间的机械或电气联锁上必须安全可靠，即工作电源正常供电时，备用电源的断路器不能合闸。

3. 绝缘电阻测试和介电强度试验

（1）绝缘电阻测试 这项测试是检查开关柜的绝缘性能是否符合有关技术标准的规定，是为了确保操作人员的安全、柜子和柜内有关电器元件的安全的重要技术指标之一。

测量绝缘电阻要用兆欧表。当被测开关柜额定绝缘电压在 $60 \sim 660V$ 之间时，要用500V的兆欧表。如果被测开关柜的额定绝缘电压在 $660 \sim 1000V$ 之间时，要用1000V的兆欧表。测量的部位是：

1）开关柜的主开关在断开位置时同极的进线和出线之间。

2）主开关闭合时不同极的带电部件之间（例如 A、B 相的主触头或裸母线之间等）、主电路和控制电路之间。

3）各带电部件与金属框架之间。

测试时间为1min。

测量得到的绝缘电阻数值是否符合要求，与开关柜中每条回路对地的标称电压有关，要求是不小于 $1k\Omega/V$。例如，每个回路对地的标称电压为380V，则绝缘电阻不能小于 $380k\Omega$，一般要求不小于 $0.5M\Omega$。标称电压越高，要求绝缘电阻越大。如果开关柜中用的主开关以及有关的绝缘材料良好，安装中也未出现问题，这个指标是不难达到的。

（2）介电强度试验 如果测试了绝缘电阻，就不必再作介电强度试验，反之亦然。

介电强度试验就是耐压试验。试验应把不能耐受试验电压的元器件（如电子设备、电容器等）以及某些消耗电流的元器件（如线圈、测量仪器）断开。

试验电压应施加在：①主电路带电部件与地之间；②主电路各相（或极）之间；③主电路与同它不直接连接的辅助电路之间。

试验电压值和开关柜的额定绝缘电压值有关。当额定绝缘电压在 $380 \sim 660V$ 之间时，试验电压为2500V（有效值）。试验时间为1s。试验中如未发生绝缘击穿、表面闪络或试验电压突然下降，则认为试验合格。

如果开关柜的外壳或外部操作手柄用绝缘材料制成，也应进行耐压试验。试验时应在外壳的外面包覆一层能覆盖所有的开孔和接缝的金属；若有用绝缘材料制造或覆盖的手柄，试验时应在手柄上裹缠金属箔。施加电压的部位应在金属箔与带电部件及裸露的导电部件之间，试验电压值也与开关柜额定电压 U 有关，当 $U>60V$ 时，试验电压值为 $(2U+1000)\times 1.5$，最低为2250V。试验时施加电压应从30%～50%的试验电压开始，以约5s的时间逐步升至规定值，然后维持1s，再逐渐降到零。试验中不应有击穿、闪络现象。

4. 保护电路连续性的检查

直观检查保护电路的连续性应可靠，装置应有明显的接地保护点及标志。用抽查的办法，对装置进行保护电路连接点与保护母线之间的直流电阻测量，其电阻值应在 0.01Ω 以下。每台开关柜抽查点不应少于5点。例如金属门板、框架和保护母线之间的直流电阻应在 0.01Ω 以下。如门板因喷塑或喷漆，连接螺钉和门板之间的接触电阻增大，则应把螺钉孔处的漆或塑料微粒刮掉。如果达不到这个指标，一旦发生门板或框架与带电部件之间的绝缘击穿时，门板或框架上就会有较高的电压，危及操作人员的安全。

由于测量的电阻值很小，故不能用万用表，而应该用测量小电阻的仪表，如双臂电桥或微欧计。

5. 功能单元互换性检查

如果是抽出式开关柜，应在相同规格的功能单元之间进行互换性试验。相同规格的两只抽屉应能互换，而且互换应可靠，抽插应灵活、方便。

第八节　高压开关柜的诊断技术

一、预防性试验

我国的电力运行规程中规定了高压开关柜的试验项目、周期和要求，其中预防性试验项目如下：

1. 测量辅助回路和控制回路绝缘电阻

控制回路是指直接操动断路器进行手动（按钮）分闸、合闸或通过继电保护与自动装置实行自动跳闸、重合闸的回路；辅助回路是指指示断路器分闸、合闸位置的信号回路，防止断路器发生跳跃的闭锁装置回路，分、合闸转换开关的连接回路。这些回路的状态和绝缘好坏是断路器能否动作的关键。测量其绝缘电阻的目的就是要检查绝缘电阻是否符合要求。

测量时采用1000V兆欧表，测得的绝缘电阻值不得低于 $2M\Omega$。

2. 测量断路器、隔离开关及隔离插头导电回路的电阻

主要测量断路器导电回路的电阻，有条件时才测量隔离开关和隔离插头导电回路电阻。

导电回路电阻采用直流压降法进行测量，电流值不小于100A，测量值不大于制造厂规定值的1.5倍。由于导电回路的直流电阻很小，为测量准确，应注意的问题如下：

1）必须有足够容量的直流电源，以供给100A以上的电流。当这个电流流过导电回路时，可以使回路中接触面上的一层极薄的膜电阻击穿，所测得的主回路电阻值与实际工作时的电阻值比较接近。

2）选用合适的毫伏表和分流器，按图5-20所示进行接线，毫伏表 mV2 应接在电流接线端里侧，以防止电流端头的电压降引起测量误差。表计的准确度等级应不低于0.5级，流过电流的导线截面积应足够大，一般可用截面积为 $16mm^2$ 的铜线。运行中的开关电器，其

导电回路电阻测量值应不大于制造厂规定值的 1.5 倍。

3. 绝缘电阻试验

绝缘电阻试验的目的是检测开关柜外绝缘状况，或检测内绝缘有无严重绝缘缺陷。开关柜在交流耐压试验前后均应分别进行绝缘电阻试验。试验时采用 2500V 兆欧表，测量值应符合制造厂产品技术条件规定。

4. 交流耐压试验

交流耐压试验能够最直接、最有效地发现开关柜的绝缘缺陷。由于 10kV 开关柜的试验电压较低，所以其试验设备和操作方法都比较简单。现场通常采用成套试验设备来完成此项试验。

试验时，试验电压的施加方式是：合闸时各相对地及相间，分闸时各相断口间、相间、相对地及断口的试验电压值相同。具体试验电压值见表 5-7。

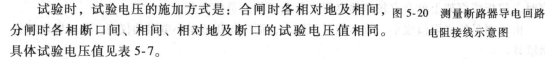

图 5-20　测量断路器导电回路电阻接线示意图

表 5-7　高压开关柜耐压试验的试验电压

试品耐压值　施加电压部位　额定电压/kV	柜体及开关设备绝缘的工频耐压值/kV		柜体及开关设备绝缘的冲击耐压峰值/kV	
	主绝缘对地、断路器断口间及相间绝缘	隔离断口间的绝缘	主绝缘对地、断路器断口间及相间绝缘	隔离断口间的绝缘
6	25	27	40	46
7.2	32	36	60	70
12	42	48	75	85
24	65	79	125	145
40.5	95	118	185	215

注：隔离断口间的绝缘指隔离开关、带隔离开关的负荷开关、手车柜隔离插头完全断开时的断口间绝缘。

5. 检查带电显示装置

（1）显示试验

1）高压带电显示装置在额定相电压的 15%～65% 时，显示器应能指示（在 65% 额定相电压时，其发光亮度应不低于 $50cd/m^2$）。

2）在额定相电压时，应满足发光亮度的要求（在相电压下，发光亮度应大于 $100cd/m^2$）。

3）闪光式的，在 65%～100% 额定电压时，其闪光频率应达到 60～100 次/min。

（2）闭锁试验　强制型高压带电显示装置应按规定进行 3 个循环的闭锁机构动作试验，应正确可靠。

（3）电压波动试验　将电压施加于高压带电显示装置的高压端，电压在 85%～100% 额定电压条件下波动 3 次，显示器应正常显示，强制型应可靠闭锁。

（4）绝缘耐压试验

1）传感器的交流耐压试验。试验电压为 42kV×80%，瓷质耐压时间为 1min，有机绝缘材料绝缘耐压时间为 5min。

2）显示器的端子和引线交流耐压试验的试验电压为 2kV，耐压时间为 1min。

6. 五防性能的检查

检查五防性能的目的是确定防误性能的可靠性，要求五防性能符合制造厂的规定。

7. 金属氧化物避雷器试验

一些选用真空断路器的高压开关柜采用金属氧化物避雷器进行保护。因此也应对金属氧化物避雷器进行试验。根据 DL/T 596—1996《电力设备预防性试验规程》，其试验项目如下：

（1）测量绝缘电阻　测量金属氧化物避雷器的绝缘电阻的目的是初步了解其内部是否受潮。按规定，测量时采用 2500V 及以上的兆欧表，其测量值，对 35kV 以上者，不低于 2500MΩ；对 35kV 及以下者，不低于 1000MΩ。

（2）测量直流 1mA 时的临界动作电压 U_{1mA}　测量 U_{1mA} 的目的主要是检查其阀片是否受潮，确定其动作性能是否符合要求。测量接线通常用单相半波整流电路，如图 5-21 所示。图中各元件参数随被试金属氧化物避雷器电压等级不同而异。当试品为 10kV 金属氧化物避雷器时，试验变压器的额定电压略大于 U_{1mA}，硅堆的尖峰电压应大于 $2.5U_{1mA}$，滤波电容的电压等级应能满足临界动作电压最大值的要求，电容取 $0.01 \sim 0.1\mu F$。根据规定，整流后的电压脉动系数应不大于 1.5%。经计算和实测证明，当 $C = 0.1\mu F$ 时，脉动系数小于 1%，U_{1mA} 的误差不大于 1%。直流电压一般可采用 Q3-V 型或 Q4-V 型静电电压表测量。若有条件，也可采用直流发生器进行测量。

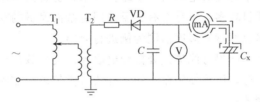

图 5-21　测量 U_{1mA} 的半波整流电路

T_1—单相调压器　T_2—试验变压器　VD—硅堆　R—保护电阻　C—滤波电容

V—高内阻电压表　mA—直流毫安表　C_X—金属氧化物避雷器

（3）测量 $0.75U_{1mA}$ 直流电压下的泄漏电流　由于 $0.75U_{1mA}$ 直流电压值一般比最大工作相电压（峰值）要高一些，在此电压只要检测长期允许工作电流是否符合规定。因为这一电流与金属氧化物避雷器的寿命有直接关系。一般在同一温度下泄漏电流与寿命成反比。测量接线如图 5-21 所示。测量时，应先测 U_{1mA}，然后再在 $0.75U_{1mA}$ 下读取相应的电流值。根据规定，$0.75U_{1mA}$ 泄漏电流应不大于 50μA。

（4）测量运行电压下的交流泄漏电流　在交流电压作用下，金属氧化物避雷器的总泄漏电流包括阻性电流（有功分量）和容性电流（无功分量）。在正常运行情况下，流过避雷器的电流主要为容性电流，阻性电流只占很小一部分，约为 10% ~ 20%。但当阀片老化、避雷器受潮、内部绝缘部件受损以及表面严重污染时，容性电流变化不多，而阻性电流大大增加，如图 5-22 所示。所以测量交流泄漏电流及其有功分量是现场监测金属氧化物避雷器的主要方法。

对于高压开关柜中的金属氧化物避雷器可采用图 5-23 所示的接线进行停电测量。图中高压试验变压器的额定电压应大于避雷器的最大工作电压。在运行中，可以采用 JSH-B 型

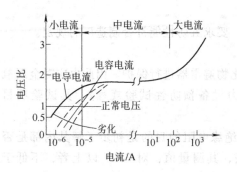

图 5-22　氧化锌阀片的 U—I 特性

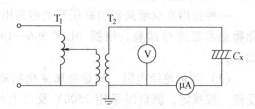

图 5-23　测量交流泄漏电流接线

T_1—单相调压器　T_2—试验变压器　V—静电电压表

C_X—金属氧化物避雷器　μA—交流微安

全泄漏电流测量,以测量全泄漏电流并作动作记录器。

在运行电压下,全泄漏电流、阻性电流或功率损耗的测量值与初始值比较,有明显变化时应加强监测,当阻性电流增加 1 倍时,应停电检查。

二、在线监测

电力设备在线诊断技术是随着电网对安全运行要求日益提高而出现的高新技术。对高压开关柜而言,要监测的项目较多,但是否有必要采用复杂而昂贵的在线监测装置,其经济性和实用性值得商榷。这里以温度和湿度监测为例进行介绍。

在高压开关柜运行中,如果母线搭接处接触电阻大,会导致该处的温度异常升高,危及高压开关柜的安全可靠运行。以往使用昂贵的红外线摄像仪离线监测母线温度。近年来,开发出了母线温度在线监测装置。

检测母线连接处温升的常用传感器有石英传感器、集成电路传感器及 PN 结传感器。图 5-24 是采用石英温度传感器的原理框图。该测量装置安装在母线测温处,母线电流经过变压器耦合,并整流后供给该单元所需的工作电流。该单元将温度信号变为频率信号。经 LED 从高电位母线输出,被处于低电位处的光纤耦合器接收,经 CPU 处理后,由显示单元显示。

采用 IC 温度传感器的测量框图如图 5-25 所示。LM35 温度传感器经 LM331 V/F 变换器变换,使温度在 2~150℃的变化范围内输出对应频率为 20~1500Hz 的信号。通过光可以将信号从高电压处传送到低电压处。V/F 输出的频率经 D 触发器二分频后接至单片机的 INT0 端,作为计数器的控制信号,根据计数求得频率,再转换成温度。

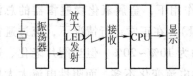

图 5-24　石英温度传感器的原理框图

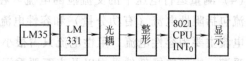

图 5-25　IC 温度传感器的测量框图

为了使开关柜在规定的温度、湿度范围内工作,需要在开关柜内装入温度、湿度检测单元。图 5-26 为高压开关柜温度与湿度检测电路。选用的湿度传感器是陶瓷湿度传感器 H104R。当半导体陶瓷表面附着水分子时,则其电阻率将随着湿度的增加显著下降。这类湿敏传感器应工作于交流回路中，若长期在定向直流下工作，将会使这类传感器性能劣化甚至完全失效。要求工作频率是 1kHz。如频率太高，将会由于测试回路的附加阻抗而影响测湿的灵敏度和准确性。图 5-26 所示电路由振荡电路、缓冲器电路、整流电路、作温度补偿的差动放大电路、湿度输出放大电路以及湿度检测电路组成。图中 R_1，R_2，R_3 为使传感器特性线性化而设置。

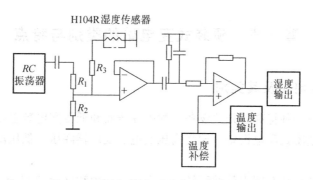

图 5-26　高压开关柜温度与湿度检测电路

第六章 预装式变电站和 GIS

第一节 预装式变电站的类别与特点

一、预装式变电站及其类别

预装式变电站是一种将高压开关设备、配电变压器和低压配电装置按一定接线方案组成一体的工厂预制的紧凑式配电设备，即将高压受电、变压器降压、低压配电等功能有机地组合在一起。

预装式变电站的叫法在国内外并不统一。以前，国内称之为"组合式变电站""箱式变电站"。国外则叫"箱式高压受电单元""紧凑型变电站"等。国际电工委员会（IEC）在命名这类产品时，也反复斟酌。IEC 标准草案最早为"Factory Assembled Compact Substation"（工厂组装式紧凑变电站），1991 年 11 月改为"Prefabricated Compact Substation"（预制式紧凑变电站）。1992 年 11 月改为"Prefabricated Substation"（预制式变电站）。1995 年 11 月，IEC 1330：1995 "高低压顶装式变电站"标准正式颁布。

我国相应的国家标准为《高压/低压预装式变电站》，等同 IEC 1330：1995，标准号为GB/T 17467—1998，于 1998 年颁布。在此之前，有专业标准 ZBK 40001—1989《组合式变电所》和能源部标准 SD 320—1989《箱式变电所技术条件》）。

预装式变电站是的基本特征是：

1) 预装式变电站在工厂完成设计、制造、装配，并完成其内部电气接线。

2) 预装式变电站经过规定的型式试验考核。

3) 预装式变电站经过出厂试验的验证。

预装式变电站是社会经济发展和城市建设的必然产物。

首先，随着经济的发展，供电格局也发生了较大的变化，过去那种集中降压，长距离配电的方式大大制约了城市供电，并降低了供电公司的经济效益。原因是：供电半径大，线路损耗随着用电负荷的增加而大大增加，同时供电质量也大大降低。要减少线路损耗，保证供电质量，就得提高供电电压，高压直接进入市区，深入负荷中心，形成"高压受电-变压器降压-低压配电"的供电格局。有资料显示，将供电电压从 380V 上升到 10kV，可以减少线路损耗 60%，减少 52%的总投资和用铜量，其经济效益相当可观。要实现高压深入负荷中心，预装式变电站是适应"高压受电-变压器降压-低压配电"供电格局的最经济、方便和有效的配电设备之一。

其次，随着社会发展和城市化进程的加快，负荷密度越来越高，城市用地越来越紧张，城市配电网逐步由架空向电缆过渡，杆架方式安装的配电变压器越来越不适应人们的要求。因此，预装式变电站成为主要的配电设备之一。

再次，人们对供电质量尤其是供电可靠性的要求越来越高，而采用高压环网或双电源供电、低压网自动投切等先进技术的预装式变电站成为首选的配电设备。

预装式变电站有多种分类方法：

（1）按整体结构　国内习惯分为"欧式箱变"和"美式箱变"。

"欧式箱变"以前在我国又叫"组合式变电站"，其特点是将高压开关设备、配电变压器和低压配电装置布置在三个不同的隔室内，通过电缆或母线来实现电气连接，所用高低压配电装置及变压器均为常规的定型产品。

"美式箱变"以前在我国又叫"预装式变电站"，或叫"组合式变压器"，其特点是将变压器器身、高压负荷开关、熔断器及高低压连线置于一个共同的封闭油箱内。

（2）按安装场所　分为户内、户外。

（3）按高压接线方式　分为终端接线、双电源接线和环网接线。

（4）按箱体结构　分为整体、分体等。

二、预装式变电站的特点与应用

预装式变电站具有成套性强、体积小、占地少、能伸入负荷中心、提高供电质量、减少损耗、送电周期短、选址灵活、对环境适应性强、安装方便、运行安全可靠及投资少、见效快等一系列优点。

国外在 20 世纪 60 年代和 70 年代就大量生产和使用预装式变电站。自 20 世纪 70 年代后期，我国从法国、德国等欧洲国家引进并仿制了预装式变电站（组合式变电站，通常讲的"欧式箱变"）。原电力部在 20 世纪 80 年代初就将箱变列为城市电网建设与改造的重要装备。从 20 世纪 90 年代起，美国预装式变电站（简称"美式箱变"）引入我国。由于其体积小、质量小、安装使用简便、安全可靠、价格低等优势，为广大供电部门和用户所接受。

目前，在我国，预装式变电站已经广泛应用于配电网，几乎覆盖了 10kV 供电的所有城镇电力用户，如公共配电、高层建筑、住宅小区、工商企业、学校、施工场所。此外，新能源发电如风电场、太阳能光伏电站等也广泛应用预装式变电站。

第二节　美式预装式变电站

一、特点与应用

美式预装式变电站即组合式变压器，也称"美式箱变"，它将变压器器身、高压负荷开关、熔断器及高低压连线置于一个共同的封闭油箱内，构成一体式布置。用变压器油作为带电部分相间及对地的绝缘介质。同时，安装有齐全的运行检视仪器仪表，如压力计、压力释放阀、油位计、油温表等。

美式预装式变电站的整体结构形式有组合共箱式（国产型号用"ZG"表示）和组合分箱式（国产型号用"ZF"表示）两大类。组合共箱式的变压器、负荷开关、熔断器共用一个油箱，它是美式预装式变电站的原结构，其特点是结构紧缩、简洁、体积小、质量小。组合分箱式又有两种形式，一种是变压器和负荷开关、熔断器分别装在上下两个不同的油箱内；另一种是变压器和负荷开关、熔断器分别装在左右两个不同的油箱内。采用分箱式的理论依据是：开关操作和熔断器动作造成的游离碳会影响变压器的绝缘，进而影响整个预装式变电站的寿命。

美式预装式变电站由于采用普通油和难燃油作为绝缘介质，使之既可用于户外，又可用于户内，适用于住宅小区、工矿企业及各种公共场所，如机场、车站、码头、港口、高速公路、地铁等。

二、组成与结构

1. 变压器

目前，国产美式预装式变电站大都采用全国统一设计的 S9、S11 系列配电变压器，也有厂家生产的预装式变电站采用了非晶合金铁心变压器。非晶合金铁心变压器是用高磁导率的非合金晶态的合金制作变压器铁心。非晶态合金铁心的磁化性能较传统的大为改善，其磁化曲线很狭窄，因此其磁化周期的磁滞损耗大大降低；又由于非晶态合金带厚度很薄，并且电阻率高，其磁化涡流损耗也大大降低。据实测，非晶态合金铁心的变压器与同电压等级、同容量硅钢合金变压器相比，空载损耗要降低 70%~80%，空载电流可下降 80%左右。

变压器器身为三相三柱或三相五柱结构，采用 Dyn11 或 Yyn0 联结，熔断器连接在△绕组外部，如图 6-1a 所示。三相五柱式 Dyn11 变压器的优点是带三相不对称负载能力强，不会因三相负载不对称造成中性点电压偏移，负载电压质量可得到保证。此外，这种变压器还具有很好的耐雷电特性。

三相五柱结构 Dyn11 联结的变压器的缺点是：熔断器一相熔断后，会造成低压侧两相电压不正常，为额定电压的 1/2，会使负载欠电压运行。为解决这问题，有些采用了将熔断器连接在△绕组内部的方法，如图 6-1b 所示。

图 6-1b 所示结构的特点是熔断器一相熔断后不会造成低压侧两相电压不正常，熔断相所对应的低压侧相电压几乎为零，其他两相电压正常，这种方法对单相供电系统或单相负载的保护是有效的。但在我国采用的是三相供电，而且三相动力和照明往往是混合供电的，电

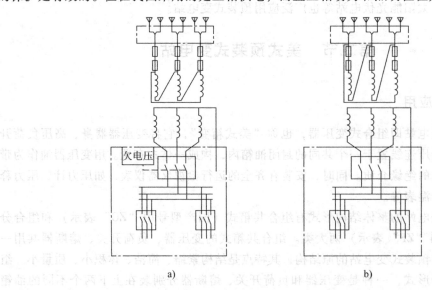

a)　　　　　　　　　b)

图 6-1　Dyn11 联结组变压器接线方式

a）将熔断器接在△绕组的外部　b）将熔断器接在△绕组的内部

力系统对三相不对称负荷是有限制的，不允许缺相运行。因为两相运行时将会造成三相用电设备无法起动，运行中的三相用电设备也可能被烧毁，所以变压器一相断开后，两相供电是不允许的。

2. 高压接线

高压回路由电缆终端接头、负荷开关、熔断器组等主要部件组成。进线方式有终端、双电源和环网 3 种供电方式，如图 6-2 所示。

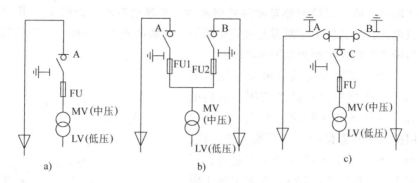

图 6-2　预装式变电站的高压接线

a）终端接线　b）双电源接线　c）环网接线

环网和双电源由以下 4 种方式来实现：

1）一个四工位 V 形负荷开关。

2）一个四工位 T 形负荷开关。

3）两个两工位负荷开关。

4）三个两工位负荷开关。

终端接线方式由一个两工位负荷开关来实现。

3. 负荷开关

两工位和四工位油浸式负荷开关是美式预装式变电站的专用开关，体积小、质量小，额定电流有 300A、400A、630A 3 种，但其动、热稳定电流和短路关合电流都不大，四工位开关的热稳定电流为 12.5kA/2s，动稳定电流和短路关合电流为 31.5kA。两工位开关的热稳定电流为 16kA/2s，动稳定电流和短路关合电流为 40kA。四工位开关的原理接线图如图 6-3 所示，其中 A、B 端接电缆进线，C 端通过熔断器接变压器。可以看出，T 形开关和 V 形开关接线功能有所不同，T 形开关缺少 A、B、C 同时断开，V 形开关缺少 A、B 连通断开 C 的

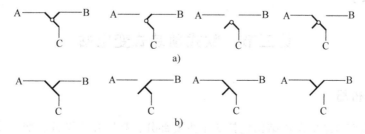

图 6-3　四工位负荷开关原理接线图

a）四工位 V 形负荷开关　b）四工位 T 形负荷开关

功能。因此，T 形开关更适合环网运行，而 V 形开关更适合双电源运行。

环网和双电源功能除了采用四工位开关外，还可以采用两个或三个两工位开关的组合实现。两个二工位开关的组合可以实现 V 形开关的功能，而三个二工位开关的组合可以实现更加灵活的应用。

4. 熔断器

预装式变电站采用两组熔断器串联进行分段全范围保护，这两组熔断器是插入式熔断器和后备保护熔断器。插入式熔断器是喷逐式熔断器，开断电流小（2500A），用以开断低压侧故障时的过电流；后备保护熔断器是限流熔断器，开断电流大（50kA），用以隔离变压器内部故障。熔断器组的保护原理如图 6-4 所示。

因为在运行中，频繁发生的故障是变压器低压侧短路，由于变压器短路阻抗的原因，短路电流被大大限制，反映到高压侧的过电流往往不超过 1kA，采用插入熔断器保护一是更换非常方便，二是成本很低。而一旦变压器内部发生故障，短路电流将会很大，一般为 2~10kA，在此电流下限流熔断器可以在 10ms 以内迅速切断故障，将故障变压器与系统隔离。

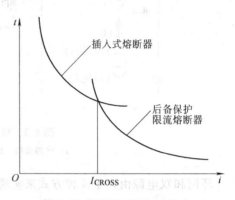

图 6-4　熔断器组的保护原理

在设计时选取熔断器的原则是：低压侧短路时，高压侧最大通过电流小于图 6-4 中两条熔断器曲线的交叉点电流 I_{CROSS}，就能保证两个熔断器正确有选择地开断。这种设计确保了箱变的可靠、安全运行，并降低了运行成本。

5. 油箱内高低压电缆

国内厂家生产的美式预装式变电站油箱内的高低压电缆早先都延用油浸纸绝缘电缆，接线端子与电缆的连接采用焊接工艺。现在，采用耐油橡胶电缆，接线端子与电缆的连接采用压接工艺，这种电缆的性能稳定、容易施工、外表美观。

6. 低压接线方案

预装式变电站体积小是其突出的优点之一，也正是这个原因，低压馈电方案就受到了一定的限制。一般来说，在不扩展外挂柜子的条件下，出线保护可以有低压断路器 4 路或刀熔开关 6 路；具有 3 组计量。而这样的配置在负荷密度较高的城市配电网中，已经可以满足大部分的使用要求了。

第三节　欧式预装式变电站

一、整体布局

欧式预装式变电站的总体结构包括 3 个主要部分：高压开关设备、变压器及低压配电装置，其总体布置主要有两种形式：一种为组合式；另一种为一体式。组合式布置在采用 IEC 标准的国家被广泛采用。欧式预装式变电站采用组合式布置。组合式布置是高压开关设备、变压器和低压配电装置 3 部分各为一室，即由高压室、变压器室和低压室 3 个隔室构成，可按"目"字形或"品"字形布置，如图 6-5 所示。"目"字形布置与"品"字形布置相比，"目"字形接线较为方便，故大都采用"目"字形布置。但"品"字形结构较为紧凑，特别是当变压器室排布多台变压器时，"品"字形布置较为有利。

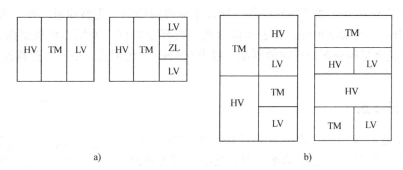

图 6-5　欧式预装式变电站的整体布置形式

a)"目"字形布置　b)"品"字形布置

HV—高压室　LV—低压室　TM—变压器室　ZL—操作走廊

二、箱体

预装式变电站的箱体呈现多样化，这可从箱体的形状、颜色和材质看出。壳体的形状和颜色要尽量与外界环境协调。箱体的存在不应破坏景色，而应成为景色的点缀。箱体的高度一般为 2.5m 左右。为了不影响人们的视线，德国规定预装式变电站要下挖 1m，而露出地面的高度以不超过 1.5m 为限，同时离地高度也不能太低，太低了孩子可能会爬到预装式变电站顶上去玩，这会造成危险。

壳体材质可用普通钢板、热镀锌钢板、水泥预制板、玻璃纤维增强塑料板及铝合金板，还有彩色板。普通钢板造价低些，热镀锌钢板及铝合金板耐腐蚀好，而玻璃纤维增强塑料板则轻巧。

对于预装式变电站的体积一般没有规定，主要取决于装设设备的大小。一般来说，如果装普通开关设备，则预装式变电站体积大；若装 SF_6 绝缘开关设备，则体积小。

我国大多使用普通钢板或铝合金板，内装的高压开关多为空气绝缘。由于我国电网中性点不接地，加上气候条件不利，如高湿、高海拔、重污秽，因此绝缘很关键。为保证绝缘，对 12kV 而言，要求相对相和相对地工频耐压为 42kV，且绝缘距离不小于 125mm。因此，对预装式变电站来说，不能只为了缩小尺寸而不适当地减小绝缘距离，否则会在以后的运行中因绝缘故障而造成严重的后果。

预装式变电站的壳体必须坚固，应能承受因内部故障电弧而引起的冲击力。

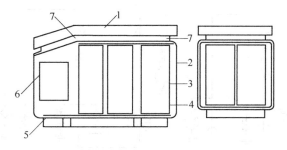

图 6-6　玻璃纤维增强特种水泥预装式变电站的外形

1—顶　2—墙　3—门　4—百叶窗　5—槽钢底架

6—外装式计量装置　7—上通风道

在我国，金属板壳体包括普通钢板、热镀锌钢板及铝合金板。近来出现了钢板夹层彩色板、玻璃纤维增强水泥板及玻璃纤维增强塑料板。图 6-6 是玻璃纤维增强特种水泥预装式变电站的外形。

预装式变电站的外壳若采用钢板，钢板厚度一般为 3mm，在外表涂油漆。由于用于户外，外壳风吹日晒雨淋，油漆容易脱落，过几年应再刷油漆，重整如新。外壳若用铝合金，一般厚度为 2mm，可加肋加固，外表亦应涂色，与环境协调。若用彩色夹层板，厚度一般为 50mm，彩色夹层板的两边外层的厚度一般为 0.6mm 彩色钢板，中间为塑料板，两者胶合在一起。

三、高压接线

预装式变电站有环网、双电源和终端 3 种供电方式。若为终端接线，使用负荷开关-熔断器组合电器；若为环网接线，则采用环网供电单元。

环网供电单元配负荷开关由两个作为进出线的负荷开关柜和一个变压器回路柜（负荷开关+熔断器）组成。环网供电单元有空气绝缘和 SF_6 绝缘两种。配空气绝缘环网供电单元的负荷开关主要有产气式、压气式和真空式。

环网供电单元由间隔组成，一般至少由 3 个间隔组成，即两个环缆进出间隔和一个变压器回路间隔。如图 6-7 所示是环网供电单元的主回路，负荷开关 Q_A 和 Q_B 在隔离故障线段时，能及时恢复回路的连续供电。同负荷开关 Q_C 相连的熔断器 FU 在中压/低压变压器发生内部故障时起保护作用。负荷开关 Q_C 对熔断器和变压器还起隔离和接地作用。

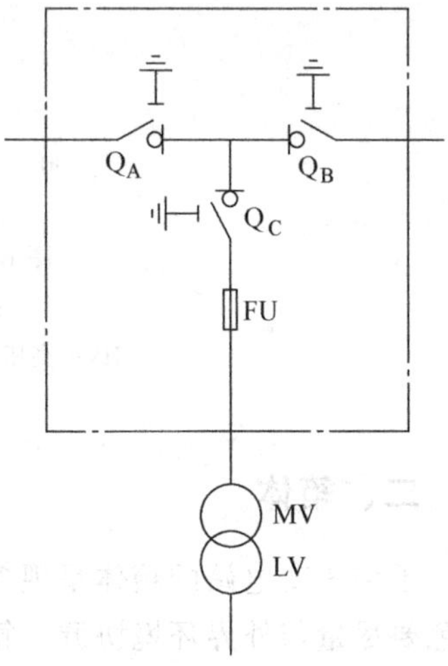

图 6-7　环网供电单元的主回路

Q_A、Q_B—进出线负荷开关

FU-Q_C—负荷开关-熔断器组合电器

MV/LV—变压器一、二次侧

如图 6-8 所示是终端接线供电方式，该方式采用电缆进线，有高压带电显示装置。其中图 6-8b 采用高压计量。

如图 6-9 所示的高压主接线采用是环网供电方式，它由 3 个间隔组成：一个负荷开关-熔断器组合电器间隔，两个负荷开关间隔。负荷开关均为两工位压气式、真空式或 SF_6 式负荷开关。高压侧未装互感器，只能低压计量，即所谓的"高供低计"方式。

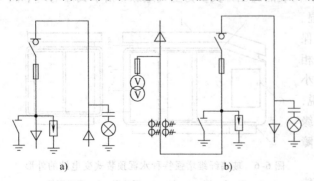

图 6-8　终端接线供电方式

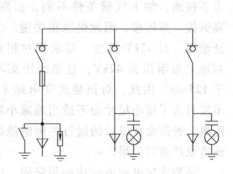

图 6-9　环网供电方式

四、变压器

预装式变电站用的变压器为降压变压器，一般将 10kV 降至 380V/220V，供用户使用。

在预装式变电站中，变压器的容量一般为 160～1600kV·A，而最常用的容量为 315～630kV·A。变压器可以是油浸变压器、耐燃液变压器、树脂干式变压器等。大多使用油浸式变压器。在防火要求严格的场合，应采用其他变压器，如在高层建筑中，按规定不可使用带油的电器，如开关及变压器均应不含油，开关采用无油开关，如产气、压气和真空 SF₆ 开关，变压器可用干式变压器等。

变压器在预装式变电站中的设置有两种方式：一种是将变压器外露，不设置在封闭的变压器室内，放在变压器室内会因散热不好而影响变压器的出力；另一种做法也是当前采用较多的方法，将变压器设置在封闭的室内，用自然和强迫通风来解决散热问题。

变压器的通风散热有自然通风和机械强迫通风两种。机械强迫排风散热的测温方法大致有两种：一种以变压器室上部空气温度作为风扇动作整定值；另一种以变压器内上层油温不超过 95℃作为动作整定值，以第二种方法最为有效。

自然通风散热有变压器门板通风孔间对流、变压器门板通风孔与顶盖排风扇间的对流及预装式变电站基础上设置的通风孔与门板或顶盖排风扇间的对流。当变压器容量小于 315kV·A时，使用后两种方法为宜。

强迫通风也有多种办法，如排风扇设置在顶盖下面进行抽风，排风扇设置在基础通风口处进行送风等。第一种办法是风扇搅动室内的热空气，散热效果不够理想。第二种办法是将基础下面坑道处的较冷空气送入室内，这样温差大，散热效果较好。

在第二种强迫通风方法中，一般用轴流风机，而最近有用辐流风机的。轴流风机对变压器散热片内外侧散热不均，往往外侧散热好，内侧散热差些；而辐流风机的排风口较均匀吹拂内外侧，通风散热效果较好。如果左右各装一只，则散热效果更好。

为了通风，在变压器室的箱体上一般设置了百叶窗。气流通过百叶窗进入变压器室的同时往往夹杂着灰尘，这对变压器的外绝缘不利。为此要注意百叶窗的结构，使气流能进去，而灰尘被分离。最简单的做法是将页片做成折弯形状，在弯曲处，气流夹杂的灰尘受阻，在本身重量的作用下，从拐弯处滑出落下，这样气流可以进去，灰尘进不去。

变电器要采取防日照措施，以防日照辐射使变压器室温度上升。防日照辐射措施主要有如下几种：在变压器的四周壁添加隔热材料；采取双层夹板结构；顶盖采用带空气垫或隔热材料的气楼结构。

五、低压配电装置

低压配电室装有主开关和分路开关。分路开关一般为 4～8 台，多的到 12 台。因此，分路开关占了相当大的空间，缩小分路开关的尺寸，就能多装分路开关。在选择主开关和分路开关时，除体积要求外，还应选择短飞弧或零飞弧开关。

低压室有带操作走廊和不带操作走廊两种形式。操作走廊一般宽度为 1000mn。不带操作走廊时，也可将低压室门板做成翼上翻式，翻上的面板在操作时遮阳挡雨。低压室往往还装有静电电容器无功补偿装置、低压计量装置等。因此，精心设计，充分利用空间很重要。

如图 6-10 所示是几种低压回路接线方案。

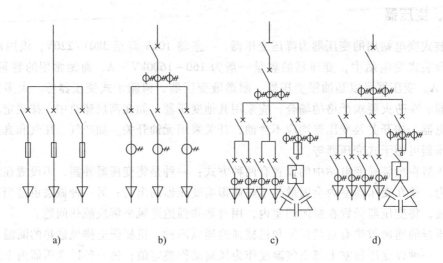

图 6-10　低压回路接线方案

六、预装式变电站的控制系统

由于预装式变电站一般运行在户外，其内电器设备容易受到外界环境的影响。如高压室和低压室若发生凝露，则危及电器绝缘，甚而导致闪络。变压器室的温度若超过一定限度，则会影响出力。因此，为了保护预装式变电站免受外界环境的影响，需装设一些保护装置，如去湿机、调温装置、强迫排气装置等。总之，对高、低压室来说，主要是防止凝露危害绝缘；对变压器室来说，主要是监控温度，以免影响变压器的出力。

对这些保护装置的控制，除用一般电气控制电路外，有条件的可用微处理器控制，这种控制安全准确。如果用单片机监控温度和湿度，当达到某一定湿度和温度下的露点前发出指令，可使去湿机和调温器动作。用单片机也可监控变压器的油温，当温度超过某一定值时，发出指令，起动风扇，强迫排风散热。

如图 6-11 所示是一种凝露温度控制器在预装式变电站中的应用。凝露温度控制器主要功能如下：

1) 三路传感器当中任意一路监测到凝露产生的可能性时，控制器会发出警报，并自动驱动相应的加热及通风装置，阻止凝露的发生。

2) 当变压器（或其他被测介质）的温度超过设定温度时，控制器会自动接通相应的通风装置，以达到降温的目的，确保电器设备的正常运行。

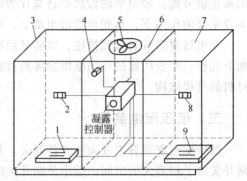

图 6-11　凝露温度控制器在预装式
变电站中的应用

1—加热器　2—凝露传感器　3—高压室
4—温度传感器　5—排气扇　6—变压器室
7—变压器　8—凝露传感器　9—加热器

七、内部故障电弧

在预装式变电站内，有很多原因会引起故障

电弧，如电缆室设计不当，安装有误，固体或液体绝缘损坏；负荷隔离开关及接地开关操作有误；螺栓联接和触头装配有误或受到腐蚀；测量互感器铁磁谐振；人员操作失误；在电场作用下器件老化；污秽、潮气、灰尘和小动物的进入；过电压作用；连接线绝缘损坏等。

第四节　预装式变电站在风电场中的应用

一、风电场电气主系统的基本结构

目前国内陆上风电场一般选用 0.75~2.5MW、0.69kV、50Hz 风力发电机组，采用两级升压方式。每台风电机组配置一台 0.69/35kV 预装式变电站，将风力发电机输出电压由 0.69kV 升高至 35kV。风电场电气主系统结构示意图如图 6-12 所示，风力发电机与预装式变电站低压侧采用单元接线方式，预装式变电站高压侧采用联合单元接线方式，每 5~10 台风力发电机组组成一个联合单元后，经 35kV 高压集电线路（电缆或架空线）接入风电场升压站（110kV 或 220kV）的 35kV 配电装置。35kV 侧采用单母线分段接线方式，风电场电能经 110kV 或 220/35kV 主变压器升压后，由 110kV 或 220kV 线路接入电网。

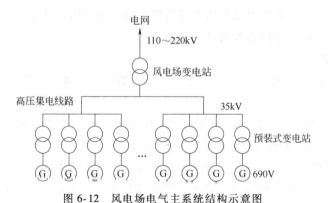

图 6-12　风电场电气主系统结构示意图

二、风电场 35kV 预装式变电站的特点

35kV 风电预装式变电站将风力发电机发出的 0.69kV 电能经过升压后变为 35kV，再通过地埋电缆或架空线路输送到风电场升压站。其主要特点是：

1）低进高出的连接方式。风电场预装式变电站电源从低压侧 0.69kV 进线，高压侧 35kV 出线，进出线均采用电缆连接方式。目前风电机组的额定电压为 0.69kV，选用 0.69kV/35kV 的升压变压器，升压至 35kV，然后连接到 110kV 或 220kV 升压变电站的 35kV 侧配电装置上。

2）变压器空载时间长。风力发电具有明显的季节性，变压器的年负载率低，因此要求变压器的空载损耗应尽量低。

3）预装式变电站高低压侧均必须配置避雷器。配置避雷器以便与风力发电机的过电压保护装置组成过电压吸收回路。在高压侧的绝缘设计上应充分考虑避雷器残余电压对高压侧电器设备的影响。

4）使用环境恶劣。我国风力资源丰富的地区一般在沿海、东北及西北地区，且预装式变电站运行在野外，运行环境污秽严重，对预装式变电站外壳的防护等级提出了很高的要求，也对预装式变电站外壳及内部开关设备的防污秽、防凝露和防锈蚀能力提出了苛刻的要求。在沿海地区的设备应考虑防盐雾、霉菌及湿热；在东北和西北地区要考虑低温严寒及风沙等影响。

风电预装式变电站按产品结构分为两大类：欧式预装式变电站和美式预装式变电站。美式预装式变电站整体结构紧凑，成本低；欧式预装式变电站成本高一些，但产品整体性能更优越，操作维护更方便。

三、风力发电用 35kV 欧式预装式变电站

1. 总体结构

35kV 欧式预装式变电站内部采用品字形布置方式，由 40.5kV 高压开关设备室、0.69kV 低压开关设备室及 0.69/35kV 升压变压器室等组成，变压器至高、低压开关之间通过架设母线或电缆线进行连接。箱变壳体一般采用优质钢板经表面防腐和喷涂处理后组成，中间加以隔热材料，可有效地保证箱体内的调温系统正常工作。另外，壳体材料也可用经阳极氧化处理的铝合金板，或用彩板钢复合板制成。

2. 电气主回路

（1）升压变压器　一般选用油浸式变压器，根据用户需要也可选用环氧树脂浇注的干式变压器。

（2）高压开关设备　可选择 XGN-40.5 箱型固定式高压开关柜，根据变压器容量，柜内安装高压负荷开关-熔断器组合电器或真空断路器。

（3）低压开关设备　低压进线主开关选择框架式低压断路器。

（4）低压供电　在箱变中安装一台小容量的变压器，提供照明及控制电源。

图 6-13 是一台 2.5MW 风力发电机组用欧式预装式变电站的一次接线图。

四、风力发电用 35kV 美式预装式变电站

1. 电气主回路

图 6-14 所示是风力发电机组用美式预装式变电站的一次接线图，690V 风力发电机电能由电缆引至美式预装式变电站，通过一台低压断路器接到升压变压器低压侧，经变压器升压后通过高压开关设备并入 35kV 高压集电线路，再到 110kV 或 220kV 升压变电站。高压负荷开关和插入式高压熔断器对变压器进行控制和保护。在箱变中安装一台 80kV·A 干式变压器，用于箱变电动操作机构、照明加热、检修、凝露控制器、风机塔筒的用电。

2. 整体结构

美式预装式变电站由高压室、高压操作室、变压器室、低压室 4 部分组成。采用结构紧凑 "L" 形结构布置，如图 6-15 所示。

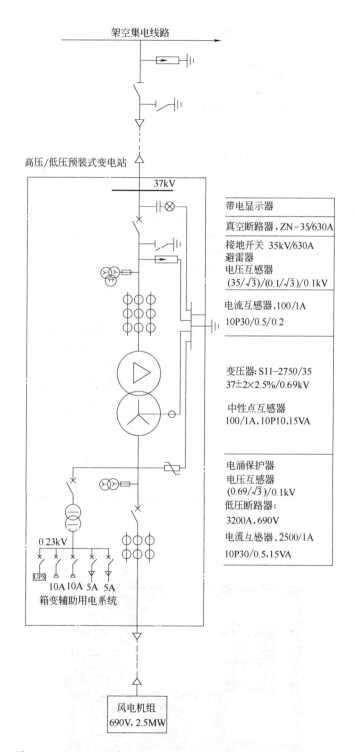

图 6-13　2.5MW 风力发电机组用欧式预装式变电站一次接线图

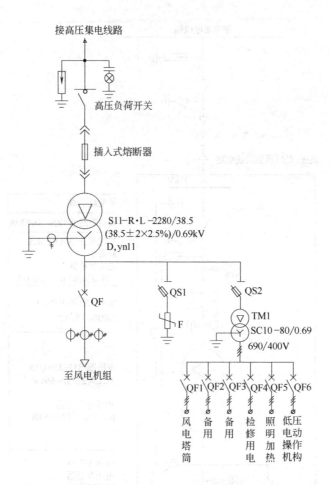

图6-14　风力发电机组用美式预装式变电站一次接线图

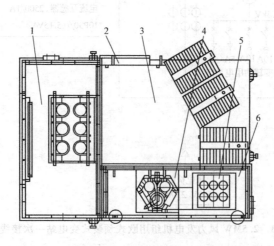

图6-15　风力发电机组用美式预装式变电站平面布置图

1—高压室　2—高压操作室　3—变压器室　4—立体卷铁心干式变压器　5—低压柜　6—低压室

第五节　GIS 的基本结构

一、概述

GIS（Gas Insulated Switchgear）是指 72.5kV 及以上电压等级的 SF$_6$ 气体绝缘金属封闭开关设备，又称为封闭式组合电器。

从原理上看，GIS 与充气式高压开关柜（C-GIS）并无多大差别。但是，电压等级提高后对绝缘性能有了更高的要求，气体压力提高到 0.3MPa（表压）。压力提高后，箱体结构从机械强度考虑已难以满足，因此 GIS 多采用圆筒式结构（充气柜采用柜式结构），即所有电器元件如断路器、互感器、隔离开关、接地开关和避雷器都放置在接地的金属材料（钢、铝等）制成的圆筒形外壳中。

GIS 的国家标准是 GB 7674《72.5kV 及以上气体绝缘金属封闭开关设备》，它与 IEC 标准 IEC 517：1990《72.5kV 及以上气体绝缘金属封闭开关设备》等效。

GIS 一般用于户内，也可户外使用。

目前，GIS 已广泛应用到 72.5~800kV 电压等级的电力系统中。

二、整体结构

GIS 由断路器、母线、隔离开关、电流互感器、电压互感器、避雷器、套管等电器元件组合而成，其绝缘介质为 SF$_6$ 气体。

图 6-16 所示为 126kV 单母线 SF$_6$ 全封闭式组合电器总体布置图。它采用三相共筒式布置（三相设备封闭在公共外壳内）。主要设备如母线、高压断路器布置在下层或靠外侧，电流互感器、电压互感器、接地开关等轻型设备布置在上层，这样整个电气设备的布置比较紧凑，并对主要设备的支撑和检修也较方便。母线和断路器通过伸缩节头波纹管连接，以减少温度和安装误差所引起的附加应力。组合电器装置外壳设有检查孔、窥测孔和其他辅助设备。

图 6-17 为 252kV 双母线 GIS 的断面图。母线采用三相共筒式（即三相母线封闭在公共外壳内），其余元件均采用分相式。主要设备的总体布置便于支撑带电导体并将装置分隔成相对独立的隔室。

三、结构形式

GIS 有以下几种结构形式：

（1）分相式　早期的 GIS 是三相分筒式结构，各种高压电器的每一相放在各自独立的接地圆筒形外壳中，最大的优点是相间影响小，运行时不会出现相间短路故障，而且带电部分采用同轴结构，电场均匀问题容易解决，制造也较为方便；缺点是钢外壳中感应电流引起的损耗大，采用分筒式结构后，外壳数量及密封面也随之增加，增加了漏气的可能。另外，GIS 的占地面积和体积也会增加。图 6-18 所示的 GIS 就是采用这种结构。

（2）三相母线共体式　为了解决金属外壳中的损耗，可将三相母线放在同一个圆筒中，三相母线通过绝缘件固定在筒内，呈三角形排列，如图 6-19 所示。而断路器、互感器、隔离开关和接地开关仍采用分筒式结构。图 6-17 所示就是这种结构形式。

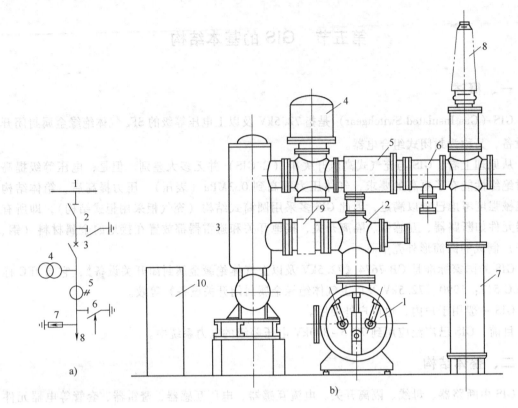

图 6-16　126kV 单母线 SF₆ 全封闭式组合电器总体布置图

1—母线　2—隔离开关/接地开关　3—断路器　4—电压互感器　5—电流互感器

6—快速接地开关　7—避雷器　8—引线套　9—波纹管　10—操动机构

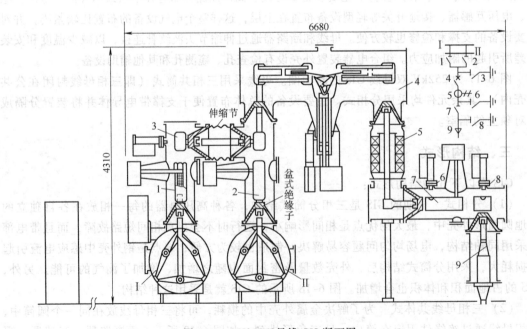

图 6-17　252kV 双母线 GIS 断面图

Ⅰ、Ⅱ—母线　1、2、7—隔离开关　3、6、8—接地开关　4—断路器　5—电流互感器　9—电缆头

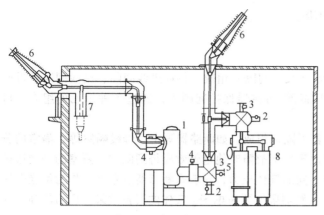

图 6-18 分相式 GIS

1—断路器 2—隔离开关 3—接地开关 4—电流互感器
5—电压互感器 6—充气套管 7—电缆终端 8—避雷器

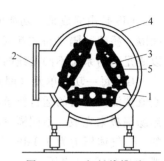

图 6-19 三相母线排列

1—屏蔽罩 2—端盖 3—母线
4—外壳 5—绝缘体

在开关站中的母线较长时，将三相母线一体化，可以大大简化站内总体布置，节省投资，比分相式可减少 10% ~ 30% 的占地面积和占用空间。目前，除 800kV 及以上电压等级外，三相母线共筒式结构在各个等级的 GIS 中得到应用。

（3）三相共体式 三相共体式是将三相组成元件都集中安装在一个公共的外壳内，用浇注绝缘子支承和定位。图 6-20 是三相共体式 GIS 的结构示意图。该形式结构十分紧凑，外壳数量减少，外形尺寸和外壳损耗均小，节省材料，运输和安装方便。缺点是内部电场不均匀，相间影响大，容易出现相间短路。复杂的电场结构使设计、制造和试验都比较困难，

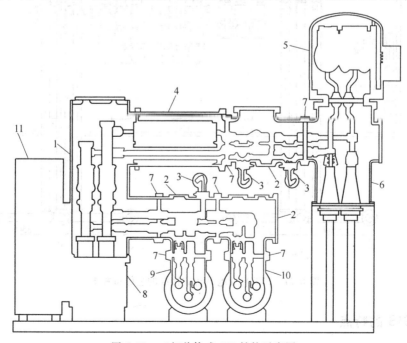

图 6-20 三相共体式 GIS 结构示意图

1—断路器 2—隔离开关 3—接地开关 4—电流互感器 5—电压互感器 6—电缆终端
7—盆式绝缘子 8—支撑绝缘子 9—主母线 10—备用母线 11—弹簧操动机构

多用于 126kV 和 72.5kV 电压等级的 GIS。

四、间隔及其组合

GIS 是由完成某一功能的各个单元（又称间隔）组成，例如进线间隔、出线间隔、母联间隔、桥路间隔（桥式接线）、电压互感器/避雷器保护间隔等，通过各种单元的组合，可以满足电力系统不同接线的要求。

GIS 每一功能单元（间隔）又由若干隔室组成，如断路器隔室、母线隔室等。隔室的分割既要满足正常的运行要求，又要在出现内部故障时使电弧效应得到限制。隔室的分割通过绝缘隔板来完成。不同隔室内允许有不同的气体压力，一般除断路器隔室外，作为绝缘介质的 SF$_6$ 气体压力为 0.3MPa（表压）。断路器隔室要考虑 SF$_6$ 气体的灭弧效果，压力较高，一般为 0.6MPa（表压）。

图 6-21 所示是 220kV 变电站桥式接线的总体布置图，它由两个套管式架空进线间隔（F-F）、两个电缆出线间隔（E-E）和一个桥路间隔（D-D）共 5 个间隔组合而成，桥式接线及其间隔结构如图 6-22 所示。

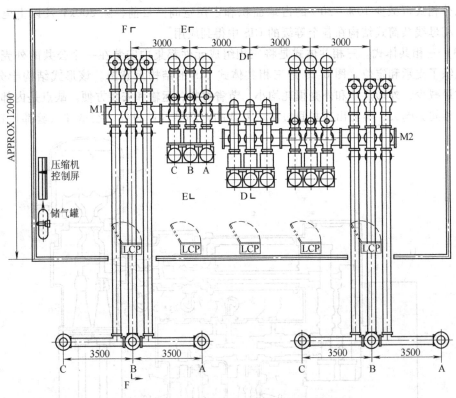

图 6-21　220kV 变电站桥式接线的总体布置图

五、GIS 的特点

GIS 和常规电器配电装置相比，具有下列特点：

1）缩小了配电设备的尺寸，减少了变配电站的占地面积和空间。由 GIS 组成的变电站的占地面积和空间体积远比由常规电器组成的变电站小，电压等级越高，效果越显著。

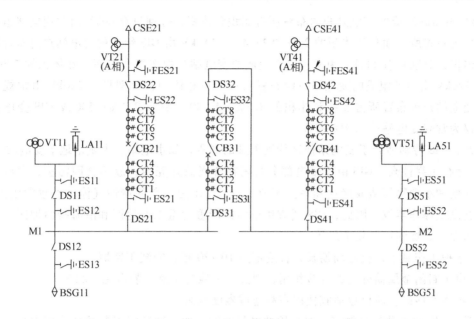

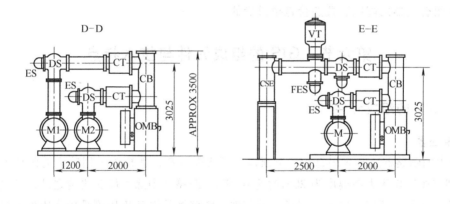

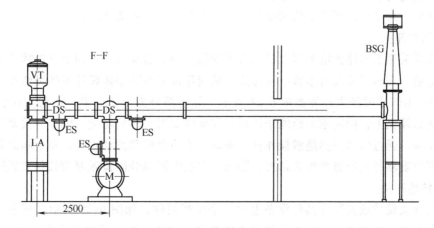

图 6-22　220kV 变电站桥式接线及 GIS 间隔结构

VT—电压互感器　LA—避雷器　BSG—充气套管　CSE—电缆终端　M—主母线　CB—断路器

DS—隔离开关　ES—接地开关　FES—快速接地开关　CT—电流互感器　OMB—操作机构箱

60kV 由 GIS 组成的变电站户内布置所占面积和体积，分别只有 60kV 由常规电器组成的变电站户内布置所占面积和体积的 22% 和 25.4%；110kV 由 GIS 组成的变电站户内布置所占面积和体积，分别只有 110kV 由常规电器组成的变电站户内布置所占面积和体积的 7.6% 和 6.1%；220kV 由 GIS 组成的变电站户内布置所占面积和体积，分别只有 220kV 由常规电器组成的变电站户内布置所占面积和体积的 3.7%～4% 和 1.8%～2.1%；500kV GIS 变电站占地面积仅为常规变电站的 1.2%～2%。

因此，GIS 特别适合于变电站征地特别困难的场所，如水电站、大城市地下变电站等。

2）运行可靠性高。GIS 由于带电部分封闭在金属筒外壳内，故不会因污秽、潮湿、各种恶劣气候和小动物等造成接地和短路事故。SF_6 气体为不燃的惰性气体，不致发生火灾，一般不会发生爆炸事故。因此，GIS 适宜用于污染严重的重工业地区和沿海盐污地区，如钢铁厂、水泥厂、炼油厂、化工厂等。

3）维护工作量小，检修周期长，普遍定为 10～20 年，安装工期短。

4）由于封闭金属筒外壳的屏蔽作用，消除了无线电干扰、静电感应和噪声。

5）抗震性能好，所以也适宜使用在高地震烈度地区。

但是，GIS 金属消耗量较多，对采用的材料性能、加工和装配工艺及环境要求高，因此采用这种组合电器的配电装置造价是很昂贵的。

第六节　GIS 的组成元件与技术特点

一、GIS 的组成元件

1. 断路器

GIS 中的断路器通常采用每相一个断口单压式灭弧室，其箱体采用铸铝的圆柱形密封壳体，内部气体工作压力在温度为 20℃时为 6.3Pa，断路器中除了触头机构之外，还设有气体密度检测继电器、喷气缸以及防爆膜片等部件。断路器的操动机构可采用液压操动机构或弹簧操动机构。操动机构可以实现快速的自动重合闸，如图 6-23 所示。

2. 隔离开关

隔离开关用于电路无电流区段的投入和切除。为了适应各种不同电气主接线和 GIS 结构布置的需要，隔离开关具有多种结构形式，从而保证了 GIS 整体设计时的灵活性，提高了空间利用率。GIS 中的隔离开关如图 6-24 所示。导电部分为 L 形，动、静触头由锥形绝缘子支撑在铸铝外壳上，同时锥形绝缘子还具有保证气室密封性的功能。隔离开关采用公用的电动操动机构，通过壳体外面绝缘操作杆，驱动三相绝缘杆和滑动触头。每个隔离开关设有观察窗，用以观察开关位置和触头情况，隔离开关在合闸和分闸位置时用锁扣装置锁住。

3. 接地开关

接地开关设计成安装在其他设备上的一个小型组件，如图 6-25 所示。其主静触头安装于隔离开关的设备之内，动触头与操作连杆系统相连接。操作动机构采用电动弹簧式机构，三相联动，其可用来进行工作接地，并能够关合短路电流。为防止维修期间接地开关动作，开关的全合和全分位置皆可扣住。

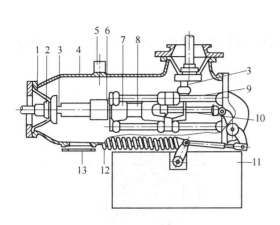
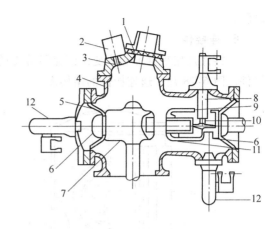

图 6-23　GIS 中的断路器

1—锥形绝缘子　2—触座　3—刀形触头　4—外壳
5—密度继电器　6—吹气缸　7—主静触头
8—动触头　9—支撑杆　10—拉杆
11—操动机构　12—断路弹簧　13—防爆膜片

图 6-24　GIS 中的隔离开关

1—防爆膜片　2—密度继电器　3—吸附剂　4—外壳
5—锥形绝缘子　6—接地开关静触头　7—主静触头
8—绝缘的旋转杆　9—动触头屏蔽罩　10—操动机构
11—动触头　12—接地开关装配接头

4. 电流互感器

GIS 中的电流互感器可以单独构成一个元件，也可以与套管电缆头联合组成一个元件。单独的电流互感器装置在一个较大的筒内，如图 6-26 所示。电流互感器的一次绕组即为 GIS 内的高压导体。根据需要，筒内装有 4~6 个单独的环形铁心，二次绕组即绕在环形铁心上。无磁性的屏蔽罩装在二次绕组的内侧，二次绕组通过端子板引到二次绕组的端子箱。

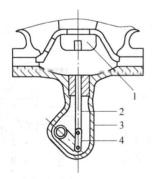
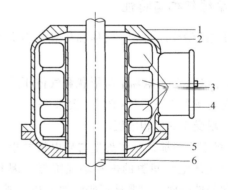

图 6-25　GIS 中的接地开关

1—静触头　2—动触头　3—外壳
4—操作连杆系统

图 6-26　GIS 中的电流互感器

1—外壳　2—屏蔽罩　3—环形铁心
4—二次接线端子　5—底面法兰　6—一次导体

5. 电压互感器

电压互感器按其原理可分为电容分压式和电磁式两种。按其绝缘方式划分，常见的有环氧树脂浇注式和 SF_6 气体绝缘式。300kV 及以下电压等级的 GIS 一般采用电磁式电压互感器，而 300kV 以上的 GIS 多采用电容式电压互感器。图 6-27 是环氧浇注绝缘的电压互感器结构图，其一次和二次绕组由闭合铁心支持。每个电压互感器单独构成一个气室，并装有防爆膜。

6. 连接件

连接件是用来延伸和改变载流路径分支的元件，根据其用途可分为三通、四通、转弯连接件。图 6-28 是三通连接件的结构图。

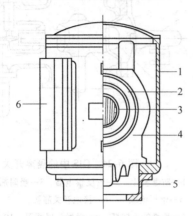

图 6-27　环氧浇注绝缘的电压互感器结构图
1—外壳　2——次绕组　3—二次绕组
4—浇注树脂绝缘子　5—高压端头　6—二次接线端子箱

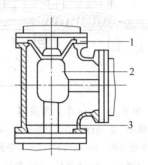

图 6-28　三通连接件的结构图
1—锥形绝缘子　2—电极　3—外壳

7. 电缆终端盒

电缆终端是 GIS 与电缆的连接元件，典型的电缆终端结构如图 6-29 所示。电缆头包在一个圆柱形的金属外壳中，壳内有一个浇注的树脂屏蔽件，将电缆绝缘与气体相隔开。

二、绝缘结构与特性

GIS 的主绝缘介质为 SF_6 气体和环氧树脂浇注绝缘件。在 GIS 中，SF_6 气体绝缘间隙的特性是：

1）击穿电压 U 与电场结构形状和气体压力 P 有关。在一般稍不均匀电场条件下，$U \propto P^{0.8}$。要求 SF_6 气体在零表压下，绝缘间隙能耐受 1.3 倍相电压。

2）电极表面粗糙，存在灰尘与导电微粒以及表面积增大等，都会使气体绝缘间隙的击穿场强降低。因此，对于工作场强较高的部件表面，需要进行研磨加工和清理。

3）电晕起始电压与击穿电压接近。一旦内部发生电晕，易于发展成为间隙击穿。故 GIS 在正常使用条件下，内部不允许出现电晕。

4）放电电压-时间特性（$U\text{-}t$ 特性）较为平坦，冲击正极性放电电压一般高于负极性，所以其绝缘水平只能从负极性击穿电压为准。

5）为防止 SF_6 气体低温液化而失去绝缘能力，有些 GIS 需装加热器。

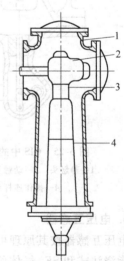

图 6-29　典型的电缆终端结构
1—外壳　2—电极
3—连接头装配　4—绝缘锥

环氧树脂浇注绝缘件不仅具有良好的绝缘性能和机械强度，而且能耐受 SF_6 电弧分解物的侵蚀作用。在洁净的表面上，一般沿面绝缘强度可达 $5\sim10kV/mm$，如果凝聚异物，则闪络电压同样会下降。用于断路器气室的浇注绝缘体不能用石英粉作填料，因为 SO_2 容易被 SF_6 电弧分解物侵蚀。

三、密封与密封结构

通常，GIS 的各个组成元件所需的 SF_6 气体压力是不相同的，必须把它们隔离开来。有时，为了增加运行灵活性，保证检修安全和限制内部故障波及范围，对于工作气压相同的某些部件，也常常需要把它们分隔开来，构成独立的气室。为此，在各气室之间以及各气室与大气之间都必须密封。GIS 密封不良，不仅会增大漏气量，缩短补气周期，更严重的是会使大气中的水汽和其他杂质侵入内部，危害设备与运行安全。

GIS 常用的密封结构有两类：

（1）静止密封　主要用于法兰、瓷套和浇注绝缘子端面密封。其密封件为"O"形圈。一般压缩量取 $20\%\sim30\%$，体积占有率取 $70\%\sim90\%$。采用双层"O"形圈结构，可以提高密封的可靠性，也有助于检漏。此外，采用液态密封胶不仅可以阻止 SF_6 气体外泄，还可以防止"O"形圈的氧化和法兰面锈蚀。

（2）可动密封　断路器、隔离开关和接地开关操动杆（轴）等部位均需可动密封。有两种密封形式：一种是直动密封，运动轴沿轴向运动，速度较高，常用"O"形密封圈加非油性脂或具有自润滑能力的多重组合密封结构；另一种是转动密封，运动轴沿轴心线旋转，线速度较低，常采用"V"形（或唇形）圈加油封或具有自润滑能力的多重"V"形圈组合结构。

衡量 GIS 密封性好环的指标是相对漏气率。GIS 一般要做到年漏气率小于 1%，连续运行十年以上无需补气。要达到这个指标，必须选取合适的密封结构和密封材料，保证密封面和密封件的加工精度和降低表面粗糙度，必须严格控制装配质量和清洁度。

GIS 所用密封材料必须具有渗透率低、抗老化性能好、能耐受 SF_6 电弧分解物作用、高低温适应性好等特点。目前普遍应用氯丁橡胶和乙丙橡胶，有些场合也使用聚四氟乙烯等塑料制品。

四、SF_6 气体的充入

各制造厂的 GIS 充入 SF_6 气体的方法各不相同，通常按下列步骤进行：

1）初步抽真空。每个间隔开始抽真空，以除去间隔中的潮气，且检查间隔有无泄漏。

2）充入干燥的氮气。在每个间隔中充入大约 $0.3\sim0.4MPa$ 的干燥氮气，其含氮量为 99.999%，并进一步检查有无泄漏。

3）最终抽真空。这是关键性的一步。为了保证低潮气水平，在充 SF_6 以前，间隔必须进行真空干燥处理。

4）充入 SF_6 气体。将 SF_6 气体经过适当过滤，除去污染尘粒，并进行干燥后再充入每一间隔。

5）含水量测量。可以从每一隔室内抽出少量的 SF_6 气体。用含水测量仪进行测量。

6）绝缘试验。它是一种检查制造和装配操作过程中有无任何缺陷的验证试验。可以用交流、直流和冲击电压来进行。

参 考 文 献

[1] 黄绍平，李永坚，秦祖泽. 成套电器技术 [M]. 北京：机械工业出版社，2005.

[2] 徐国政，张节容，钱家骊，等. 高压断路器原理和应用 [M]. 北京：清华大学出版社，2000.

[3] 翁双安. 供电工程 [M]. 2版. 北京：机械工业出版社，2012.

[4] 李建基. 高中压开关设备实用技术 [M]. 北京：机械工业出版社，2001.

[5] Klaus Kosack. 低压开关电器和开关设备手册 [M]. 胡明忠，胡沫非，译. 北京：机械工业出版社，1999.

[6] 陈化钢，潘金銮，吴跃华. 高低压开关电器故障诊断与处理 [M]. 北京：中国水利水电出版社，2000.

[7] 曹金根，金佩琪. 低压电器和低压开关柜 [M]. 北京：人民邮电出版社，2001.

[8] 陆育青. 中压开关柜中绝缘和导电部分的可靠性 [J]. 电世界，2002 (4).

[9] 张虹. 载流排搭接与电接触导电膏的应用 [J]. 电气开关，1994 (2).

[10] 东树景. 新材料、新工艺在高压开关柜上的应用及绝缘结构改进完善 [J]. 绝缘材料通讯，2000 (2).

[11] 赵竹青. 绝缘涂敷制件的加工工艺研究与应用 [J]. 高压电器，2002，38 (2).

[12] 熊泰昌. 内部电弧故障试验情况下中压开关柜强度计算 [J]. 高压电器，2002，38 (2).

[13] 岳新峰. 12kV 中置柜加热除湿方式探讨 [J]. 高压电器，2002，38 (3).

[14] 年培新，罗时璜，董葆生，等. 低压配电领域中的故障电弧防护 [J]. 低压电器，2000 (1，2).

[15] 陈西庚. 成套开关柜的电弧短路保护 [J]. 继电器，2000，28 (6).

[16] 全文军，刘卫东，钱家骊. 高压开关设备智能化发展综述 [J]. 电网技术，2002，26 (1).

[17] 薛培忠. 西门子 SIMODRAW 智能型抽屉式开关柜 [J]. 低压电器，1999 (1).

[18] 尤月吟，黄林，李路. LGT-6000 (洛仕特) 智能型低压开关柜 [J]. 低压电器，2001 (4).

[19] 黄绍平，厉雅萍. 预装式变电站的工程选型与应用 [J]. 变压器，2002，39 (9).

[20] 黄绍平. 配电变压器的熔断器保护 [J]. 变压器，2004，41 (2).

[21] 黄绍平，李永坚. 中压开关设备智能单元设计 [J]. 电力系统及其自动化学报，2004，16 (2).

[22] 黄绍平，秦祖泽. 智能化电器的设计 [J]. 电力系统自动化，2002，26 (23).

[23] 黄绍平，秦祖泽. 智能化电器 RS-485 通信设计 [J]. 低压电器，2003，(3).

[24] 黄绍平，李永坚. 低压断路器智能脱扣器的设计与实现 [J]. 工矿自动化，2004 (2).

[25] 蒋善文，郑瑞宏. 高原型风力发电用组合式变压器 [J]. 变压器，2013，50 (9).

[26] 舒国标. 风力发电用 35kV 箱式变电站 [J]. 电气制造，2011 (7).

[27] 中压开关柜绝缘方式和绝缘标准的分析 [J]. 江苏电器，2008 (8).

[28] 王建华，张国钢，耿英三. 智能电器最新技术研究及应用发展前景 [J]. 电工技术学报，2015，30 (9).

[29] 郭献清，梁庆宁，于建军. 35kV 立体卷铁心风电用组合式变压器设计 [J]. 变压器，2013，50 (3).

[30] 罗宣国，夏丽建. 电气设备的防凝露技术研究 [J]. 可再生能源，2014，32 (4).